U0215531

“孢子植物名词与名称”丛书
魏江春　主编

石松类和蕨类名词及名称

A Glossary of Terms and Names of Lycopods and Ferns

张宪春　孙久琼　编著
XIAN-CHUN ZHANG　　JIU-QIONG SUN

中国林业出版社
China Forestry Publishing House

图书在版编目(CIP)数据

石松类和蕨类名词及名称 / 张宪春，孙久琼编著．—北京：中国林业出版社，2015.11
(“孢子植物名词与名称”丛书)
ISBN 978-7-5038-8255-5

Ⅰ.①石… Ⅱ.①张… ②孙… Ⅲ.①石松纲－名词术语②蕨类植物－名词术语
Ⅳ.①Q949.36－61

中国版本图书馆 CIP 数据核字(2015)第 277340 号

责任编辑：于界芬　于晓文

出版　中国林业出版社(100009　北京西城区刘海胡同 7 号)
E-mail　lycb. forestry. gov. cn　**电话**　83143542
发行　中国林业出版社
印刷　北京中科印刷有限公司
版次　2015 年 12 月第 1 版
印次　2015 年 12 月第 1 次
开本　787mm×960mm　1/16
印张　16
字数　538 千字
定价　58.00 元

内 容 简 介

本书包括英汉石松类和蕨类名词与拉汉石松类和蕨类名称两部分。名词部分收录常用植物学名词2067条。名称部分收录中国石松类和蕨类40科，159属，2054种及115个种下分类群（其中新组合18个，新名称1个），19个杂交物种，76个存疑种；还收录《中国植物志》等书记载的但本名录未接受的科名28个，属名96个，种和种下等级异名1540个，并均指出其归属；书后附有近代和现行分类系统，可供植物学家、相关专业师生、蕨类研究人员及爱好者参考。

Abstract

This glossary consisting of two parts, the first part containing 2067 English-Chinese botanical terms, and the second part a checklist of Chinese lycopods and ferns containing 40 families, 159 genera, 2054 species and 115 infraspecific taxa, 19 hybrids, 76 uncertain taxa, 18 new combinations and one new name. About 28 family names, 96 generic names and 1540 specific names recognized in Chinese floras are treated as synonyms, with their corresponding accepted name indicated. Contemporary fern classification systems are introduced at the end of the book. The book provides botanists, teachers, students of ferns and ameateurs a useful reference on the latest accepted nomenclature for lycopods and ferns.

序

18世纪中期，瑞典博物学家卡尔·林奈在周游了欧洲列国时广泛调查了动植物种类，并提出了“双名制”，即每一种生物的命名由属名和种加词两部分组成，相类似的生物种被归入同一属，从而为进一步将类似的生物属归入同一科，类似的科归入同一目，及以此类推地形成生物种、属、科、目、纲、门、界的生物分类等级系统及其命名奠定了基础。

在生物被分为动物界和植物界的两界系统时期，真菌和地衣被归入植物界。当中国科学院于1958年和1959年分别启动《中国植物志》和《中国动物志》的编前研究和在研究基础上的编写时，作为维管束孢子植物的蕨类植物已被列入《中国植物志》计划；而真菌、地衣、藻类及苔藓植物则未被纳入计划。为了启动真菌、地衣、藻类及苔藓植物志的编前研究和在研究基础上的编写工作，中国科学院以非维管束孢子植物的概念于1973年成立了中国科学院中国孢子植物志编辑委员会。在编委会的主持下启动了《中国海藻志》《中国淡水藻志》《中国真菌志》《中国地衣志》及《中国苔藓志》的编前研究和在研究基础上的编写工作。为了配合已被纳入《中国植物志》计划的维管束孢子植物蕨类以及中国非维管束孢子植物五志的编研，于20世纪80年代先后出版了上述各门类的“名词与名称”，从而对我国孢子植物的研究、识别和资源调查起到了积极作用，推动了上述有关各志的编研。

随着生命科学的飞速发展，人类关于生物两界系统认识已和地球生物圈内生物多样性及其系统性的实际不相符合。在生物三域系统下的生物七界系统中，除了真细菌界(Bacteria)、古细菌界(Archaea)、动物界(Animales)和植物界(Plantae)以外，真菌作为独立的生物界(Fungi)，其中包括地衣，已被从植物界中分出；曾被当作真菌界成员的黏菌等则被分别划归原生动物界(Protozoa)和管毛生物界(Chromista)，后者还包括褐藻等。

尽管如此，由中国科学院中国孢子植物志编辑委员会主持和管理的中国孢子植物五志体制尚未根据生物系统的变迁而调整之前，仍然继续按照既定体制动行是必要的。

随着全球孢子植物研究工作的进展，新的名词和名称不断出现；国际学术交流日益频繁，作为学术交流重要工具的专业名词和名称的统一更显迫切。因此，对于已经出版的各门类的"名词与名称"进行相应调整和修订也势在必行。

中国科学院院士
中国科学院中国孢子植物志编辑委员会主编 （魏江春）

2015年3月

Foreword

In the middle of 18th century, Carolus Linnaeus, the Swedish naturalist who travelled widely in Germany, France, England, and Netherland, established the"Binominal Nomenclature", which combined the similar species in the same genus. Furthermore, the closely related biological genera were arranged into one family and the closely related families into one order. Thus, the systematic classification, including biological species, genus, family, order, class, division and kingdom, was formed.

During the period of two kingdoms of living things, Vegetable Kingdom and Animal Kingdom, fungi and lichens were included in the Vegetable Kingdom. In 1958 and 1959, the study and compilation of the *Flora of China* and *Fauna of China* were started separately. The ferns as the member of vascular plants were involved in the plan of *Flora of China*. However, Fungi, Lichens, Algae and Bryophytes were not listed in the plan. To promote the preview study and compilation of the *Cryptogamic Flora of China*, the Editorial Committee of the Cryptogamic Flora, Chinese Academy of Sciences, was established on the basis of non-vascular plants in 1973. Since then, the preview study and compilation were started under the direction of the Editorial Committee of Cryptogamic Flora of China, Chinese Academy of Sciences. Meanwhile, the studies and compilation of the *Glossary of Terms and Names* for 5 non-vascular plants and the vascular plant-ferns were published separately in 1980s'. All of the above work were beneficial to the study, knowledge and investigation of spore plants and strongly promoted the compilation of them.

Following the development of biological science, people recognized that the knowledge of two kingdoms did not exactly match the world biodiversity and its real system. Under three domains of life and a system of seven kingdoms, excluding Bacteria, Archaea, Animales and Plantae, Fungi including Lichens have been separated from the Vegetable Kingdom to become an individual kingdom. Mycetozoa and Oomycetes, once members of Fungi, have been separately classified into *Protozea* and *Chromista*, in which the latter one also includes brown algae.

In spite of these, the five spore-floras were confirmed under the leadership of the Editorial Committee of Cryptogamic Flora of China in 1973 before the change and establishment of the seven – kingdom classification. Therefore it is necessary to follow the old system to study and compile the Cryptogamic Floras of China.

For the development of the research of spore plants, new terms and names emerge constantly. The standard terms and names are very important to the increasing international academic exchange. Therefore, the revision and new addition of five cryptogamic floras need to be done in the very near future.

Jiang-Chun Wei
Member of the Chinese Academy of Sciences
Editor in Chief, the Editorial Committee of Cryptogamic Flora of China, Chinese Academy of Sciences
2015. 3

前 言

中国植物多样性极高而复杂，植物资源家底首次由于《中国植物志》的出版而基本清楚。《中国植物志》第2~6卷为蕨类部分，基本上采用秦仁昌院士1978年发表的系统，记载63科，220属，2539种，8亚种，158变种，33变型和4个杂交物种，共计2742个种级分类单元。最近新出版的《中国植物志》英文修订版(*Flora of China*)第2~3卷采用了新的分类系统，记载石松类和蕨类38科，177属，2136种。在2004年《中国植物志》完全出版之后，我们在中国物种2000年项目支持下，结合国内外最新研究成果(包括未发表的研究，如研究生毕业论文等)，对国产植物的名称和分布进行整理和建立数据库，并自2008年开始发布更新的中国国家生物年度名录(网络版和光盘版)。分类学研究任重而道远，特别是对物种的划分问题目前在一些具体类群的划分上意见分歧还比较大，需要不断对植物志进行修订。中国石松类和蕨类植物的具体物种清单的完成，还有待开展大量深入细致的分类工作。本书名称部分对《中国植物志》记载的全部名称进行了考证，接受名采用正体，异名采用斜体表示，首次对一些名称进行了归并并恢复了一些错误归并的，少数必要的新名称和新组合在此给予合格发表，分类不明的标明“存疑”。对于植物中文名如果*Flora of China*和《中国植物志》使用不一致时，二者均一并列出。《中国植物志》在中国植物知识的传播上产生了极大的影响，中文名的稳定性和传承应该给予重视，避免造出更多“同物异名”。在名称部分共收录中国石松类和蕨类40科、159属、2054种及115个种下分类群、19个杂交物种、76个存疑名称，其中有18个新组合和1个新名称；同时，收录了有关志书中记载的但本名录未接受的科名28个、属名96个、种和种下等级异名1540个(其中一些是新异名)，并均指出其归属。书后还附有近代和现行的石松类和蕨类的一些科属分类系统。在《中国植物志》和地方植物志编写期间，20世纪80年代邢公侠先生编写了《蕨类名词及名称》一书。该书由秦仁昌院士校对，对当时蕨类植物志的编写提供了一个物种清单，对学习和了解中国蕨类植物分类情况非常实用，很快就脱销并再版。我们今天编写本书，是中国蕨类植物分类工作的延续，期望和邢先生的书一样对更新中国石松类和蕨类植物的分类和知识的传播有所裨益。

感谢邢公侠先生长期以来对我们工作的指导和关心，王丽和魏雪苹博士协助整理有关蕨类植物名词术语，李爱莉女士绘制封面插图，卫然博士协助分类系统部分的编辑和制图。

编　者

2015年8月

Preface

China is rich in plant diversity, which for the first time, was recorded in the magnum opus *Flora Reipublicae Popularis Sinicae* (FRPS) published between 1959 and 2004 in Chinese. According to the system of Ching Ren-Chang (1978), 63 families, 220 genera, 2539 species, 8 subspecies and 158 varieties of lycopods and ferns were included in 10 books representing five volumes of the *Flora*. In 2013 the English *Flora of China* was published, in which a total of 2136 species of lycopods and ferns in 38 families and 177 genera were recorded according to the newest phylogenetic system.

Since publication of the final volume of FRPS in 2004, we have been compiling a checklist of Chinese ferns and lycopods under the auspices of Species 2000. The checklist has been updated and published on the Internet and in CD form every year since 2008. It was a time of many taxonomic changes based on new research, both published and unpublished, mainly by Chinese students of ferns. Also during that time, new world classification systems based mainly on molecular phylogenetic studies were published. The taxonomic changes were also reflected in the recently completed English language *Flora of China* (FOC) in 2013, a joint work with contributions from many botanists from throughout the world. Although our understanding of the taxonomy of ferns and lycopods has advanced greatly in the past decades, we realized that there are still many taxonomic discrepancies and that the exact number of species in China is still uncertain.

In this checklist of Chinese lycopods and ferns, all the names in the pteridophyte volumes of FRPS and FOC are enumerated. Synonyms are in italic followed by their accepted name, some names are treated as new synonyms and some names are resurrected here. A few necessary newbinomials (new names and combinations) are published here. Since the

Flora of China is widely used in China, the Chinese vernacular names, which are not affected by the international code of nomenclature should be consistently used and not changed every time the scientific names are changed. When the Chinese name given in FOC and FRPS differ, both are listed. In this checklist 40 families, 159 genera, 2054 species and 115 infraspecific taxa, 19 hybrids, 76 uncertain taxa, 18 new combinations and one new name are listed. Also included are 28 family names, 96 generic names and 1540 specific names recognized in Chinese floras, which are treated here as synonyms (some of them are new synonyms) with their corresponding accepted name indicated. The contemporary classification systems are introduced at the end of the book.

During the time of comipliation of the national and provincial floras in China, Professor Kung-Hsia Shing (under the guidance of the late Professor Ren-Chang Ching) published *A Glossary of Terms and Names of Ferns* in 1982. It proved to be a very useful book on taxonomy of Chinese ferns. We hope that this version is useful for updating the taxonomy and for knowledge dissemination of these valuable and interesting plants also.

We are grateful to Prof. Kung-Hsia Shing for his long term instruction, to Dr. Li Wang and Dr. Xue-Ping Wei for compiling part of the botanical terms, to Dr. Ran Wei for constructing the phylogenetic trees, to Miss Ai-Li Li for drawing the cover illustration, and to Prof. Jiang-Chun Wei for providing the foreword of this series.

The Authors

2015. 8

目　录

Contents

使用说明

1. 名词中凡有几个含意时，分别用①、②、③区别；凡用“，”者为同义词。

2. 拉丁学名部分接受名采用正黑体，异名采用斜体，每一个异名之后均指出其接受名，用“ = ”表示。

3. 中文学名基本依照 Flora of China 和《中国植物志》，当二者采用的名称不一致时一并列出，Flora of China 采用的名称在前，《中国植物志》采用的在后。

4. 书后附加了有关国内外分类系统的介绍，供参考和比较使用。

Direction for Use

1. When a term has more than one meanings, a number is used to indicate the different meanings, such as ①、②、③.

2. Accepted Latin names are in boldface, synonyms in italic. For each synonym, its current accepted name is provided (indicated by “ = ”).

3. Chinese names sadopted in Flora of China (FOC) and Flora Reipublicae Popularis Sinicae (FRPS) are listed; and when they are different, the one in FOC is listed before the one in FRPS.

4. The modern classification systems of ferns and lycopds are appended for comparison and use.

名词部分

(英汉对照)

A

abaxial 远轴的,离轴的
abbreviated 缩短的
aberrant 异常的,畸变的
aberrated 畸形的
abortion 败育
abortive 败育的,发育不完全的
abortive spore 败育孢子
abrupt (羽、叶) 截形的,突然折断状的
abruptly pinnate 偶数羽状的
abscise 切除,脱落,脱离
abscissent 脱离的,脱落的
abscission 脱离
abscission layer 离层
abscission zone 离区
absent 缺失的
acantha 刺
acaulescent 无茎的,明显无茎的
accessory 附属的
accessory pinnae 附属羽片
accidental ①偶然的,偶见的②偶见种
achlorophyllous 无叶绿素的,不呈绿色的
acicular 针状的
acidophile 嗜酸的
acidophilous 嗜酸的,喜酸的
acropetal 向顶的
acrophilous 喜顶生的
acropetiolar 叶柄顶端的
acrophyll 顶生叶
acroscopic 向上的,上侧的,向顶的
acrostichoid 卤蕨型 (孢子囊群)
actinomorphic 辐射对称的
actinostele 星状中柱
aculeate 具皮刺的
aculeus 皮刺
acuminate 渐尖的
acutate 微尖的
acute 急尖的
adaxial 近轴的
adiantoid 铁线蕨型 (孢子囊群)
adherent 附着的
adjacent 邻近的,紧接着的
adnate 贴生的,并生的,连生的
adpressed ①紧贴的②腹背扁的
adventitious 不定的
adventitious bud 不定芽
adventitious root 不定根
aequilateral 两侧相等的
aerenchyma 通气组织
aerenchymatous 通气组织
aerial 气生的
aerial root 气生根
aerophore 气囊体
aeruginose 铜绿色的
affinity 亲缘
affinis species 亲缘种
aggregate 聚集,聚生

aggregated 聚生的,丛生的,群生的
air pore 气孔
air-chamber 气室
ala (*pl.* alae) ①翼状体②翼瓣
alate (alated) 具翼的,有翅的
albescent 变白的
albinism 白化现象
allantodioid 短肠蕨型 (孢子囊群盖)
allopatric 异域的
allopolyploidy 异源多倍体
alpine 高山的
alternate 互生的
alternation of generation 世代交替
alternative 交互的
alveolate 蜂窝状的 (孢子表面有小孔)
amorphous 无定形的,非晶形的,难以归类的
amphibious 两栖的
amphiphloic siphonostele 双韧管状中柱
amplectant 抱茎的,环抱的
amplexicaulis 抱茎的
anadromous ①上先出的②上行的
analogous 同功的,异源相似
anamorphosis 畸形发育
anastomosing 网结的
anastomosis 网结现象
anatomy 解剖学
ancestral 祖先的
ancestral polymorphism 祖先多态性
angiosperm 被子植物
angular 具棱 (角) 的
angular cell 角细胞
angulate 具棱的
angustate 狭的
anisogamete 异形配子
anisogamy ①异配生殖②配子异型
anisomerous ①不对称的②不同数的
anisophyllous 不等叶的,异叶的 (叶片大小或形状不同)
anisophylly 不等叶性,异形叶性
anisopleural 两侧不等的
annual 一年生植物,一年生的
annular 环状的
annular thickening 环状加厚
annulate 环状的
annulus (*pl.* annuli) 环带
anomalous 异形的,异常的,不规则的
anterior 前(面,部,端)的
antheridium (*pl.* antheridia) 精子器
antherozoid 游 (动) 精子
anthropochorous 人为分布的
antical 背面的,向前的
anticlinal 垂周的,背斜的
antrorse 顺向的,向上的
aperturate (孢子) 表面有孔
aperture 孔,口
apex (*pl.* apices) 顶端,叶尖
aphlebia (*pl.* aphlebiae) 无脉叶片
apical 顶端的
apical cell 顶细胞
apical dominance 顶端优势
apiculate 具细尖的
apiculus 急尖的
apogamous 无配子生殖的
apogamy 无配子生殖,无配生殖
apomixis 无融合生殖
apomictic 无融合生殖
apomorphic (derived) 衍片征的,新征的,离征的,近裔的
apomorphy 衍征,离征
aposporous 无孢子生殖的
apospory 无孢子生殖
appendage 附属物
apposite ①并生的②并列的
appressed 扁平的,背腹扁平的,紧贴的

approximate ①紧靠的②接近的
aquatic 水生的
aquatic ferns 水生蕨类
arachnidoid 复叶耳蕨型
arachnoid 蛛网状的,蛛丝状的
arachnose 蛛丝状的
araneose 具蛛丝状毛的,蛛丝状的
arboreal 乔木的,树的,树生的
arborescent 乔木状的
arch 拱 (叶脉)
archegone 颈卵器
archegonial 颈卵器的
archegoniatae 颈卵器植物
archegonium (*pl.* archegonia) 颈卵器
arenicolous 砂地生的
areola (*pl.* areolae) 网眼,网纹
areolate 网状的
areole 网眼
areolation 细胞排列,网眼状结构
arista (*pl.* aristae) (谷)芒
aristate 具芒的
aristulate ①具小芒的②具喙的
aromatic 芳香的
article 节,关节
articulate 有节的,分节的,节状
articulated 具关节的,分节的,节状
articulation 节,关节
artificial 人工栽培的,人为分类的
ascendent 上升的
ascending 上升的 (指茎)
aseptate 无隔的
asexual 无性的
asexual reproduction 无性生殖
asperate 粗糙的
asperity 粗糙
asperous 粗糙的
asperulous 表面微糙的
asplenioid 铁角蕨型
assurgent 上升的
astomatous 无气孔的
asymmetric 不对称的
asymmetrical 不对称的
athyrioid 蹄盖蕨型
atratus 深色的
atrocastaneous 暗栗色的
atropurpureous 紫黑色的
attenuate 渐狭的
auricle [叶]耳,耳状物
auriculate 具叶耳的
auriculiform 耳状的
austral 南方的
autapomorphic 独征的,自有新征的
autapomorphy 独有衍征
autoallopolyploid 同源异源多倍体
autochthonous (动植物等) 土生土长的,本土的
autophyte 自养植物
autopolyploid 同源多倍体
auxin 植物生长素
awn 芒
axial 轴
axial strand 中轴
axil 腋
axile 中轴的
axillary 腋生的
axillary bristle 叶腋毛
axillary hair 叶腋毛
axillary hyaline nodule 叶腋结节
axis (*pl.* axes) 中轴

B

bacilliform 杆状的
baculate 棒状纹饰 (孢粉)
basal 基部的
base ①基部②碱基
basifixed 基部着生的
basionym 基原异名,基本异名
basiphilie 嗜碱的
basiscopic 下侧的
basophilous 嗜碱性的
bathyphyll 基生叶
Bayesian method 贝斯方法 (贝叶斯方法)
bialatus 双翅的
biangulate 具二棱 (角) 的
biauriculate 具双耳的
bicolor 两色的
bicolorous 有两色的
biennial ①二年生的②二年生植物
bifid 二裂的
bifurcate 二叉的
bilabiate 二唇形的
bilateral 两侧的
bilobed 二裂的,二裂片的
bilobular 有二裂片的
bilocular 二室的
binomial 双名法
bipalmate 二回掌状的
bipartite 二深裂的,二分的
bipectinate 两侧蓖齿状的
bipinnate 二回羽状的
bipinnate-pinnatesect 二回羽裂,小羽片羽状全裂的
bipinnate-pinnatifid 二回羽裂的
bipinnatifid 二回羽状分裂的
bipinnatipartite 二回羽状深裂的
bipinnatisect 二回羽状全裂的
bireticulate 二重网状的
bisculpate 二型纹饰的
bisculpture 双雕纹 (孢粉)
biserial 二行的,二列的
biseriate 双列的
biserrate 重锯齿的
bisexual 两性的
bisulcate 具两槽的
bivalent ①二价体,二价染色体②二价的
bivalvate 两瓣的
bivalvular 两裂瓣的
blade 叶片
blunt 钝圆的,生硬的
boreal 北方的
botryoid 阴地蕨型
botryoidal 阴地蕨型的
bract ①苞片②苞叶
branch 枝
branched 分枝的,分支的
branchlet 小枝
bristle 刚毛
bristly 具刚毛的,刚毛状的
brittle 脆的
bud 芽
bulb 鳞茎
bulbiferous 具鳞芽的
bulbil 鳞芽
bulblet 芽孢,小鳞茎
bulbous 鳞茎状的
bullate 具泡状隆起的
bundle 维管束

C

caducous 早落的
caespitose 丛生的,簇生的
calcareous 钙质的,石灰质的
calcicole 钙生植物
calcicolous ①钙生的②钙生植物的
calcifuge 嫌钙植物
calcifugous 嫌钙的
calcipete ①喜钙植物②适钙植物
calciphile ①喜钙植物②适钙植物
calciphobe 嫌钙植物
calciphobous 嫌钙的
calliferous 具胼胝体的
callous 硬的,胼胝状的
callus 胼胝体
canaliculate 具沟的
canopy 林冠,冠层
capillary 毛发状的
capitate 头状的
capsule 孢子囊蒴
carina 龙骨状突起
carinal 具龙骨状隆起的
carinate 具隆线的,具龙骨状突起的
carneous 肉质的
carnose 肉质的
carnous 肉质的
cartilaginous 软骨质的
casepitose 丛生的
castaneous 栗色的
catadromically ①下先出地②下行地
catadromous ①下先出的②下行的
caudate 尾状的,具尾的
caudex (*pl.* caudices, caudexes) 主轴,茎
caulescent 有茎的
cauline 茎生的
cavity 沟槽,腔
central 中间的,中央的
central canal 中央管,中央腔
central cell 中央细胞
central strand 中轴
ceraceous 蜡质的,蜡状的
ceriferous 产蜡的
chamaephyte 地上芽植物
character 特性,特征,性状,性格
character state 特征状态
characteristic 特征,特性
chartaceous 纸质的
cheilodromous 直行的 (叶脉)
chlorophyll 叶绿素
chromosome 染色体
ciliate ①具纤毛的②具缘毛的
ciliform 纤毛状的
ciliolate ①具短纤毛的②具短缘毛的
cilium (*pl.* cilia) 缘毛,纤毛
cincinnate 蝎尾状的,卷曲的
cinnamomeous ①肉桂色②淡黄褐色
circinal 拳卷的
circinate 拳卷的
circinate vernation 拳卷脉序
circular 圆形的
circumboreal 环北极的,泛北极的
clade 进化枝,分支
cladistics 分支学,分支分类学
cladogram 分支图,进化树
class 纲
clathrate 粗筛孔的
clathrate scale 粗筛孔鳞片
clavate 棍棒状的
claviform 棒状形的
cleft 半裂的,裂缝
climber 攀缘植物
climbing 攀缘的
cline 渐变群,倾群

clone 无性系,无性繁殖的后代
cluster 一簇,一束,丛,群
clustered 簇生的
coalescence 愈合,接合
coalescent ①合生的,并生的,愈合的②溯祖
coenoindusium (*pl.* coenoindusia) 汇生囊群盖
coenosorus 汇生囊群
coherent 粘附的,连着的
colorless 无色的
commissural 连合的,联接的
commissure 合缝处,联合处
complanate 扁平的,平展的
complete 完全的
complex ①复杂的②复合体的
compound 复合的
compound leaf 复叶
compressed 压扁的
concave 凹的
concave-convex 凹凸的
conchiform 贝壳状的
concolorous ①同色的 ②同色
cone ①孢子叶球②孢子囊穗
confluent ①汇合的②会合的
conform 同形的,相似的
congener 同属植物
congeneria 同属的
congeneric 同属的,同类
congested 密集的
congregate 集聚的
conical 圆锥的
coniform 圆锥状的
conjugate 成对的,对生的
connate 合生的,连合的
connivent 靠合的,向顶端接近
conspecific 同种
constricted 缢缩的
contiguous 邻接的,邻近的
continental 大陆的
continuous 连续的
contorted ①扭曲的②旋转的
contracted 收缩的,紧缩的
convex 凸的
convolute ①席卷的 (指个叶卷叠式) ②旋转的 (指多叶或花卷叠式)
cordate 心形的
cordate-hastate 心状戟形的
cordate-ovate 心状卵形的
cordiform 心形的
coriaceous 革质的
corm 球茎
cormus 茎叶体
cornu 角状突起,距
corrugate 具皱褶的
cortex (*pl.* cortices) 皮层
cortical 皮层的
cosmopolitan 世界种,广布种
costa (*pl.* costae) 中肋
costal ①肋 (骨) 的②前缘的③中脉的 (叶)
costate ①具中脉的②具肋的③肋条纹饰 (指孢子)
costule 小肋,主脉
craspedodrome 直行 (叶脉)
craspedodromous 直行的
creeping 匍匐的
crena 圆齿
crenate 圆齿状的,具圆齿的
crenation 圆齿形
crenulate 细圆齿状的,具细圆齿的
crest 脊,鸡冠状突起
crested 鸡冠状突起的
cretaceous 白垩纪
crispate 皱波状的,卷曲的
crisped 皱波状的
crista ①脊,嵴,脊突②冠羽,鸡冠状突起③卵

鞘脊 (蜚蠊) ④帽缘 (孢粉)
cristate 鸡冠状的
crozier 拳卷叶芽
cross section 横切面
cryptic 隐蔽的
cryptic species 隐种
cryptogam 隐花植物
cryptogamia 隐花植物
cryptogamic 隐花植物的
cryptoicous 隐花同株
cryptophyte 隐花植物,隐芽植物
ctenitoid 肋毛蕨型
ctenitoidal 肋毛蕨型的
cucullate 兜状的,勺状的
cuneal 楔形的
cuneate 楔形的
cuneiform 楔形的
cup-shaped 杯状的
curvature 弯曲
curved 弯的,弯曲的
cushion 垫
cushion plant 垫状植物
cusp 尖端,齿尖
cuspidate 具骤尖头的,具硬尖的
cuticle 角质层
cuticular 角质层的,表皮的
cyathiform 杯状的
cylinder 圆筒,圆柱体
cylindraceous 圆柱状的
cylindric 圆筒状的
cylindrical 圆柱体的,圆筒状的
cymbiform 舟状的,船形的
cytotaxonomy 细胞分类学

D

dactyline 指状的
dactyloid 指状的
deciduous 凋落的,脱落的
declined 下倾的
decompound 多回分裂,多回复出的
decrescent 渐缩的,渐减的
decumbent 斜升的,外倾的
decurrent 下延的
decursive 下延的
decurved 下弯的,反折的
decussate 交互对生的
decussation 交互对生式
deficiency 缺失
definite ①有定数的②有限的
deflexed 外折的
defoliate 落叶的
defoliation 落叶
deformed ①变形的②畸形的
dehiscence 开裂
dehiscent 开裂的
delicate 脆的,易折断的
deltate ①正三角形的②尖端钝的三角形
deltoid 三角形的
dendritic 枝状,树枝状
dendroid 树状的
dendrophilous 木生的
dentate 具齿的
denticulate 细齿状的,具细齿的
denticulations ①细牙齿②有小齿
dentiform 齿状的
dentoid 齿状的
depauperate 退化的,不发育的,发育不全的
dependent 悬垂的
deplanate 扁平的
depressed ①凹陷的②背腹扁的
derivative ①衍生的②派生的

derived 衍生的
dermal 皮的
description 描述,叙述
determinate 确定的
deuter cell 主细胞
devonian 泥盆纪 (系)
dextrorse 向右的
diagnosis (*pl.* diagnoses) ①鉴别,鉴定②诊断
diaphanous 半透明的
diaspore 散布孢子
dichopodial 分枝的,重叉生的
dichotomal 二歧的
dichotomia 二歧式
dichotomous ①二歧的②二叉的
dichotomy ①二歧②二叉
dichotypic 二型的
dictyoclineoid 圣蕨型 (叶脉)
dictyoclineoidal 圣蕨型的
dictyodromous 网状脉的
dictyogenous 网脉的
dictyostele 网状中柱
dictyostelic 网状中柱的
dicyclic 二轮列的
didymous 成双的,双胞的,二折的
differentiation 分化
difform 不同形状的的,不相似的
diffuse ①铺散的②散开的
digitate ①指状的②掌状复出的
digitiform 指状的
digitinervate 具指状脉的
digitinervius 掌状脉的
digitipartite 具掌状裂片的
digitipinnate 具指状羽片的
dilacerate 撕裂的
dilatate 膨大的
dimidiate 对开的
dimorphic ①二形的②二型的
dimorphism 二形性,二型现象
dimorphous 二形的
dioecious 雌雄异株的
diplazioid 双盖蕨型
diplazioidal 双盖蕨型的
diplodesmic 双层维管束的
diploid 二倍体
discolorous 变色的,褪色的
discontinuous 不连续的
discrete 分离的
disjunct ①脱节的,不相连的②间断分布的
dissected 多裂的
distal 远轴的,远侧的,远基的,末端的
distal surface 远极面
distant ①远隔的②远缘的
distele 双中柱
distichous 两列的,二列的
distinct ①分离的,离生的②特殊的,独特的③明显的
distribution 分布
divaricate 极叉开的,分叉,展开的
divergent 略叉开的,分叉的,散开的
divided ①分裂的②全裂的
division ①门②部 (指分类) ③分裂 ④分区
dominant species 优势种
dormant bud 休眠芽,潜伏芽
dorsal ①背部的②背面的
dorsal sorus 背生囊群
dorsal view 背面观
dorsifixed 背面着生的
dorsiventral 有背腹性的,背腹 (向) 的
dorsiventrality 背腹性
double serrate 有重锯齿的
double toothed 有重牙齿的
dromy 脉向
dune 风吹成的沙丘
duplicate ①二倍的②二重的

E

ebeneous 似乌木的,黑色的
echinate 具刺的
eciliate 无纤毛的
ecology 生态学
ecostate 无中脉的,无肋的
ecotype 生态型
ectophloic siphonostele 外韧管状中柱
edaphic 土壤的
edentate 无锯齿的
effuse ①舒展的,平展的②弥散,渗散③流出
egg 卵
egg cell 卵细胞
eglandular 无腺体的
eglandulous 无腺的
elaminate 无叶片的
elastic 弹性的
eligulate 无叶舌的
elimbate 无分化叶边
ellipsoid 椭圆形
ellipsoidal 椭圆体的
elliptic 椭圆形的
elliptical 椭圆的
elongate 伸长的
emarginate 微缺的,微凹的
emargination 凹缘,缺口 (指叶)
embryo 胚胎,胚
embryogenesis 胚胎形成
embryonate 具胚的
embryophyte 有胚植物
emergent 突出的
emersed 伸出水面的
endodermis 内皮层
endefinite ①不定数的②增大的
endemic ①地方性的,特产的②特有的
endemic species 特有种
endogenous 内生的
endosperm 胚乳
endosporic 内生孢子的
ensate 剑形的
ensiform 剑状的
entine 内壁 (孢子,花粉)
entire 全缘的
eocene 始新世,第三纪
ephemeral 短命的,朝生暮死的
epidermal 表皮的
epidermis 表皮
epipetiolar rhizome 叶柄上根状茎
epiphyllous 叶面生的,叶上着生的,叶上附生的
epiphyte 附生植物
epiphytic 附生的
epispore ①孢子外壁②周壁层
epithet 种名加词
equal ①相等的②对称的
equator 赤道,中纬线
equatorial plane 赤道面
equibasis 基部对称的
equidistant 等距的
equilateral 两侧相等的,等边的
erect 直立的
erecto-patent 半倾立的
eroded 啮蚀状的
erose 啮蚀状的
erostrate 无缘的
escaped 逃避的,脱逸的
estuarine 河口
eupolypod 真水龙骨类
eusporangiate ①厚囊的②厚囊蕨类
eusporangium 厚壁孢子囊
even pinnate 偶数羽状的 (指复叶)
evergreen 常绿的,常青的
exalate 无翅的

exannulate 无环带的
exannulate sporangium 无环带孢子囊
exannulate synangium 无环带聚合孢子囊
exarch 外始式,外部起源
exarticulate 无关节的
exasperate 粗糙的,具硬突起的
exauriculate 不具耳状的,无耳状物的
excavate ①掘开的②凹入的,凹空的
excurrent ① (叶脉) 延伸的②贯顶的
exerted ①外露的②突出的
exindusiate 无囊群盖的
exine 外壁 (孢粉)
exoporic 孢子外壁的
exospores 外壁
exotic ①外来的,非本地的②引进种
expanded 展平的,平展的
explanate 平展的,扁平的
exserted 伸出的,突出的
exsiccatum (*pl.* exsiccata) 一套干标本
exstipitate 无柄的
extented 外展的
exterior 外缘的
external 外部的
extraneous 外来的

F

facultative 可选择性的,兼性的
falcate 镰刀形的
falcate-secund 镰刀形弯曲的
falciform 镰刀状的
falscicle 成束的,簇生的
falsciculate 束状的
false indusium 假囊群盖
false nerve 假脉
false nerved 具假脉的
false veins 假脉
family ①科②家系,家族
fan-veined 扇状脉的
farina 淀粉
farinaceous 粉质的
farinose ①具粉的②被粉的
faveolate 蜂窝状的
favose 蜂窝状的
feathered ①羽毛状的②有羽毛的
feathery 羽毛状的
female 雌性的
fenestra (*pl.* fenestrae) 膜孔
fenestrate 穿孔的,具膜孔的
fern 蕨类
fern allies 拟蕨类
fernery 蕨类种植园
ferruginous ①铁锈色的②含铁的
fertile ①能育的②肥沃的
fertile frond 能育叶
fertile pinna 能育羽片
fertile spike 能育穗
fertilization 受精 (作用)
fertilization egg 受精卵
fibriform 纤维状的
fibril 纤维状的
fibrillose 具细纤维的
fibrose 形成纤维组织
fibrous 纤维的,纤维性的
fiddlehead (蕨类植物) 拳卷的幼叶
filamentose 线状的
filamentous 丝状体的,丝状的
filarious 有血丝虫寄生的
Filicales 真蕨目
filices 真蕨类
filiform 丝状的
fimbria 纤毛,毛缘
fimbriate 流苏状的,缨饰的,有毛缘的

fimbrillate 有细裂边缘的
firm 坚固的,牢固的,坚硬的
fissile 分裂的,易裂开的
flabellate 扇形的
flabelliform 扇形的
flaccid ①柔弱的,软垂的②萎蔫的
flagellate 具鞭状匍匐枝的
flagelliform 鞭毛状的,鞭花
flagellum (*pl.* flagella) 鞭毛
flattened 平扁的
fleshy 肉质的
flexible 可曲的,柔韧的
flexuose 曲折的,扭曲的
flexuous 之字形的
float 漂浮
floating 漂浮的
floccose 被丛卷毛的
flora ①植物区系②植物志
foliaceous ①叶状的②叶质的
foliage 叶
folialiferous 小叶状的
foliar 叶的，叶状的，叶质的
foliate ①具叶的②叶状的
folio ①对开的②对折的
foliole 小叶
foliolose 具小叶的
foliose 叶状的
forked ①分叉的②叉状的
form ① (类)型②形态,形状
forma 变型
formal ①外形的②形态的
formula ①式,公式②处方③配制方
fovea (*pl.* foveae) ①小窝 (水韭叶基腹面),窝,凹②孔穴③盾窝 (蝉,爬虫)
foveate 具孔穴的
foveola ①小凹②小孔穴
foveolate ①穴状纹饰 (孢粉) ②蜂窝状的③具小孔穴的
fragment 断片,碎片
fragmentation 断裂,碎裂
fragrant 香的
free ①分离的②离生的③网结的,不相交的
free venation 叶脉分离
friable 易碎的,易成粉状的
fringed 具流苏的
frond 叶
fugacious 先落的,易碎裂的
fulvous 黄褐色的,茶色的
furcate 分叉的
furfuraceous ①糠秕状的②皮屑状的③鳞片状的,具软鳞片的
furrowed 具沟的
fuscous 暗褐色的；深色的
fused 合并的,融合的
fusiform ①纺锤状的②梭状的
fusion ①融合②并合

G

gametangium (*pl.* gametangia) 配子囊
gamete 配子
gametogenesis 配子形成,配子发生
gametogony 配子生殖
gametophore 茎叶体,生殖枝,配子托
gametophyte 配子体
gasteropodous 软体动物状的
gelatinous 胶状的,胶质的
geminate 成对生的,双生的
gemma (*pl.* gemmae) ①芽孢②无性芽③胞芽
gemmate 具无性芽
gemmiferous 具无性芽的
gene 基因
gene tree 基因树

genome 染色体组
genotype 基因型,遗传型
genus (*pl.* genera) 属
geographical species 地理种
geophyte 地下芽植物
geotropic 向地性的
geotropism 向地性
germination 萌发
glabrate 近无毛的
glabrescent 近无毛的,几无毛的
glabrous ①光滑的②无毛的
gland 腺体
glandaceous 腺状的
glandular 具腺体的
glandular hair 腺毛
glandular pubescent 具腺毛的
glandular punctate 具腺点的
glandular scale 具腺鳞的
glanduliferous 有小腺的
glaucescent ①带苍白色的②带白霜的
glaucous ①苍白的②具白霜的
globate 球形的
globose 圆球形的
globular 球形的
globulose 小圆球形的
glossopodium 舌足 (用于水韭)
glossy 光滑的,有光泽的
glutinose 具粘胶质的,胶粘的
goniopteroid 星毛蕨型的
gradate 逐渐转化,顺次转化
grade 级
grandifoliate 大叶的
granular 颗粒状的
granulate 具粗点的,具颗粒的
granulose 颗粒状的
granulum 小颗粒
gregarious 聚生的,群集的
groove 沟
grooved 具沟的
guard cell 保卫细胞

H

habit 习性
habitat 生境
hair 毛,茸毛
hairy 具毛被的,毛状的
halic 盐土生的
halicole 盐生的
halophile ①喜盐植物②适盐植物
halophilous ①适盐的②喜盐的
halophobous 嫌盐的
halophyte ①喜盐植物②适盐植物
halophytic 含盐基质上生的
haploid 单倍体
haplospore 单倍体孢子
haplostele 单中柱
haplotype 单倍型
hastate 戟形的
heliophiles ①适阳植物②喜阳植物
heliophilic 喜阳的,阳地的
heliophilous ①适阳的②喜阳的
heliophobes 嫌阳植物
heliophobic 嫌阳的
heliophobous 嫌阳的
heliophyte 阳生植物
hemidimorphic 半二形的
hemidimorphism 半二形性
hemiepiphyte 半附生植物
hemiepiphytic 半附生的
hemispherical 半球形的
hemitelioid 半杯形的
herbaceous ①草本的②草质的

herbarium (*pl.* herbaria) 植物标本室
herbivore 草食动物
hermaphrodite 雌雄同株
hermaphroditic 两性的,雌雄同株的
heteroblastic ①异形胚芽的②异生的
heteroblastic series 异形胚芽系列
heterodromous ①异行的②异向旋转的
heterogamous 具异形配子的
heterogamy 异配生殖
heterogeneous 异形的
heteroicous (雌雄) 杂生同株的
heterolepidous 异形鳞片的
heteromallous 多向的
heteromorphic 异形的,完全变态的
heteromorphism 异态性
heteromorphous 异形变态的
heterophilous 异嗜的
heterophyllous 具异形叶的,异叶性的
heterophyllus 具异型叶的
heterophylly 异形叶性
heterospore 异形孢子
heterosporophyte 异孢植物
heterosporous 具异形孢子的
heterospory 孢子异型
heterothallic 异形叶状体的
hexaploid 六倍体
hirsute 具长硬毛的
hirsutulous 毛稀疏的,毛短的
hirtellous 具微硬毛的
hispid 具糙硬毛的
hispidulous 具短硬毛的
holarctic 泛北区的
holocene 全新世
holotype 主模式标本
homogeneous ①同性的②同质的③同源的
homologous ①同源的②同种 (异体) 的
homomorphic 同形的
homomorphous 同形的
homonym 同名,异物同名
homoplasy 趋同性,非同源相似
homoplastic 同型的,相似的
homospore 同形孢子
homosporous 具同形孢子的
homospory 孢子同型
hooked 具钩的
horizontal 平展的,水平的
horsetail 木贼
humicolous 腐殖生的,土生的
humus 腐殖土
humus-collecting fronds 腐殖质聚集叶
hyaline 透明的,无色的
hybrid 杂种
hydathode 水囊,排水器
hydathodous 具水囊的,具排水器的
hydric 水生的
hydroid 喜水的
hydrophilous 水生的
hydrophyte 水生植物
hydrophytic 水生的
hydropterides 水生蕨类
Hydropteridales 水生异型孢子薄囊蕨目
hymenophyllaceous (膜蕨科叶片) 膜质的
hypodermal 皮下的
hypogeous ①地下生的②留土的

I

icon 图谱,插图
idioblast 异细胞
illegitimate 不合法的
imbricate 覆瓦状的,瓦状覆盖的
immature 未成熟的
immersed 沉水的,陷入的,包被的

imparipinnate 奇数羽状的
imperfect 不完全的
imperturate 无萌发孔
impressed ①凹陷的②具印痕的
incised ①锐裂的②具缺刻的
incision 缺刻
included ①内藏的②不伸出的
included veinlet 内藏小脉
incomplete 不完全的
inconspicuous 不明显的,不显眼的
incrassate 变厚的,加厚的
increscent ①扩大的②增大的
incobous 倒覆瓦状的,蔽前式的
incurved 内弯的
indefinite ①不定数的②无限的
indehiscent 不开裂的
indeterminate 无限的
indigenous 本地产的,土生种
individual 个体
indument 毛被
indurated 变硬的,变厚的
indusiate 具囊群盖的
indusium (*pl.* indusia) 囊群盖
inequilateral 不等边的,不等侧的
inferior 下位的,在下的
inflated 膨大的
inflected 弯曲的
inflexed 内折的
inflorescence 花序
infra-axillary 叶腋下生的
infrabasal 基部下侧的
infracted 内弯的
inframedial 中部以下的
infraspecific 亚种
ingroup 内群
initial 原基,原始
innovation 新生枝
inrolled 内弯的
insertion 着生处,插入
integrifolious ①全缘叶的②单叶的
intermediate 居间的
intermediate thickening 中间加厚
intermittent 断续的
internodal 节间的
internode 节间
interrupted 间断的
interruptedly pinnate 偶数羽状的
intestiniform 念珠状
intexine 外壁内层 (孢粉)
intine 内壁 (孢粉)
intra 内,在内
intra-axillary 腋内生的
intracellular 细胞内的
intramarginal ①边缘内的②边下的
intramarginal sorus 边内生孢子囊群
intricate 缠结的
introduced ①引种的②引进的
introgression 渐渗现象,基因渗入
introrse 内向的,内曲的
invalid ①无效的②病发的③病残的
invasive 侵害的,侵袭
inverted 倒垂的,反向的
involucre ①囊苞②总苞
involute 内卷的,内旋的
iridescent 彩虹色的
irregular ①不整齐的②不规则的
isochomous 等叉的
isodiametric 等径的
isodromous 同行对生的 (叶脉)
isogamete 同形配子
isogamy 同配生殖
isolation 隔离
isometric 等距离的,等径的,全对称的
isomorphic 同形的

isomorphism 同形性
isophyllous 等叶的
isophylly 等叶式
isospore 同形孢子
isosporous 具同形孢子的
isospory 孢子同型
isotomy 等二歧分枝
isotomous 等大分歧
isotype 同号模式标本,等模式标本

J

joint 关节
jointed 有关节的
jugate 成对的
jugum (*pl.* juga) 一对
juicy 多汁的
jurassic 侏罗纪
juvenile 幼[态]的
juvenile plant 幼苗

K

keel ①脊②龙骨③中肋
keeled 具龙骨状突起的,具脊状突起的
kidneyform 肾形的
kidney-shaped 肾形的

L

labiate 唇形的
labium (*pl.* labia)下唇瓣
lacerate 撕裂状的
laciniate 条裂的,呈锯齿状的
lacinium (*pl.* lacinia) 条裂,细长裂片
lacinose 条裂的
laesura (*pl.* laesurae) 四分体痕
lamina (*pl.* laminae) 叶片
lamina cells 叶片细胞
laminar 叶片状的,层状的
lanceate 似披针形的
lanceolate 披针形的
lanuginose ①疏绵状的②具疏绵毛的
lateral ①侧的②侧生的
lateral branch 侧枝
latex 乳汁, 胶乳
lax 疏松的
leaf 叶
leaf initial 叶原细胞
leaf gap 叶隙
leaf trace 叶迹
leaflet 小叶
leaf trace 叶迹
lectotype 后选模式
legitimate 合法的
lenticular 透镜状的
leptophyll 极小型叶,微型叶
leptosporangiate ①薄囊的②薄囊蕨类
leptosporangium 薄孢子囊
levigate 平滑的,光滑的
life cycle 生活史
ligneous 木质的
ligular 叶舌的
ligulate 叶舌的,舌状的
ligule ①舌状器官②舌片③叶舌
limbate 有檐的,具异色边的
lime dot 钙点 (指叶片上面的凹点,小脉顶端从这里分泌钙质)

limestone 石灰岩
lingulate 舌状的
lineage 谱系
lineage sorting 谱系排列,谱系分选
lip 唇瓣
lithophytes 石生植物
lithophytic 石生的
lobate ①圆裂片状的②浅裂的
lobe 裂片,背瓣
lobed 开裂的,浅裂的
lobelet 小裂片
lobose 具裂片的
lobulate 具小裂片的
lobule 小裂片, 腹片
local ①局部的②地方的
locality 地点
locule 小室,小腔
longitudinal 纵向的,水平的
longitudinal section 纵切面
long-creeping rhizome 长横走根状茎
long-repent rhizome 长横走根状茎
lophate 具脊的
lorate 带状的,舌状的
loriform 带状的
lower 低的,低等的
lucid 有光泽的
lumen (*pl.* lumina) 细胞腔,网眼
luminal 胞腔的
lunar 新月形的
lunate 新月形的
luniform 新月状的
lunulate 小新月形的
lurid 黄色,棕色
lustrous 有光泽的
lycophyte 石松类
lycopod 石松类
lyrate 大头羽裂的

M

macrophyll 大型叶
macrosporangium 大孢子囊
macrospore 大孢子
macrosporophyll 大孢子叶
macular 具斑点的
maculate 具斑点的
maculose 具斑点的
male 雄的
margin 边缘
marginal 边缘的
marginal sorus 边生孢子囊群
marginate 具边的
marginated 有边的
margined 具边的
marine 海的
marsh 沼泽
marshy 沼泽生的
mat 缠结,丛,簇
mature 成熟的
medial ①中央的②中间的
medial sorus 中央生孢子囊群
median ①中央的②中间的
megagametophyte 大配子体
megaphyll 大型叶
megasporangium 大孢子囊
megaspore 大孢子
megasporocarp 大孢子果
megasporophyll 大孢子叶
meiosis 减数分裂
meiospore 减数 (分裂后的) 孢子
membranaceous ①膜质的②膜状的
membrane 膜,细胞膜,膜质

membranous ①膜质的②膜状的
meniscioid 新月蕨型 (叶脉)
meristele 分体中柱
meristem 分生组织
meristematic 分生组织的
meristic 分生的,(器官) 排列的
merithal 节间
mesic 中生的,栖温地的
mesomorphic 湿生植物的
mesophyll ①叶肉②中型肉
mesophyte 中生植物 (指在中等是湿润条件下生长的植物)
mesophytic 中生植物的
mesotrophic 中营养的
mesozoic 中生代
microgametophyte 小配子体
micro-ornamentation 小纹饰 (孢粉)
microphyll 小型叶
microphylline 具小型叶的
microphyllous 小型叶的
microscale 小鳞片,毛状鳞片
microsporangium (*pl.* microsporangia) 小孢子囊
microspore 小孢子
microsporophyll 小孢子叶
midrib 中脉
midvein 中脉
migration 迁移
minute 微小的
mitosis (*pl.* mitoses) 有丝分裂
mixed sporangia 混合孢子囊
moniliform 念球状的
moniliformopses 真蕨类
monilophyte 真蕨类
monoecious 雌雄同株的,雌雄同株
monoicous 雌雄同株
monolete 单裂缝
monolete spore 单裂缝孢子
monomorphic ①单态的,单型的②单形的
monomorphism 单型的
monophyletic 单系的
monophyly 单系
monoploid 单倍体,一倍体
monopodial 单轴的
monopodium 单轴,单轴式
monostromatic 单层的
monstrosity 畸形
monstrous 畸形的
montane 山地的,山上生的
morphological 形态的
motile 能动的
mucilage 黏液
mucilage canal 黏液管,黏液道
mucilage cell 黏液细胞
mucilage hair 黏液毛
mucilaginous 黏的,黏液的
mucro (*pl.* mucrones) 短尖头
mucronate 具短尖的
mucronulate 具小短尖的
multicellular 多细胞的
multicipital 多头的,多枝的
multicipital rhizome 多头的根状茎
multidentate 多齿的
multifid 多裂的
multijugate 多对的
multilocular 多室的
multiseptate 多隔膜的
multiseriate 多列的
multiseriate hair 多列毛
mycorrhiza 菌根
mycotrophic root 真菌营养的根,菌根营养的根
myrmecophilous 适蚁的,蚁喜的,蚁壳植物

N

naked 裸露的
name 名称
narrow ①狭的②细的
natant 漂浮的
native ①本地生的,原产的,土著的②天然的
natural 自然的
naturalised 移植的,驯化的,归化的
neck (颈卵器) 颈
nectary 蜜腺
needle-shaped 针状的
neopolyploid 新多倍体
neoteinic 幼态持续的,幼态成熟的
neotropical 新热带区的
neotropic 新热带
neotype 新模式标本
neozoic 新生代
nephroid 肾形的
nervate 具脉的,有叶脉的
nerve 脉,中肋
nerveless 无脉的
nervose ①多脉的②具显脉的
nest-leaves 巢状叶
net-veined 网状脉的
new world 新世界
nidiform 巢状
nidophyll 腐殖质聚集叶 (槲蕨,鹿角蕨的),基生不育叶
nitid 有光泽的
nodal 节的
node 节
nodiferous 具节的
nodose ①有节的②节状的
nodulose 结节的,有结的
nomen conservandum 保留名
nomenclature 命名
nomen nudum 裸名,无记述名
non-circinate vernation 非拳卷脉序
non-clathrate 细筛孔状的
normal 正常的
notch 缺刻,缺口,凹痕
notched ①切迹状的②具缺刻的,凹槽的
nude 裸露的
nutrient 养分,养料

O

obconical 倒圆锥形的
obcordate 倒心形的
obdeltate 倒正三角形的
oblanceate 倒披针状的
oblanceolate 倒披针形的
obligate 专性的
oblique 斜的,偏斜的
oblong 长圆形的
obovate 倒卵形的
obovoid 倒卵球状的
obscure 模糊的,不易看见的
obsolete 消失的,荒废的,陈旧的
obtuse 钝的
obvious 明显的,显而易见的,
ochraceous 淡黄褐色的
octoploid 八倍体
odd-pinnate 奇数羽状的
odorate 有气味的
odorous 有气味的
officinal 药用的
old world 旧大陆
once compound 一回羽状复叶

opaque 不透明的
open venation 开放脉序
opposite 对生的
orbicular 圆形的
orbiculate 圆盘状的
order ①目②(等)级③秩序,次序
ornamentation 纹饰 (孢粉)
orophilous 喜山地的
orthostichous 直列的
outgroup 外类群
oval 卵形的,广椭圆形
ovate 卵圆形的
ovate-lanceolate 卵圆形到披针形的
ovoid 卵球形的
ovum (*pl.* ova) 卵,卵子

P

pachydermous 厚壁的
paired 成对的
palaearctic 古北区
palaeozoic 古生代
palea 内稃,托苞,鳞毛,
paleaceous 稃状的,具膜片的
paleate 被鳞片的
paleoliferous 具托苞的,具内稃的,具鳞片的
paleotropic 古热带地区
palmate 掌状的
palmatifid 掌状分裂的
palmatilobate ①掌状浅裂的②掌状圆裂的
palmatisect 掌状全裂的
paludal 沼泽的
paludicolous 沼泽的
palynology 孢粉学
panicle 孢子囊穗
pantropic 泛热带的
papilla (*pl.* papillae) 疣,疣状突起,乳突
papillate ①乳突状的②具乳头的
papilliform 乳突状的
papillose 具疣的,具乳突的,多乳头的
papulose 具小乳头的
papyraceous 纸质的
parallel 平行的
parallelodromous 平行脉的
paraphyletic 并系的
paraphyly 并系
paraphysate ①有夹丝的②有隔丝的
paraphysis (*pl.* paraphyses) ①夹丝②隔丝
parasitic 寄生的
paratype 副模式标本
parenchyma 薄壁组织
parenchymatous 薄壁组织的
paripinnate 偶数羽状的
patent 开展的,伸展的,倾立的
patulous 开展的
pectinate 蓖齿状的
pectinatory 蓖齿状的
pectiniform 栉状
pedate 鸟足状的
pedatifid 鸟足状裂的
pedatilobed 鸟足状浅裂的
pedatipartite 鸟足状深裂的
pedatisect 鸟足状全裂的
pedicel 孢子囊柄,花梗
pedicellate 具花梗的
peduncle ①孢子囊穗梗②花序梗
pedunculate 有梗的,有花梗的
pellucid 透明的
peltate 盾状的
peltate paraphysis 盾状隔丝
pendent 下垂的
pendulous 下垂的

penicillate 帚状的
penninerved 羽状脉的
pentagonal 五角形的
pentagonous 五角形的
pentaploid 五倍体
perennate 多年生的
perennating tissue 永久组织
perennial ①多年生的②多年生植物
perfect 完全的
perforate 具孔的
perianth 花被
perichaetial leaf 雌苞叶
periclinal 亚层的,平周的
pericycle 中柱鞘
perigonial leaf 雄苞叶
perine 周壁 (孢粉)
perinium 孢子周壁
perinous 周壁的
perispore 孢子周壁
perisporium 周壁,孢子周壁
permian 二叠纪
perpendicular 垂直的
persistent 宿存的
perverted 侧向弯曲的
pesticide 杀虫剂
petiolar 叶柄的,生在叶柄上的
petiolate 具柄的
petiole 叶柄
petioled 具叶柄的
petiolulate 具小叶柄的
petiolule 小叶柄
petolaceous ①叶柄的②叶柄状的
petiolular 小叶柄的
petiolulate 具小叶柄的
petrocolous 石生的
petrophilous 喜石生的
phaneropore 显型气孔
phenetic 表现型分类法的
phenetic classification 表现型分类法
phenotype 表现型,表型
phloem 韧皮部
photophilous 阳生的,适光的,喜光的
photophytic 阳生植物的
photosynthesis 光合作用
photosynthetic spores 光合作用孢子
phyllidium (*pl.* phyllidia) 叶,拟叶体
phyllode 叶状柄
phyllodioicous 叶生雌雄异株
phyllopod 叶足
phyllopodium (*pl.* phyllopodia) 叶足
phyllotaxy 叶序
phylogram 系统发育图
phyma 瘤,结块
piliferous 具毛的
piliform 纤毛状的
pilose 具疏柔毛的
pilosulous 被小疏柔毛的
pimpled 具瘤状突起的
pinna (*pl.* pinnae) 羽片
pinnate 羽状的
pinnatepartite 羽状深裂的
pinnate-pinnatifid 一回羽状-小羽片羽状半裂的
pinnate-pinnatisect 一回羽状-小羽片羽状全裂的
pinnatifid 羽状分裂的
pinnatilobate 羽状浅裂的
pinnatipartite 羽状深裂的
pinnatisect 羽状全裂的
pinninervate 具羽状脉的
pinninerved 羽状脉的
pinnulate 具小羽片的
pinnule 小羽片
pinnulet (二回的) 小羽片

pit 孔
pith 髓
pitted ①具洼点的②具纹孔的
placenta (*pl.* placentae) ①囊托②胎座
plagiotropic 倾斜生长的
planate 扁平的,平面的
plane 扁平的
plantlet ①小植物,小植株 ②胚
plectostele 编织中柱
plectostelic 编织中柱的
pleistocene 更新世
pleomorphous 多型 (现象),同质异形 (现象)
plesiomorphic (ancestral) 祖征的,原生的,近祖的
plesiomorphy 祖征
plesiomorphous 近同形的
plica (*pl.* plicae) 褶
plicate 折扇状的,具折的,折叠的
pliocene 上新世
plumiform 羽毛状的,多毛的
plumose 羽毛状的
plurilocular 多室的
pluriseriate 多列的
pneumathode 气囊
polished 光亮的
polymorphic 多形的,多态的
polymorphism 多态现象
polymorphous 多形的,
polymorphy 多形性
polyphyletic 多系的,多源的
polyploid 多倍体
polyploidy 多倍性,多倍体
polypodioidal 水龙骨型的
polystichous 多列的
polytrichoid 多毛状的
population 种群,居群
pore ①管孔②孔
porose 具孔的,穿孔的
posterior ①后面的②后端的,下侧的
postical 腹面的
primary 初生的,初级的
primeval ①原生的②原始的
primitive 原始的
primordium 原基
process 突起,齿条
procumbent 平铺的,平卧的,匍匐的
produced 伸长的,引长的
projection 突出物
prolate 长球状的
proliferous 繁殖的,多育的,分芽繁殖的
prolific 多育的
prolongate 伸长的
prolonged 延长的,伸长的
prominent ①凸出的,突出的②显著的
prominulous 突出的
propagule 繁殖枝,繁殖体,无性芽
prostrate 平卧的,匍匐的
prothallium (*pl.* prothallia) 原叶体
prothallus 原叶体
protolog 原记述 (原始描述)
protonema (protonemata) 原丝体
protostele 原生中柱
protostelic 原生中柱的
protoxylem 原生木质部
protruberance 突起,突出[物]
provincial ①地方的,乡下的②省的,州的,领地的③地方性的,偏狭的
proximal ①近端的②近侧的③近基的,近轴的④近似的
proximal surface 近极面
pseudoannulus 假环带
pseudoautocious 假雌雄同株异序的
pseudodichotomous 似二岐的
pseudodichotomy 假二岐

pseudodistichous 假二列生
pseudoendospore ①假内生孢子②(孢子或花粉) 假内壁
pseudoindusium (*pl.* pseudoindusia) 假囊群盖
pseudopeltate 假盾状着生的
psilate 光滑的
psilopsida 裸蕨类植物
pteridologist 蕨类植物学家
pteridology 蕨类植物学
pteridophyte 蕨类植物
pteridotherophyte 一年生蕨类植物
pteroid 翅状的
pteropsida 真蕨类植物
pterosin 蕨素
pterygium 翅
puberulent 被微柔毛的
puberulous 被微柔毛的
pubescence 柔毛
pubescent 被短柔毛的
pulvinate 垫状的
pulvinus (*pl.* pulvini) 叶枕
puncta (*pl.* punctae) 点,穿孔
punctate 具凹点的
puncticulate 具小凹点的
punctiform ①点壮的②凹点状的
pungent 锐利的
pyriferous 梨形的
pyriform 梨状的

Q

quadrangular ①四角的②四棱的
quadrate 四方形的
quadrifarious 四列的
quadrifid 四分裂的,裂成四份的
quadrifoliar 四叶的
quadrifoliolate 具四小叶的
quadripartite ①具四分的,具四部分的②四深裂的
quadripinnate 四回羽状
quadripinnatisect 四回羽状全裂的
quadrivalent ①四价 (染色) 体②四价的
quaternary 第四纪的,第四的,四级的,四元的,四价的
quinquefarious 五列的,五列叶序的
quinquepunctate 具五个孔的
quinary 五的

R

rachiole 小羽轴
rachis (*pl.* rachides) 叶轴
radial 辐射状的
radical 根生的
radicant 生根的
radicle 幼根、胚根
rainbow-coloured 虹色的
rainforest (热带) 雨林
receptacle 囊托
reclined 拱垂的
recumbent 横卧的
recurrent ①回归的,用于叶脉,返回的②复发的,经常发生的
recurrent false veins 倒行假脉
recurvate 下弯的,背曲的
recurved 下弯的
reduced 缩减的,退化的
reduced spore 退化孢子
reduction division 减数分裂
reflexed 反折的

refracted 骤折的
regeneration 再生,更新
regional 区域的,局部的
regular 整齐的
relictual 孑遗的
remote 远离的,稀疏的
reniform 肾形的
repand 浅波状的
repent ①横走的②匍匐生根的
reptant 匍匐生根的,匍匐状的
resinous 树脂的
resorption 吸收,吸除
reproductive 生殖的
restiform 绳状的
reticular ①网状的②真网脉的
reticulate ①网状的②网状纹饰 (孢粉)
reticulodromous 网状 (叶脉)
reticulum (*pl.* reticula) ①网②网状组织
retroflexed 反折的,向后弯曲的
retrorse 向后的,倒后的
retroserrate 具倒锯齿的
retuse 微凹的
revolute 外卷的,背卷的
rhachis ①叶轴②主轴
rheophilous 在溪流生长的
rheophyte 急流植物
rheophytic 急流生的,
rhizoid 假根
rhizome 根状茎,根茎
rhizophore 根托
rhizophorous 具根托的
rhombic 菱形的
rhombiform 菱形的
rhomboid ①菱形的②斜方形的
rhomboidal 菱形的
rib ①肋②棱③肋状突起
ribbed ①具肋的②具棱的
ridge 脊,峭
rigid 硬质的,坚硬的
ringed 成环的
riparian 常见于河边生长的
robust 粗状的
root 根
root hair 根毛
rooted 生根的,具根的
rootstock 根茎,初生主根
rosella 莲座状
rosette 莲座丛,莲座状
rostellate 具小喙的
rostrate ①喙状的②有喙的
rostriform 喙状的
rostrum 喙
rosula 莲座状
rosulate 莲座状的
rotund 圆形的
roughish 微糙的
round 圆的
rounded 圆形的
rudimentary ①不发育的②残留的③退化的
rufescent 红棕色的
rufous 淡红色的
rugate 具皱的
rugose 多皱的,具皱纹的
rugous 多皱的
rugulate 块状纹饰 (孢粉)
rugulose ①细皱的②块状的
runcinate 倒向羽裂的,倒齿状的
runner 长匐枝,纤匐枝
rupestral 岩石上生的,墙壁上生的

S

sagittate 箭头形的
saline 咸的,苦涩的
saprophyte 腐生植物
saxicolous 岩生的
scabrid 微粗糙的
scabridulous 微粗糙的
scabrous 粗糙的
scalariform 梯纹的,梯状的
scale 鳞片
scaly ①有鳞片的②鳞片状的
scandent ①攀缘的②附着的
scar 痕
scariose 干膜质状
scarious 干膜质的
scarred 有痕的
scattered ①分散的②星散的
scented ①有香味的②有气味的
sclerenchyma 厚壁组织
sclerenchymatous 厚壁组织的
shlerophyll 硬叶
secondary ①第二的②二级的,次级的③仲 ④次生的
secondary pinna ①二回羽片②一回小羽片
secondary veins 次级叶脉
secretion 分泌物
section ①切片②组③区域
segment 段,节,片断,裂片
segmentation 分节,分裂,断裂
segregate 分开的
segregation 分离
semi-aquatic 半水生的
semi-orbicular 半圆形的
septa 隔片
septate 具隔的
septiferous 具隔的
septum (*pl.* septa) 隔膜
seriate ①轮的②成列的③层的
sericeous 被绢毛的
serpentinophilous 喜蛇纹岩的,生长在含蛇纹岩土壤上的
serrate 有锯齿的
serrulate 具细[锯]齿的
sessile 无柄的
seta (*pl.* setae) ①刺毛②刚毛
setaceous 刚毛状的
setiferous 具刚毛的
setiform 刚毛状的
setigerous 具刚毛的
setose 有刺毛的,有刚毛的
setuliform ①丝状的②线状的
setulose 细刚毛的
sexual reproduction 有性生殖,有性繁殖
shade plant 阴地植物
sheath 鞘
sheathed 具鞘的
sheathing 具鞘的
shiny 有光泽的,擦亮的
shoot 枝
short-creeping 短匍匐的
shrivelled 枯萎的,干皱的
siccocolous 旱生植物
siliceous ①含硅的②硅质的
silicicolous 沙石上生的
silicious ①含硅的②硅质的
silurian 志留纪
simple ①简单的②单一的③单叶的
simple leaf 单叶
simple thallus 无分化叶状体
single 单个的
sinian 震旦纪
sinistrorse 左旋的
sinuate ①具弯缺的②具深波状的

sinuolate 具浅波状的
sinuous 弯曲的,波状的
sinus 弯缺
sinus membrane 膜质叶边缺刻处
siphonostele 管状中柱
siphonostelic 管状中柱的
sister group 姐妹群
slender 细长的
slight 浅的,细的
smooth 平滑的
solenostele 管状中柱
solenostelic 管状中柱的
solid 实心的
solitary 单生的
soral 孢子囊群的
soriferous 具孢子囊群的
sorocarp 孢子囊果
sorophore 孢子囊群托
sorus (*pl.* sori) 孢子囊群
spathe 佛焰苞
spathulate 匙形的
spatulate 匙形的
specialization 特化
species ①物种,种②种类
speciestree 物种树
specimen 标本
sperm 精子
spermatangium ①精子囊②精子器
spermatid 精子细胞
spermatozoid 游动精子
spheroid 球形的
sphaeropteroid 球形的
sphenoidal 楔形的,蝶骨的
sphenopsida 楔叶类植物
spherical 球形的
spheroidal 似球形的
spicate 穗状的
spiculose 具细刺的
spike 穗,穗状花序
spine 刺
spinose 具刺的
spinule 小刺,微刺
spinulose 具细刺的
spiny ①具刺的②刺状的
spiral 螺旋形的
spiral arrangement 螺旋状排列
spiralled 螺卷状的
spongiform 海绵状的
spongiose 海绵质的,多孔的
sporadic 分散性的,散发的
sporangiophore 孢子囊柄
sporangium (*pl.* sporangia) 孢子囊
spore 孢子
spore mother cell 孢子母细胞
spore-output 孢子产量
sporocarp 孢子果
sporocyte 孢子母细胞
sporoderm 孢壁
sporogenous 孢子形成组织
sporophyll 孢子叶
sporophyll spike 孢子叶穗
sporophyte 孢子体
spreading 开展的,散布
squama 鳞片
squamaceous 鳞片状的
squamate 具鳞片的
squamose ①鳞片状的②多鳞片的③具鳞片的
squamule 小鳞片
squamulose 具小鳞片的,小鳞片状的
squarrose 粗糙的,糠秕状的
stalk 柄,梗,花柄,茎
stalked 有柄的
station 位置
stature 体态

stelar 中柱的
stele 中柱
steliform 窗孔
stellate 星状的
stellate hair 星状毛
stelliferous ①有星的②星状的
stem 茎
sterile 不育的
sterile frond 不育叶
sterile pinna 不育羽片
sterile pinnule 不育小羽片
stiff 硬直的，不柔韧，脆的
stipe 叶柄
stipe bundles 叶柄中的维管束
stipitate 具柄的
stipule 托叶
stock 茎干，树干
stolon 匍匐茎
stoloniferous 具匍匐茎的
stoloniferous stem 匍匐茎
stoloniform 似匍匐茎的
stoma (*pl.* stomata) 气孔
stomate 气孔
stomium 裂口，裂缝
stout 粗状的
straight 急尖，平直的
stramineous ①禾杆质的②禾杆色的
stratose 具层的
striae 条纹，细线纹
striate 具条纹的
striation 条纹
strict 笔直的
strigose 具硬毛的，有斑点的
striolate 具浅沟的，具细条纹
stripe 条纹
striped 具条纹的
strobile 孢子叶球
strobilus (*pl.* strobili) ①孢子叶球②球果
subacuminate 近渐尖的
subacute 近锐尖的
subarborescent 近乔木的
subcordate 近心形的
subdentate 略具牙齿的
subdimidiate 近对开的
subentire 近全缘的
subfamily 亚科
subfloral innovation 雌花序下分枝
subglobose 近球形的
subimbricate 近覆瓦状的
submarginal 近叶缘生的
submerged 沉水的
subobtuse 微钝的
subopposite 近对生的
suborbicular 近圆形的
subovate 近卵形的
subpetiolate 几无叶柄的
subrhomboidal 近菱形的
subsessile 近无柄的
subspecies 亚种
subspherical 近球形的
substitute 替代的
substrate 基质，附着物
subtend 包在叶腋内
subtended 包着的，衬托的
subterete 近圆柱形
subterranean 地下的
subterraneous 生地下的
subtropical 亚热带的
subula (*pl.* subulae) 尖端
subulate 钻形的，锥形的
subuliform 锥形的
subumbellate 近伞形的
succulent 肉质的，多汁的
sulcate 具槽的

sulciform 具槽的,槽形的,沟状的
sulcus 沟槽
summer-green 夏绿的,夏青的
sunken 下陷的
superficial ①浅的,表面的②外表
superior 在上的
supra terraneous 地面上的
suprabasal 上基部的 (指侧脉)
suprafoliaceous 叶上部生的
suprafolious 叶面生的
supra-medial 中部以上的
suture 接缝,孔缝,缝合线
swamp 沼泽
swollen 膨大的
sylvicolous 生在森林中的
symbiosis 共生
symbiotic 共生的
symmetric 对称的
symmetrical 对称的
symmetry 对称
sympatric 同域的
symplesiomorphic 共同祖征的
symplesiomorphy 共同祖征
sympodial 合轴的
sympodium 合轴
synangium (*pl.* synangia) 聚合囊群
synapomorphic 内同衍征的,近裔共生的,共有新征的
synapomorphy 共同衍征
synaptospory 孢子联合散播的
synchronous root 同步根
synoicous (雌雄) 同序混生的
synonym ①异名②同义词③同义密码子
syntopic 邻接物种
syntype 合模式标本

T

tailed 具尾的
tapered 渐尖的,渐狭的,锥形的
tapering 尖削的
taxon (*pl.* taxa) 分类单位,分类群,分类 (单) 元
taxonomy 分类学
temperate 温带的
teneral 幼的,浅嫩的
terete 圆柱状的
terminal 顶生的
ternate 三出的,三叉的
terrestrial 陆生的,土生的
tertiary 第三的,三级的;第三纪
tertiary veins 三级叶脉
tetrad 四分体,四分孢子
tetragonal 四角的,四棱的
tetragonous 四棱的
tetrahedral 四分同裂的
tetraploid 四倍体
tetrastichous 四列的
texture 质地
thalloid 似叶状体的
thallose 叶状的
thallus 原植体,叶状体
thelypteroid 金星蕨型
thelypteroidal 金星蕨型的
therophyte 一年生植物
tissue culture 组织培养
tomentellate 被短绒毛的
tomentose 被绒毛的
tomentulose 被微绒毛的
tomentum 绒毛
tongue ①叶舌②舌
tooth 齿
toothed 有锯齿的

topology 拓扑
topotype 原产地模式
tortuose 弯曲的,扭曲的
tortuous 扭曲的
tracheid 管胞
transection 横切面
transitional 过渡的
translucens 透明的
translucent 半透明的
transparent 透明的
transpiration 蒸腾作用
transverse ①横的②横切的,横断的
transverse dehiscence 横裂
transverse section 横切面
trapeziform 不等四边形
trapezoid 梯形的
triangular 三角形的
triassic 三叠纪
tribe 族
trichome ①丝状毛②毛状体
trifid 三裂的
trifoliate 具三叶的
trifoliolate 具三小叶的
trifurcate 具三叉的
trigonal 三棱的
trilete 三裂缝
trilete spore 三裂缝孢子
trilocular 三室的
trinervate 具三脉的
trinervious 三出脉的
triparted 三深裂的
tripartite 三裂的
tripinnate 三回羽状的
tripinnately compound 三回羽状复出
tripinnate-pinnatifid 三回羽状－羽状半裂的
tripinnate-pinnatisect 三回羽状－羽状全裂的
tripinnatifid 三回羽状分裂的
tripinnatisect 三回羽状全裂的
triple-nerved 离基三出脉的
triple-veined 离基三出脉的
triploid 三倍体的
tripterous 三翅的
triquete 三棱的,三棱形的
triquetrous 三棱的
triradiate 三放射形的
triseriate 三列的
tristichous 三列的
trisulcate 具三槽的
trivalent ①三价体②三价的
trophophore 营养柄
trophophyll 营养叶
trophopod 营养足
trophyll 营养叶
tropical 热带的
truncate 截形的
tube 管,筒
tuber 块茎，球根
tubercle ①小瘤②突起③小块茎
tubercled 具小瘤的,生有结节的
tubercular 瘤状
tuberculate ①具小瘤的②瘤状纹饰 (孢粉)
tuberculate rhizoid 具疣状突起的假根
tubercule 小疣,小突起
tuberous 块茎的
tube-shaped 管状的
tubular 管状,筒状
tubuliform ①管状的②筒状的
tubulose 管状的
tufted 丛生的,簇生的
trophyll 营养叶
tumid 膨大的
turbinate 倒圆锥形的
turf 膨胀的,稍膨胀的
turgid 肿的

twin 双生的
twiner 缠绕植物
twining 缠绕
twins 双生
twisted 扭曲的
tylose 侵填体
type 模式

U

ubiquitous 到处生长的
ulginose 沼泽的,生于沼泽的
ultimate 末端的
umbellate 伞形的
uncinate 具钩的
uncommon ①罕见的②稀有的
undate 波状的
undated 波状的
underground 地下的
understory 林下的
undulate 波状的
unequal 不等的
unequally pinnate 奇数羽状叶
unicellular 单细胞的,单室的
unicellulate 具单细胞的
uniform ①一形的②一致的
uniginose 生淤泥地的
unijugate 一对的
unilateral 单侧的
unique ①独特的②罕有的
uniserial 单列的
uniseriate ①单列的②单行的
unisexual 单性的,雌雄异体的
united 连生的
univalent 单价的,单价体
unpolarized 不分化的
unreduced 不减数的
unreduced spore 未减数孢子
unsymmetrical 不对称的
upper 上面的
upright ①垂直的②笔直的
upside ①上面②上边③上部
urceolate 坛状的,壶状的

V

vagina 叶鞘
vaginate 具鞘的
vaginula (*pl.* vaginulae) 鞘
valid 有效的,合格的
vallecula 线沟
vallecular 线沟的
vallecular canal 沟下道(木贼属茎内大胞间道)
valvate ①镊合状的②瓣裂的
valve 裂片,瓣,孢瓣
variable ①可变的②易变的
variegated 杂色的
variety 变种
variolose 具颗粒状小瘤的
vascular 维管的
vascular bundle 维管束
vaulted 弓形的,弧形的,拱状的
vegetation 植被
vegetative ①无性的②营养体的
vegetative cone 生长锥
vegetative frond 营养叶
vegetative propagation 营养繁殖,无性繁殖
vegetative reproduction 营养生殖

vein 脉
veinlet 小脉,细叶脉
velum 盖膜,覆膜
velutinous 被短绒毛的,丝绒状的
venation 脉序脉型
ventral 腹面的
ventri-dorsal 背腹的
venuloid 假脉
vermiculate 蠕虫状的
vermiform 蠕虫状的
vermicular 蠕虫状的
vernation 幼叶卷叠式
vernicose 具光泽的
verruca (*pl.* verrucae) 疣
verrucate ①具疣的②疣状纹饰
verruciform 疣状的
verrucose 具细密疣的
verruculose 具细密疣的,不规则粗糙的
vertical 垂直的
verticil 轮生体
verticillate 轮生的
vessel 导管
vestigial 发育不全的,器官退化的
viable 能生存的
viatical 路边生的
villiform 长柔毛状的
villose 长柔毛
villosulous ①有柔毛的②被柔毛的
villous 具长柔毛的
villus (*pl.* villi) 长软毛,柔毛
vine 藤
vining 攀缘植物,蔓生植物
viscid 黏性的
visible 明显的
vitta 假肋
vittate 有油道的,有条纹的,有纵向脊纹的
vivid ①鲜艳的②清晰的
viviparous 胎生的
void 空的
voucher 凭证标本

W

wanting 缺少的,没有的
wart 瘤,疣
warty 具瘤的
water sac 水囊
water stoma 水孔
waxy 蜡质的
wedge-shaped 楔形的
weeping 垂枝的,下垂的
weft 交织状物
whisk ferns 松叶蕨类
whorl 轮生体
whorled 轮生的
widely spreading 平展的
wing 翼,翅
winged 有翅的
winter-green 冬绿的,冬青的
wiry ①金属丝状的②坚硬的
woody 木质的
woolly 羊毛的
wooly 绵状的
wrinkled 具皱的

X

xeric 旱生的
xeromorphic 旱生结构的

xerophilous ①喜旱的②适旱的
xerophobous 嫌旱的
xerophyte 旱生植物
xerophytic 旱生的
xylem 木质部
xyloid 木质的

Y

yellow brown 黄褐色
yellowing 黄化
yellowish 浅黄色的

Z

zigzag “之”字形曲折的
zygomorphic 两侧对称的
zygote 合子

名称部分

(拉汉对照)

A

Abrodictyum C. Presl 长片蕨属
Abrodictyum clathratum (Tagawa) Ebihara & K. Iwats. 窗格长片蕨
Abrodictyum cumingii C. Presl 长片蕨
Abrodictyum obscurum (Blume) Ebihara & K. Iwats. 线片长片蕨
Abrodictyum obscurum var. **siamense** (Christ) K. Iwats. 广西长筒蕨

Acrophorus C. Presl 鱼鳞蕨属 = Dryopteris Adanson 鳞毛蕨属
Acrophorus diacalpioides Ching & S. H. Wu 滇缅鱼鳞蕨 = Dryopteris acrophorus Li Bing Zhang
Acrophorus dissectus Ching 细裂鱼鳞蕨 = Dryopteris wusugongii Li Bing Zhang
Acrophorus emeiensis Ching & S. H. Wu 峨眉鱼鳞蕨 = Dryopteris emeiensis (Ching) Li Bing Zhang
Acrophorus exstipellatus Ching & S. H. Wu 峨边鱼鳞蕨 = Dryopteris exstipellata (Ching & S. H. Wu) Li Bing Zhang
Acrophorus macrocarpus Ching & S. H. Wu 大果鱼鳞蕨 = Dryopteris wuzhaohongii Li Bing Zhang
Acrophorus paleolatus Pic. Serm. 鱼鳞蕨 = Dryopteris paleolata (Pic. Serm) Li Bing Zhang
Acrophorus stipellatus (Wall.) T. Moore 鱼鳞蕨 = Dryopteris paleolata (Pic. Serm) Li Bing Zhang

Acrorumohra (H. Itô) H. Itô 假复叶耳蕨属 = Dryopteris Adanson 鳞毛蕨属
Acrorumohra diffracta (Baker) H. Itô 弯柄假复叶耳蕨 = Dryopteris diffracta (Baker) C. Chr.
Acrorumohra dissecta Ching ex Y. T. Hsieh 川滇假复叶耳蕨 = Arachniodes festina (Hance) Ching
Acrorumohra hasseltii (Blume) Ching 草质假复叶耳蕨 = Dryopteris hasseltii (Blume) C. Chr.
Acrorumohra subreflexipinna (M. Ogata) H. Itô 微弯假复叶耳蕨 = Dryopteris subreflexipinna M. Ogata

Acrostichaceae 卤蕨科 = Pteridaceae 凤尾蕨科

Acrostichum L. 卤蕨属
Acrostichum aureum L. 卤蕨
Acrostichum speciosum Willd. 尖叶卤蕨

Acystopteris Nakai 亮毛蕨属
Acystopteris japonica (Luerss.) Nakai 亮毛蕨
Acystopteris taiwaniana (Tagawa) Á. Löve & D. Löve 台湾亮毛蕨
Acystopteris tenuisecta (Blume) Tagawa 禾秆亮毛蕨

Adiantaceae 铁线蕨科 = Pteridaceae 凤尾蕨科

Adiantum L. 铁线蕨属
Adiantum bonatianum Brause 毛足铁线蕨
Adiantum bonatianum var. *subaristatum* Ching 无芒铁线蕨 = Adiantum bonatianum Brause
Adiantum breviserratum (Ching) Ching & Y. X. Lin 圆齿铁线蕨 = Adiantum fimbriatum Christ
Adiantum capillus-junonis Rupr. 团羽铁线蕨
Adiantum capillus-veneris f. *dissectum* (M. Martens & Galeotti) Ching 条裂铁线蕨 = Adiantum capillus-veneris L.
Adiantum capillus-veneris L. 铁线蕨
Adiantum caudatum L. 鞭叶铁线蕨
Adiantum chienii Ching 北江铁线蕨
Adiantum davidii Franch. 白背铁线蕨
Adiantum davidii var. *longispinum* Ching 长刺铁线蕨 = Adiantum davidii Franch.
Adiantum diaphanum Blume 长尾铁线蕨
Adiantum edentulum Christ 月芽铁线蕨 = Adiantum wattii Baker
Adiantum edentulum f. *muticum* (Ching) Y. X. Lin 鹤庆铁线蕨 = Adiantum wattii Baker
Adiantum edentulum f. *refractum* (Christ) Y. X. Lin 蜀铁线蕨 = Adiantum wattii Baker
Adiantum edgeworthii Hook. 普通铁线蕨
Adiantum erythrochlamys Diels 肾盖铁线蕨 = Adiantum roborowskii var. robustum Christ
Adiantum fengianum Ching 冯氏铁线蕨
Adiantum fimbriatum Christ 长盖铁线蕨
Adiantum fimbriatum var. *shensiense* (Ching) Ching & Y. X. Lin 陕西铁线蕨 = Adiantum fimbriatum Christ
Adiantum flabellulatum L. 扇叶铁线蕨
Adiantum formosanum Tagawa 深山铁线蕨
Adiantum gravesii Hance 白垩铁线蕨
Adiantum hispidulum Sw. 毛叶铁线蕨
Adiantum induratum Christ 圆柄铁线蕨
Adiantum juxtapositum Ching 仙霞铁线蕨 = Adiantum chienii Ching
Adiantum lianxianense Ching & Y. X. Lin 粤铁线蕨
Adiantum malesianum J. Ghatak 假鞭叶铁线蕨

Adiantum mariesii Baker 小铁线蕨

Adiantum meishanianum F. S. Hsu ex Yea C. Liu & W. L. Chiou 梅山铁线蕨

Adiantum monochlamys D. C. Eaton 单盖铁线蕨

Adiantum myriosorum Baker 灰背铁线蕨

Adiantum nelumboides X. C. Zhang 荷叶铁线蕨

Adiantum pedatum L. 掌叶铁线蕨

Adiantum philippense L. 半月形铁线蕨　菲岛铁线蕨

Adiantum pubescens Schkuhr 毛叶铁线蕨 = Adiantum hispidulum Sw.

Adiantum refractum Christ 月芽铁线蕨 = Adiantum wattii Baker

Adiantum reniforme var. *sinense* Y. X. Lin 荷叶铁线蕨 = Adiantum nelumboides X. C. Zhang 荷叶铁线蕨

Adiantum roborowskii Maxim. 陇南铁线蕨

Adiantum roborowskii f. **faberi** (Baker) Y. X. Lin 峨眉铁线蕨

Adiantum roborowskii var. **robustum** Christ 肾盖铁线蕨

Adiantum roborowskii var. **taiwanianum** (Tagawa) W. C. Shieh 台湾高山铁线蕨

Adiantum sinicum Ching 苍山铁线蕨

Adiantum soboliferum Wall. ex Hook. 翅柄铁线蕨

Adiantum subpedatum Ching 昌化铁线蕨

Adiantum tibeticum Ching 西藏铁线蕨

Adiantum venustum D. Don 细叶铁线蕨

Adiantum venustum var. *wuliangense* Ching & Y. X. Lin 钝齿铁线蕨 = Adiantum venustum D. Don

Adiantum wattii Baker 月芽铁线蕨

Adiantum × **menglianense** Y. Y. Qian 孟连铁线蕨

Aglaomorpha Schott 连珠蕨属

Aglaomorpha acuminate (Willd.) C. V. Morton 顶育蕨

Aglaomorpha coronans (Wall. ex Mett.) Copel. 崖姜　皇冠蕨　王冠蕨

Aglaomorpha meyeniana Schott 连珠蕨

Aleuritopteris Fée 粉背蕨属

Aleuritopteris albofusca (Baker) Pic. Serm. 小叶中国蕨

Aleuritopteris albomarginata (C. B. Clarke) Ching 白边粉背蕨

Aleuritopteris anceps (Blanf.) Panigrahi 多鳞粉背蕨

Aleuritopteris argentea (S. G. Gmel.) Fée 银粉背蕨

Aleuritopteris argentea var. *flava* Ching & S. K. Wu 德钦粉背蕨 = Aleuritopteris argentea (S. G. Gmel.) Fée

Aleuritopteris argentea var. *geraniifolia* Ching & S. K. Wu 裂叶粉背蕨 = Aleuritopteris argentea (S. G. Gmel.) Fée

Aleuritopteris argentea var. **obscura** (Christ) Ching 陕西粉背蕨
Aleuritopteris chrysophylla (Hook.) Ching 金粉背蕨
Aleuritopteris dealbata (C. Presl) Fée 无盖粉背蕨
Aleuritopteris doniana S. K. Wu 无盖粉背蕨 = Aleuritopteris dealbata (C. Presl) Fée
Aleuritopteris dubia (C. Hope) Ching 中间粉背蕨
Aleuritopteris duclouxii (Christ) Ching 裸叶粉背蕨
Aleuritopteris duclouxii var. **sulphurea** Ching 硫磺粉背蕨
Aleuritopteris duthiei (Baker) Ching 杜氏粉背蕨　杜氏薄鳞蕨
Aleuritopteris ebenipes X. C. Zhang 黑柄粉背蕨
Aleuritopteris formosana (Hayata) Tagawa 台湾粉背蕨
Aleuritopteris gongshanensis G. M. Zhang 贡山粉背蕨
Aleuritopteris grevilleoides (Christ) G. M. Zhang ex X. C. Zhang 中国蕨
Aleuritopteris grisea (Blanf.) Panigrahi 阔盖粉背蕨
Aleuritopteris grisea var. *alpina* (Ching ex S. K. Wu) S. K. Wu 高山粉背蕨 = Aleuritopteris grisea (Blanf.) Panigrahi
Aleuritopteris humatifolia X. C. Zhang & L. Shi 阴石粉背蕨 = Aleuritopteris chrysophylla (Hook.) Ching
Aleuritopteris krameri (Franch. & Sav.) Ching 克氏粉背蕨
Aleuritopteris kuhnii (Milde) Ching 华北粉背蕨　华北薄鳞蕨
Aleuritopteris leptolepis (Fraser-Jenk.) Fraser-Jenk. 薄叶粉背蕨
Aleuritopteris likiangensis Ching 丽江粉背蕨
Aleuritopteris mengshanensis F. Z. Li 蒙山粉背蕨 = Aleuritopteris pygmaea Ching
Aleuritopteris michelii (Christ) Ching 长尾粉背蕨 = Aleuritopteris argentea (S. G. Gmel.) Fée
Aleuritopteris niphobola (C. Chr.) Ching 雪白粉背蕨
Aleuritopteris niphobola var. *concolor* Ching 无粉雪白粉背蕨 = Aleuritopteris niphobola (C. Chr.) Ching
Aleuritopteris niphobola var. *pekingensis* Ching & Y. P. Hsu 北京粉背蕨 = Aleuritopteris niphobola (C. Chr.) Ching
Aleuritopteris nuda Ching 多羽裸叶粉背蕨 = Aleuritopteris argentea var. obscura (Christ) Ching
Aleuritopteris platychlamys Ching 高山粉背蕨 = Aleuritopteris grisea (Blanf.) Panigrahi
Aleuritopteris pseudofarinosa Ching & S. K. Wu 粉背蕨 = Aleuritopteris anceps (Blanf.) Panigrahi
Aleuritopteris pygmaea Ching 矮粉背蕨
Aleuritopteris qianguiensis W. M. Chu & H. G. Zhou 黔贵粉背蕨 = Aleuritopteris argentea (S. G. Gmel.) Fée
Aleuritopteris rosulata (C. Chr.) Ching 莲座粉背蕨
Aleuritopteris rufa (D. Don) Ching 棕毛粉背蕨
Aleuritopteris shensiensis Ching 陕西粉背蕨 = Aleuritopteris argentea var. obscura (Christ) Ching
Aleuritopteris sichouensis Ching & S. K. Wu 西畴粉背蕨

Aleuritopteris speciosa Ching & S. K. Wu 美丽粉背蕨
Aleuritopteris squamosa (C. Hope & C. H. Wright) Ching 毛叶粉背蕨
Aleuritopteris stenochlamys Ching ex S. K. Wu 狭盖粉背蕨 = Aleuritopteris grisea (Blanf.) Panigrahi
Aleuritopteris subargentea Ching 假银粉背蕨 = Aleuritopteris argentea (S. G. Gmel.) Fée
Aleuritopteris subvillosa (Hook.) Ching 绒毛粉背蕨　绒毛薄鳞蕨
Aleuritopteris subvillosa var. **tibetica** (Ching & S. K. Wu) H. S. Kung 西藏粉背蕨　西藏薄鳞蕨
Aleuritopteris tamburii (Hook.) Ching 阔羽粉背蕨
Aleuritopteris tamburii var. **viridis** H. S. Kung 深绿阔羽粉背蕨　绿叶粉背蕨
Aleuritopteris veitchii (Christ) Ching 金爪粉背蕨　硫磺粉背蕨
Aleuritopteris yalungensis H. S. Kung 雅砻粉背蕨

Allantodia R. Br. 短肠蕨属 = Diplazium Sw. 双盖蕨属
Allantodia alata (Christ) Ching 狭翅短肠蕨 = Diplazium alatum (Christ) R. Wei & X. C. Zhang
Allantodia amamiana (Tagawa) W. M. Chu & Z. R. He 奄美短肠蕨 = Diplazium amamianum Tagawa
Allantodia anshunica P. S. Wang 安顺短肠蕨 = Diplazium nanchuanicum (W. M. Chu) Z. R. He
Allantodia aspera (Blume) Ching 粗糙短肠蕨 = Diplazium asperum Blume
Allantodia baishanzuensis Ching & P. S. Chiu ex W. M. Chu & Z. R. He 百山祖短肠蕨 = Diplazium baishanzuense (Ching & P. S. Chiu) Z. R. He
Allantodia bella (C. B. Clarke) Ching 美丽短肠蕨 = Diplazium bellum (C. B. Clarke) Bir
Allantodia calogramma (Christ) Ching 长果短肠蕨 = Diplazium calogrammum Christ
Allantodia calogrammoides Ching ex W. M. Chu & Z. R. He 拟长果短肠蕨 = Diplazium calogrammoides (Ching ex W. M. Chu & Z. R. He) Z. R. He
Allantodia chinensis (Baker) Ching 中华短肠蕨 = Diplazium chinense (Baker) C. Chr.
Allantodia contermina (Christ) Ching 边生短肠蕨 = Diplazium conterminum Christ
Allantodia crenata (Sommerf.) Ching 黑鳞短肠蕨 = Diplazium sibiricum (Turcz. ex Kunze) Sa. Kurata
Allantodia crenata var. *glabra* (Tagawa) W. M. Chu 无毛黑鳞短肠蕨 = Diplazium sibiricum var. glabrum (Tagawa) Sa. Kurata
Allantodia dilatata (Blume) Ching 毛柄短肠蕨 = Diplazium dilatatum Blume
Allantodia doederleinii (Luerss.) Ching 光脚短肠蕨 = Diplazium doederleinii (Luerss.) Makino
Allantodia dulongjiangensis W. M. Chu 独龙江短肠蕨 = Diplazium dulongjiangense (W. M. Chu) Z. R. He
Allantodia dushanensis Ching ex W. M. Chu & Z. R. He 独山短肠蕨 = Diplazium dushanense (Ching ex W. M. Chu & Z. R. He) R. Wei & X. C. Zhang
Allantodia gigantea (Baker) Ching 大型短肠蕨 = Diplazium giganteum (Baker) Ching
Allantodia glingensis Ching & Y. X. Lin 格林短肠蕨 = Diplazium glingense (Ching & Y. X. Lin) Z. R. He
Allantodia griffithii (T. Moore) Ching 镰羽短肠蕨 = Diplazium griffithii T. Moore
Allantodia hachijoensis (Nakai) Ching 薄盖短肠蕨 = Diplazium hachijoense Nakai

Allantodia hainanensis Ching 海南短肠蕨 = Diplazium changjiangense Z. R. He
Allantodia heterocarpa (Ching) Ching 异果短肠蕨 = Diplazium heterocarpum Ching
Allantodia himalayensis Ching 褐色短肠蕨 = Diplazium axillare Ching
Allantodia hirsutipes (Bedd.) Ching 篦齿短肠蕨 = Diplazium hirsutipes (Bedd.) B. K. Nayar & S. Kaur
Allantodia hirtipes (Christ) Ching 鳞轴短肠蕨 = Diplazium hirtipes Christ
Allantodia hirtipes f. *nigropaleacea* Ching 黑鳞鳞轴短肠蕨 = Diplazium hirtipes Christ
Allantodia hirtisquama Ching & W. M. Chu 毛鳞短肠蕨 = Diplazium hirtisquama (Ching & W. M. Chu) Z. R. He
Allantodia incompta (Tagawa) Ching 疏裂短肠蕨 = Diplazium incomptum Tagawa
Allantodia jinfoshanicola W. M. Chu 金佛山短肠蕨 = Diplazium jinfoshanicola (W. M. Chu) Z. R. He
Allantodia jinpingensis W. M. Chu 金平短肠蕨 = Diplazium jinpingense (W. M. Chu) Z. R. He
Allantodia kansuensis Ching & Y. P. Hsu 甘肃短肠蕨 = Diplazium kansuense (Ching & Y. P. Hsu) Z. R. He
Allantodia kappanensis (Hayata) Ching 台湾短肠蕨 = Diplazium kappanense (Hayata) Ching
Allantodia kawakamii (Hayata) Ching 柄鳞短肠蕨 = Diplazium kawakamii Hayata
Allantodia latipinnula Ching & W. M. Chu 阔羽短肠蕨 = Diplazium latipinnulum (Ching & W. M. Chu) Z. R. He
Allantodia laxifrons (Rosenst.) Ching 异裂短肠蕨 = Diplazium laxifrons Rosenst.
Allantodia leptophylla (Christ) Ching 卵叶短肠蕨 = Diplazium leptophyllum Christ
Allantodia lobulosa (Wall. ex Mett.) Ching 浅裂短肠蕨 = Diplazium lobulosum (Wall. ex Mett.) C. Presl
Allantodia lobulosa var. *shilinicola* W. M. Chu & J. J. He 石林短肠蕨 = Diplazium lobulosum var. shilinicola (W. M. Chu & J. J. He) Z. R. He
Allantodia matthewii (Copel.) Ching 阔片短肠蕨 = Diplazium matthewii (Copel.) C. Chr.
Allantodia maxima (D. Don) Ching 大叶短肠蕨 = Diplazium maximum (D. Don) C. Chr.
Allantodia medogensis Ching & S. K. Wu 墨脱短肠蕨 = Diplazium medogense (Ching & S. K. Wu) Fraser-Jenk.
Allantodia megaphylla (Baker) Ching 大羽短肠蕨 = Diplazium megaphyllum (Baker) Christ
Allantodia metcalfii (Ching) Ching 深裂短肠蕨 = Diplazium metcalfii Ching
Allantodia metteniana (Miq.) Ching 江南短肠蕨 = Diplazium mettenianum (Miq.) C. Chr.
Allantodia metteniana var. *fauriei* (Christ) Ching 小叶短肠蕨 = Diplazium mettenianum var. fauriei (Christ) Tagawa
Allantodia multicaudata (Wall. ex C. B. Clarke) W. M. Chu 假密果短肠蕨 = Diplazium multicaudatum (Wall. ex C. B. Clarke) Z. R. He
Allantodia nanchuanica W. M. Chu 南川短肠蕨 = Diplazium nanchuanicum (W. M. Chu) Z. R. He
Allantodia nigrosquamosa Ching ex W. M. Chu & Z. R. He 乌鳞短肠蕨 = Diplazium nigrosquamosum (Ching) Z. R. He

Allantodia nipponica (Tagawa) Ching 日本短肠蕨 = Diplazium nipponicum Tagawa
Allantodia okudairai (Makino) Ching 假耳羽短肠蕨 = Diplazium okudairai Makino
Allantodia ovata W. M. Chu ex Ching & Z. Y. Liu 卵果短肠蕨 = Diplazium ovatum (W. M. Chu ex Ching & Z. Y. Liu) Z. R. He
Allantodia petelotii (Tardieu) Ching 褐柄短肠蕨 = Diplazium petelotii Tardieu
Allantodia petri (Tardieu) Ching 假镰羽短肠蕨 = Diplazium petrii Tardieu
Allantodia pinnatifidopinnata (Hook.) Ching 羽裂短肠蕨 = Diplazium pinnatifidopinnatum (Hook.) T. Moore
Allantodia procera (Wall. ex C. B. Clarke) Ching 高大短肠蕨 = Diplazium muricatum (Mett.) Alderw.
Allantodia prolixa (Rosenst.) Ching 双生短肠蕨 = Diplazium prolixum Rosenst.
Allantodia pseudosetigera (Christ) Ching 矩圆短肠蕨 = Diplazium pseudosetigerum (Christ) Fraser-Jenk.
Allantodia quadrangulata W. M. Chu 四棱短肠蕨 = Diplazium quadrangulatum (W. M. Chu) Z. R. He
Allantodia siamensis (C. Chr.) Ching & W. M. Chu 长羽短肠蕨 = Diplazium siamense C. Chr.
Allantodia sikkimensis (C. B. Clarke) Ching 锡金短肠蕨 = Diplazium sikkimense (C. B. Clarke) C. Chr.
Allantodia similis W. M. Chu 肉刺短肠蕨 = Diplazium simile (W. M. Chu) R. Wei & X. C. Zhang
Allantodia spectabilis (Wall. ex Mett.) Ching 密果短肠蕨 = Diplazium spectabile (Wall. ex Mett.) Ching
Allantodia squamigera (Mett.) Ching 鳞柄短肠蕨 = Diplazium squamigerum (Mett.) C. Hope
Allantodia stenochlamys (C. Chr.) Ching ex W. M. Chu 网脉短肠蕨 = Diplazium stenochlamys C. Chr.
Allantodia subdilatata Ching 楔羽短肠蕨 = Diplazium subdilatatum (Ching) Z. R. He
Allantodia subintegra Ching & Y. X. Lin 棕鳞短肠蕨 = Diplazium forrestii (Ching ex Z. R. Wang) Fraser-Jenk.
Allantodia subspectabilis Ching & W. M. Chu 察隅短肠蕨 = Diplazium subspectabile (Ching & W. M. Chu) Z. R. He
Allantodia succulenta (C. B. Clarke) Ching 肉质短肠蕨 = Diplazium succulentum (C. B. Clarke) C. Chr.
Allantodia taquetii (C. Chr.) Ching 东北短肠蕨 = Diplazium taquetii C. Chr.
Allantodia tibetica Ching & S. K. Wu 西藏短肠蕨 = Diplazium tibeticum (Ching & S. K. Wu) Z. R. He
Allantodia uraiensis (Rosenst.) Ching 圆裂短肠蕨 = Diplazium uraiense Rosenst.
Allantodia virescens (Kunze) Ching 淡绿短肠蕨 = Diplazium virescens Kunze
Allantodia virescens var. *okinawaensis* (Tagawa) W. M. Chu 冲绳短肠蕨 = Diplazium virescens var. okinawaense (Tagawa) Sa. Kurata
Allantodia virescens var. *sugimotoi* (Sa. Kurata) W. M. Chu 异基短肠蕨 = Diplazium virescens var. sugimotoi Sa. Kurata
Allantodia viridescens (Ching) Ching 草绿短肠蕨 = Diplazium viridescens Ching
Allantodia viridissima (Christ) Ching 深绿短肠蕨 = Diplazium viridissimum Christ
Allantodia wangii (Ching) Ching 黄志短肠蕨 = Diplazium wangii Ching
Allantodia wheeleri (Baker) Ching 短果短肠蕨 = Diplazium wheeleri (Baker) Diels

Allantodia wichurae (Mett.) Ching 耳羽短肠蕨 = Diplazium wichurae (Mett.) Diels Engler & Prantl
Allantodia wichurae var. *parawichurae* (Ching) W. M. Chu & Z. R. He 龙池短肠蕨 = Diplazium wichurae var. parawichurae (Ching) Z. R. He
Allantodia yaoshanensis (Wu) W. M. Chu & Z. R. He 假江南短肠蕨 = Diplazium yaoshanense (Y. C. Wu) Tardieu

Alsophila R. Br. 桫椤属
Alsophila andersonii J. Scott ex Bedd. 毛叶桫椤 = Gymnosphaera andersonii (J. Scott ex Bedd.) Ching & S. K. Wu
Alsophila austroyunnanensis S. G. Lu 滇南桫椤 = Gymnosphaera austroyunnanensis (S. G. Lu) S. G. Lu & Chun X. Li
Alsophila costularis Baker 中华桫椤
Alsophila denticulata Baker 粗齿桫椤 = Gymnosphaera denticulate (Baker) Copel.
Alsophila fenicis (Copel.) C. Chr. 兰屿桫椤
Alsophila gigantea Wall. ex Hook. 大叶黑桫椤 = Gymnosphaera gigantea (Wall. ex Hook.) J. Sm.
Alsophila gigantea var. *polynervata* (Miou) Q. Xia 多脉黑桫椤 = Gymnosphaera gigantea (Wall. ex Hook.) J. Sm.
Alsophila khasyana T. Moore ex Kuhn 西亚桫椤 = Gymnosphaera khasyana (T. Moore ex Kuhn) Ching
Alsophila latebrosa Wall. ex Hook. 阴生桫椤
Alsophila loheri (Christ) R. M. Tryon 南洋桫椤
Alsophila metteniana Hance 小黑桫椤 = Gymnosphaera metteniana (Christ) Tagawa
Alsophila metteniana var. *subglabra* Ching & Q. Xia 光叶小黑桫椤 = Gymnosphaera metteniana (Christ) Tagawa
Alsophila podophylla Hook. 黑桫椤 = Gymnosphaera podophylla (Hook.) Copel.
Alsophila spinulosa (Wall. ex Hook.) R. M. Tryon 桫椤
Ampelopteris Kunze 星毛蕨属 = Cyclosorus Link 毛蕨属
Ampelopteris prolifera (Retz.) Copel. 星毛蕨 = Cyclosorus proliferus (Retz.) Tardieu ex Tardieu & C. Chr.

Angiopteridaceae 观音座莲科 = Marratiaceae 合囊蕨科

Angiopteris Hoffm. 莲座蕨属　观音座莲属
Angiopteris acuta Ching 尖牙观音座莲 = Angiopteris esculenta Ching
Angiopteris acutidentata Ching 尖齿莲座蕨　尖齿观音座莲
Angiopteris angustipinnula Ching 狭羽观音座莲 = Angiopteris fokiensis Hieron.
Angiopteris attenuata Ching 长头观音座莲 = Angiopteris fokiensis Hieron.
Angiopteris badia Ching 褐色观音座莲 = Angiopteris yunnanensis Hieron.
Angiopteris bipinnata (Ching) J. M. Camus 二回莲座蕨　二回原始观音座莲

Angiopteris brevicaudata Ching 短尾头观音座莲 = Angiopteris hokouensis Ching
Angiopteris cartilaginea Ching 厚边观音座莲 = Angiopteris hokouensis Ching
Angiopteris caudatiformis Hieron. 披针莲座蕨　披针观音座莲
Angiopteris caudipinna Ching 长尾莲座蕨　长尾观音座莲
Angiopteris chingii J. M. Camus 秦氏莲座蕨
Angiopteris cochinchinensis de Vriese 琼越莲座蕨
Angiopteris confertinervia Ching ex C. Chr. & Tardieu 密脉莲座蕨
Angiopteris consimilis Ching 同形观音座莲 = Angiopteris hokouensis Ching
Angiopteris crassa Ching 纸质观音座莲 = Angiopteris hokouensis Ching
Angiopteris crassifolia Ching 硬叶观音座莲 = Angiopteris caudatiformis Hieron.
Angiopteris crassipes Wall. ex C. Presl 大脚观音座莲 (存疑)
Angiopteris crassiuscula Ching = Angiopteris caudatiformis Hieron.
Angiopteris crenata Ching 圆齿观音座莲 = Angiopteris hokouensis Ching
Angiopteris danaeoides Z. R. He & Christenh. 尾叶莲座蕨　尾叶原始观音座莲
Angiopteris dianyuecola Z. R. He & W. M. Chu 滇越莲座蕨
Angiopteris esculenta Ching 食用莲座蕨　食用观音座莲
Angiopteris evecta (G. Forst.) Hoffm. 莲座蕨 = Angiopteris wallichiana C. Presl
Angiopteris fengii Ching 冯氏观音座莲 = Angiopteris hokouensis Ching
Angiopteris fibrillosa Ching & Y. X. Lin 纤毛观音座莲 = Angiopteris wallichiana C. Presl
Angiopteris fokiensis Hieron. 福建莲座蕨　福建观音座莲
Angiopteris formosa Ching 美丽观音座莲 = Angiopteris lygodiifolia Rosenst.
Angiopteris garbongensis Ching 西畴观音座莲 = Angiopteris hokouensis Ching
Angiopteris grossedentata Ching 粗齿观音座莲 = Angiopteris hokouensis Ching
Angiopteris hainanensis Ching 海南莲座蕨　海南观音座莲
Angiopteris helferiana C. Presl 楔基莲座蕨
Angiopteris henryi Hieron. 透明脉观音座莲 = Angiopteris wallichiana C. Presl
Angiopteris hokouensis Ching 河口莲座蕨　河口观音座莲
Angiopteris howii Ching & Chu H. Wang 侯氏观音座莲 = Angiopteris cochinchinensis de Vriese
Angiopteris itoi (W. C. Shieh) J. M. Camus 伊藤氏莲座蕨　伊藤氏原始观音座莲
Angiopteris jiangxiensis Ching & J. F. Chen 江西观音座莲 = Angiopteris fokiensis Hieron.
Angiopteris kwangsiensis Ching 广西观音座莲 = Angiopteris fokiensis Hieron.
Angiopteris latemarginata Ching 宽边观音座莲 = Angiopteris helferiana C. Presl
Angiopteris lateterminalis Ching 大顶观音座莲 = Angiopteris hokouensis Ching
Angiopteris latipinna (Ching) Z. R. He, W. M. Chu & Chrustenh. 阔羽莲座蕨　阔叶原始观音座莲
Angiopteris latipinnula Ching 阔羽观音座莲 = Angiopteris hokouensis Ching
Angiopteris lingii Ching 林氏观音座莲 = Angiopteris fokiensis Hieron.
Angiopteris lobulata Ching 片裂观音座莲 = Angiopteris wallichiana C. Presl

Angiopteris longipetiolata Ching 长柄观音座莲 = Angiopteris fokiensis Hieron.
Angiopteris lygodiifolia Rosenst. 海金沙叶莲座莲
Angiopteris magna Ching 大观音观音座莲 = Angiopteris caudatiformis Hieron.
Angiopteris majuscula Ching 大观音座莲 = Angiopteris caudatiformis Hieron.
Angiopteris medogensis Ching & Y. X. Lin 墨脱观音座莲 = Angiopteris wallichiana C. Presl
Angiopteris megaphylla Ching 大叶观音座莲 = Angiopteris caudatiformis Hieron.
Angiopteris multijuga Ching 多叶观音座莲 = Angiopteris caudatiformis Hieron.
Angiopteris muralis Ching 刺柄观音座莲 = Angiopteris fokiensis Hieron.
Angiopteris nanchuanensis Z. Y. Liu 南川观音座莲 (存疑)
Angiopteris neglecta Ching & Chu H. Wang 边生观音座莲 (存疑)
Angiopteris nuda Ching 革质观音座莲 = Angiopteris caudatiformis Hieron.
Angiopteris oblanceolata Ching & Chu H. Wang 倒披针观音座莲
Angiopteris officinalis Ching 定心散观音座莲 = Angiopteris fokiensis Hieron.
Angiopteris oldhamii Hieron. 屋氏观音座莲 = Angiopteris evecta (G. Forst.) Hoffm.
Angiopteris omeiensis Ching 峨眉观音座莲 = Angiopteris fokiensis Hieron.
Angiopteris palmiformis (Cav.) C. Chr. 兰屿观音座莲 = Angiopteris evecta (G. Forst.) Hoffm.
Angiopteris parvifolia Ching & Fu 小叶观音座莲 = Angiopteris esculenta Ching
Angiopteris parvipinnula Ching 小羽观音座莲 = Angiopteris hokouensis Ching
Angiopteris paucinervis W. M. Chu & Z. R. He 疏脉莲座蕨　疏脉观音座莲
Angiopteris petiolulata Ching 有柄观音座莲 = Angiopteris fokiensis Hieron.
Angiopteris pingpienensis Ching 屏边观音座莲 = Angiopteris yunnanensis Hieron.
Angiopteris pinnata Ching 一回羽状观音座莲 = Angiopteris caudatiformis Hieron.
Angiopteris rahaoensis Ching 短果观音座莲 = Angiopteris lygodiifolia Rosenst.
Angiopteris remota Ching & Chu H. Wang 疏叶观音座莲
Angiopteris robusta Ching 强壮观音座莲
Angiopteris sakuraii Hieron. 边位观音座莲 = Angiopteris lygodiifolia Rosenst.
Angiopteris shanyuanensis Ching 三元观音座莲 = Angiopteris fokiensis Hieron.
Angiopteris sinica Ching 中华观音座莲 = Angiopteris fokiensis Hieron.
Angiopteris somae (Hayata) Makino & Nemoto 相马氏莲座蕨　台湾原始观音座莲
Angiopteris sparsisora Ching 法斗莲座蕨　法斗观音座莲
Angiopteris subcordata Ching 心脏形观音座莲 = Angiopteris fokiensis Hieron.
Angiopteris subcuneata Ching 楔形观音座莲 = Angiopteris helferiana C. Presl
Angiopteris subintegra Ching 亚全缘观音座莲 = Angiopteris caudipinna Ching
Angiopteris subrotundata (Ching) Z. R. He & Christenh. 圆基莲座蕨　圆基原始观音座莲
Angiopteris taiwanensis Ching 台湾观音座莲 = Angiopteris lygodiifolia Rosenst.
Angiopteris taweishanensis Ching 大围山观音座莲 = Angiopteris hokouensis Ching
Angiopteris tenera Ching 小果观音座莲 = Angiopteris fokiensis Hieron.

Angiopteris tonkinensis (Hayata) J. M. Camus 尖叶莲座蕨　尖叶原始观音座莲
Angiopteris vasta Ching 阔叶观音座莲 = Angiopteris caudatiformis Hieron.
Angiopteris venulosa Ching 长假脉观音座莲 = Angiopteris caudipinna Ching
Angiopteris wallichiana C. Presl 西藏莲座蕨
Angiopteris wangii Ching 王氏莲座蕨　王氏观音座莲
Angiopteris yunnanensis Hieron. 云南莲座蕨　云南观音座莲

Anisocampium C. Presl 安蕨属
Anisocampium cumingianum C. Presl 安蕨
Anisocampium cuspidatum (Bedd.) Yea C. Liu, W. L. Chiou & M. Kato 拟鳞毛安蕨
Anisocampium niponicum (Mett.) Yea C. Liu, W. L. Chiou & M. Kato 日本安蕨
Anisocampium sheareri (Baker) Ching 华东安蕨

Anogramma Link 翠蕨属
Anogramma leptophylla (L.) Link 薄叶翠蕨
Anogramma microphylla (Hook.) Diels 翠蕨 = Cerosora microphylla (Hook.) R. M. Tryon
Anogramma reichsteinii auct. non Fraser-Jenk. = Anogramma leptophylla (L.) Link

Antrophyaceae 车前蕨科 = Pteridaceae 凤尾蕨科

Antrophyum Kaulf. 车前蕨属
Antrophyum callifolium Blume 美叶车前蕨
Antrophyum castaneum H. Itô 栗色车前蕨
Antrophyum coriaceum Wall. ex T. Moore 革叶车前蕨 = Antrophyum wallichianum M. G. Gilbert & X. C. Zhang
Antrophyum formosanum Hieron. 台湾车前蕨
Antrophyum hainanense X. C. Zhang 海南车前蕨 (sp. nov., ined.)
Antrophyum henryi Hieron. 车前蕨
Antrophyum obovatum Baker 长柄车前蕨
Antrophyum parvulum Blume 无柄车前蕨
Antrophyum sessilifolium (Cav.) Spreng. 兰屿车前蕨
Antrophyum vittarioides Baker 书带车前蕨
Antrophyum wallichianum M. G. Gilbert & X. C. Zhang 革叶车前蕨

Arachniodes Blume 复叶耳蕨属
Arachniodes abrupta Ching 急尖复叶耳蕨 = Arachniodes chinensis (Rosenst.) Ching
Arachniodes ailaoshanensis Ching 哀牢山复叶耳蕨
Arachniodes amabilis (Blume) Tindale 斜方复叶耳蕨

Arachniodes amoena (Ching) Ching 美丽复叶耳蕨　多羽复叶耳蕨
Arachniodes anshunensis Ching & Y. T. Hsieh 安顺复叶耳蕨 = Arachniodes nipponica (Rosenst.) Ohwi
Arachniodes aristata (G. Forst.) Tindale 刺头复叶耳蕨
Arachniodes aristatissima Ching 多芒复叶耳蕨 = Arachniodes simplicior (Makino) Ohwi
Arachniodes assamica (Kuhn) Ohwi 西南复叶耳蕨　阔羽复叶耳蕨
Arachniodes attenuata Ching 狭长复叶耳蕨 = Arachniodes jinpingensis Y. T. Hsieh
Arachniodes australis Y. T. Hsieh 南方复叶耳蕨 = Arachniodes chinensis (Rosenst.) Ching
Arachniodes austroyunnanensis Ching 滇南复叶耳蕨 = Arachniodes speciosa (D. Don) Ching
Arachniodes baiseensis Ching 百色复叶耳蕨 = Arachniodes cavaleriei (Christ) Ohwi
Arachniodes blinii (H. Lév.) T. Nakaike 粗齿黔蕨
Arachniodes calcarata Ching 多距复叶耳蕨 = Arachniodes simplicior (Makino) Ohwi
Arachniodes caudata Ching 尾叶复叶耳蕨 = Arachniodes chinensis (Rosenst.) Ching
Arachniodes caudifolia Ching & Y. T. Hsieh 尾叶复叶耳蕨 = Arachniodes hekiana Sa. Kurata
Arachniodes cavaleriei (Christ) Ohwi 大片复叶耳蕨　背囊复叶耳蕨
Arachniodes chinensis (Rosenst.) Ching 中华复叶耳蕨
Arachniodes chingii Y. T. Hsieh 仁昌复叶耳蕨 = Arachniodes simulans (Ching) Ching
Arachniodes coniifolia (T. Moore) Ching 细裂复叶耳蕨
Arachniodes cornopteris Ching 凸角复叶耳蕨 = Arachniodes chinensis (Rosenst.) Ching
Arachniodes costulisora Ching 近肋复叶耳蕨 = Arachniodes chinensis (Rosenst.) Ching
Arachniodes cyrtomifolia Ching 贯众叶复叶耳蕨 = Arachniodes chinensis (Rosenst.) Ching
Arachniodes damiaoshanensis Y. T. Hsieh 大苗山复叶耳蕨 = Arachniodes chinensis (Rosenst.) Ching
Arachniodes dayaoensis Y. T. Hsieh 大姚复叶耳蕨 = Arachniodes simulans (Ching) Ching
Arachniodes decomposita Ching 五回复叶耳蕨 = Arachniodes simulans (Ching) Ching
Arachniodes elevatas Ching 高耸复叶耳蕨 = Arachniodes simulans (Ching) Ching
Arachniodes emeiensis Ching 峨眉复叶耳蕨 = Arachniodes speciosa (D. Don) Ching
Arachniodes exilis (Hance) Ching 刺头复叶耳蕨 = Arachniodes aristata (G. Forst.) Tindale
Arachniodes falcata Ching 镰羽复叶耳蕨 = Arachniodes chinensis (Rosenst.) Ching
Arachniodes fengii Ching 国楣复叶耳蕨
Arachniodes festina (Hance) Ching 华南复叶耳蕨
Arachniodes foeniculacea Ching 茴叶复叶耳蕨 = Arachniodes coniifolia (T. Moore) Ching
Arachniodes fujianensis Ching 福建复叶耳蕨 = Arachniodes simplicior (Makino) Ohwi
Arachniodes futeshanensis Y. T. Hsieh 佛特山复叶耳蕨 = Arachniodes speciosa (D. Don) Ching
Arachniodes gansuensis (Ching) Y. T. Hsieh 甘肃复叶耳蕨 (存疑)
Arachniodes gigantea Ching 高大复叶耳蕨
Arachniodes globisora (Hayata) Ching 台湾复叶耳蕨
Arachniodes gongshanensis Ching & Y. T. Hsieh 贡山复叶耳蕨 = Arachniodes nipponica (Rosenst.) Ohwi

Arachniodes gradata Ching 渐尖复叶耳蕨 = Arachniodes japonica (Sa. Kurata) Nakaike
Arachniodes grossa (Tardieu & C. Chr.) Ching 粗裂复叶耳蕨
Arachniodes guangnanensis Y. T. Hsieh 广南复叶耳蕨 = Arachniodes globisora (Hayata) Ching
Arachniodes guangtongensis Ching 广通复叶耳蕨 = Arachniodes speciosa (D. Don) Ching
Arachniodes guangxiensis Ching 广西复叶耳蕨 = Arachniodes cavaleriei (Christ) Ohwi
Arachniodes guanxianensis Ching 灌县复叶耳蕨 = Arachniodes simulans (Ching) Ching
Arachniodes hainanensis (Ching) Ching 海南复叶耳蕨
Arachniodes hekiana Sa. Kurata 假斜方复叶耳蕨
Arachniodes hekouensis Ching 河口复叶耳蕨 = Arachniodes jinpingensis Y. T. Hsieh
Arachniodes henryi (Christ) Ching 云南复叶耳蕨　川滇复叶耳蕨
Arachniodes heyuanensis Ching 河源复叶耳蕨 (存疑)
Arachniodes huapingensis Ching & P. S. Chiu 花坪复叶耳蕨 = Arachniodes chinensis (Rosenst.) Ching
Arachniodes hunanensis Ching 湖南复叶耳蕨
Arachniodes ishingensis Ching & Y. T. Hsieh 宜兴复叶耳蕨 = Arachniodes speciosa (D. Don) Ching
Arachniodes japonica (Sa. Kurata) Nakaike 缩羽复叶耳蕨
Arachniodes jiangxiensis Ching 江西复叶耳蕨 = Arachniodes simulans (Ching) Ching
Arachniodes jijiangensis Ching 綦江复叶耳蕨 (存疑)
Arachniodes jinfoshanensis Ching 金佛山复叶耳蕨 = Arachniodes simulans (Ching) Ching
Arachniodes jingdongensis Ching 景东复叶耳蕨 = Arachniodes ailaoshanensis Ching
Arachniodes jinpingensis Y. T. Hsieh 金平复叶耳蕨
Arachniodes jiulongshanensis Ching 九龙山复叶耳蕨 (存疑)
Arachniodes jizushanensis Ching 鸡足山复叶耳蕨 (存疑)
Arachniodes leuconeura Ching 灰脉复叶耳蕨 = Arachniodes assamica (Kuhn) Ohwi
Arachniodes liyangensis Ching & Y. Z. Lan 溧阳复叶耳蕨 = Arachniodes simplicior (Makino) Ohwi
Arachniodes longipinna Ching 长羽复叶耳蕨
Arachniodes lushanensis Ching 庐山复叶耳蕨 = Arachniodes aristata (G. Forst.) Tindale
Arachniodes maguanensis Ching & Y. T. Hsieh 马关复叶耳蕨 = Arachniodes globisora (Hayata) Ching
Arachniodes maoshanensis Ching & P. S. Chiu 昴山复叶耳蕨 = Arachniodes aristata (G. Forst.) Tindale
Arachniodes mengziensis Ching 蒙自复叶耳蕨 = Arachniodes chinensis (Rosenst.) Ching
Arachniodes michelii (H. Lév.) Ching ex Y. T. Hsieh 湘黔复叶耳蕨 = Arachniodes aristata (G. Forst.) Tindale
Arachniodes miqueliana (Maxim. ex Franch. & Sav.) Ohwi 毛枝蕨
Arachniodes multifida Ching 多裂复叶耳蕨 = Arachniodes speciosa (D. Don) Ching
Arachniodes nanchuanensis Ching & Z. Y. Liu 南川复叶耳蕨 = Arachniodes chinensis (Rosenst.) Ching
Arachniodes nanjingensis Ching 南靖复叶耳蕨 (存疑)
Arachniodes neoaristata Ching 新刺齿复叶耳蕨 = Arachniodes speciosa (D. Don) Ching
Arachniodes neopodophylla (Ching) T. Nakaike 长叶黔蕨

Arachniodes nibashanensis Y. T. Hsieh 泥巴山复叶耳蕨 = Arachniodes chinensis (Rosenst.) Ching
Arachniodes nigrospinosa (Ching) Ching 黑鳞复叶耳蕨
Arachniodes nipponica (Rosenst.) Ohwi 贵州复叶耳蕨　日本复叶耳蕨
Arachniodes nitidula Ching 亮叶复叶耳蕨 = Arachniodes spectabilis (Ching) Ching
Arachniodes obtusiloba Ching & Chu H. Wang 钝羽复叶耳蕨 = Arachniodes cavaleriei (Christ) Ohwi
Arachniodes pianmaensis Ching 片马复叶耳蕨 = Arachniodes simulans (Ching) Ching
Arachniodes pseudoaristata (Tagowa) Ohwi 华东复叶耳蕨 = Arachniodes speciosa (D. Don) Ching
Arachniodes pseudoassamica Ching 假西南复叶耳蕨
Arachniodes pseudocavaleri Ching 浅裂复叶耳蕨 = Arachniodes cavaleriei (Christ) Ohwi
Arachniodes pseudolongipinna Ching 假长羽复叶耳蕨 = Arachniodes longipinna Ching
Arachniodes pseudosimplicior Ching 假长尾复叶耳蕨 = Arachniodes ziyunshanensis Y. T. Hsieh
Arachniodes quadripinnata (Hayata) Seriz. 四回毛枝蕨
Arachniodes reducta Y. T. Hsieh & Y. P. Wu 缩羽复叶耳蕨 = Arachniodes japonica (Sa. Kurata) Nakaike
Arachniodes rhomboidea (Wall. ex Mett.) Ching 斜方复叶耳蕨 = Arachniodes amabilis (Blume) Tindale
Arachniodes rhomboidea var. *sinica* Ching 全缘斜方复叶耳蕨 = Arachniodes hekiana Sa. Kurata
Arachniodes rhomboidea var. *yakusimensis* (H. Itô) W. C. Shieh 裂羽斜方复叶耳蕨 = Arachniodes amabilis (Blume) Tindale
Arachniodes semifertilis Ching 半育复叶耳蕨 = Arachniodes chinensis (Rosenst.) Ching
Arachniodes setifera Ching 长刺复叶耳蕨 = Arachniodes chinensis (Rosenst.) Ching
Arachniodes shuangbaiensis Ching 双柏复叶耳蕨 = Arachniodes ziyunshanensis Y. T. Hsieh
Arachniodes sichuanensis Ching 四川复叶耳蕨 = Arachniodes speciosa (D. Don) Ching
Arachniodes similis Ching 相似复叶耳蕨　同羽复叶耳蕨
Arachniodes simplicior (Makino) Ohwi 长尾复叶耳蕨　异羽复叶耳蕨
Arachniodes simulans (Ching) Ching 华西复叶耳蕨
Arachniodes sinoaristata Ching 滇西复叶耳蕨 = Arachniodes speciosa (D. Don) Ching
Arachniodes sinomiqueliana (Ching) Ohwi 无鳞毛枝蕨
Arachniodes sinorhomboidea Ching 中华斜方复叶耳蕨
Arachniodes sparsa Ching 疏羽复叶耳蕨 = Arachniodes speciosa (D. Don) Ching
Arachniodes speciosa (D. Don) Ching 美观复叶耳蕨　美丽复叶耳蕨
Arachniodes spectabilis (Ching) Ching 清秀复叶耳蕨
Arachniodes sphaerosora (Tagawa) Ching 球子复叶耳蕨 = Arachniodes cavaleriei (Christ) Ohwi
Arachniodes spinoserrulata Ching 刺齿复叶耳蕨 = Arachniodes globisora (Hayata) Ching
Arachniodes sporadosora (Kunze) Nakaike 华东复叶耳蕨 = Arachniodes speciosa (D. Don) Ching
Arachniodes subaristata Ching & Y. T. Hsieh 近刺复叶耳蕨 = Arachniodes speciosa (D. Don) Ching
Arachniodes superba Fraser-Jenk. 石盖蕨
Arachniodes tibetana Ching & S. K. Wu 西藏复叶耳蕨 = Arachniodes simplicior (Makino) Ohwi

Arachniodes tiendongensis Ching & C. F. Zhang 天童复叶耳蕨 = Arachniodes hekiana Sa. Kurata

Arachniodes tonkinensis (Ching) Ching 中越复叶耳蕨

Arachniodes triangularis Ching 阔基复叶耳蕨 = Arachniodes cavaleriei (Christ) Ohwi

Arachniodes tsiangiana (Ching) T. Nakaike 黔蕨

Arachniodes valida Y. T. Hsieh 坚直复叶耳蕨 = Arachniodes jinpingensis Y. T. Hsieh

Arachniodes wulingshanensis S. F. Wu 武陵山复叶耳蕨

Arachniodes yandangshanensis Y. T. Hsieh 雁荡山复叶耳蕨 = Arachniodes speciosa (D. Don) Ching

Arachniodes yaomashanensis Ching 瑶马山复叶耳蕨 = Arachniodes assamica (Kuhn) Ohwi

Arachniodes yinjiangensis Ching 印江复叶耳蕨 = Arachniodes simulans (Ching) Ching

Arachniodes yixinensis Ching & Y. T. Hsieh 宜兴复叶耳蕨 (存疑)

Arachniodes yoshinagae (Makino) Ohwi 东洋复叶耳蕨

Arachniodes yunnanensis Ching 漾濞复叶耳蕨 = Arachniodes simulans (Ching) Ching

Arachniodes yunqiensis Y. T. Hsieh 云栖复叶耳蕨 = Arachniodes ziyunshanensis Y. T. Hsieh

Arachniodes ziyunshanensis Y. T. Hsieh 紫云山复叶耳蕨

Araiostegia Copel. 小膜盖蕨属

Araiostegia beddomei (C. Hope) Ching 假美小膜盖蕨 = Araiostegia pulchra (D. Don) Copel.

Araiostegia delavayi (Bedd. ex C. B. Clarke & Baker) Ching 小膜盖蕨 = Araiostegia pulchra (D. Don) Copel.

Araiostegia faberiana (C. Chr.) Ching 细裂小膜盖蕨

Araiostegia hookeri (T. Moore ex Bedd.) Ching 宿枝小膜盖蕨

Araiostegia imbricata Ching 绿叶小膜盖蕨 = Araiostegia Pulchra (D. Don) Copel.

Araiostegia multidentata (Hook.) Copel. 毛叶小膜盖蕨 = Paradavallodes multidentata (Hook.) Ching

Araiostegia parvipinnula Copel. 台湾小膜盖蕨 = Araiostegia perdurans (Christ) Copel.

Araiostegia perdurans (Christ) Copel. 鳞轴小膜盖蕨

Araiostegia pseudocystopteris (Kunze) Copel. 长片小膜盖蕨 = Araiostegia pulchra (D. Don) Copel.

Araiostegia pulchra (D. Don) Copel. 美小膜盖蕨

Araiostegia yunnanensis (Christ) Copel. 云南小膜盖蕨 = Araiostegia pulchra (D. Don) Copel.

Archangiopteris Christ & Giesenh. 原始观音座莲属 = Angiopteris Hoffm. 莲座蕨属

Archangiopteris bipinnata Ching 二回原始观音座莲 = Angiopteris bipinnata (Ching) J. M. Camus

Archangiopteris caudata Ching 尾叶原始观音座莲 = Angiopteris danaeoides Z. R. He & Christenh.

Archangiopteris henryi Christ & Giesenh. 亨利原始观音座莲 = Angiopteris latipinna (Ching) Z. R. He, W. M. Chu & Chrustenh.

Archangiopteris hokouensis Ching 河口原始观音座莲 = Angiopteris chingii J. M. Camus

Archangiopteris itoi W. C. Shieh 伊藤氏原始观音座莲 = Angiopteris itoi (W. C. Shieh) J. M. Camus

Archangiopteris latipinna Ching 阔叶原始观音座莲 = Angiopteris latipinna (Ching) Z. R. He, W. M.

Chu & Christenh.

Archangiopteris somai Hayata 台湾原始观音座莲 = Angiopteris somae (Hayata) Makino & Nemoto

Archangiopteris subintegra Hayata 斜基原始观音座莲 (存疑)

Archangiopteris subrotundata Ching 圆基原始观音座莲 = Angiopteris subrotundata (Ching) Z. R. He & Christenh.

Archangiopteris tonkinensis (Hayata) Ching 尖叶原始观音座莲 = Angiopteris tonkinensis (Hayata) J. M. Camus

Argyrochosmai (J. Sm.) Windham 钝旱蕨属

Argyrochosmai connectens (C. Chr.) G. M. Zhang 四川钝旱蕨

Arthromeris (T. Moore) J. Sm. 节肢蕨属

Arthromeris caudata Ching & Y. X. Lin 尾状节肢蕨

Arthromeris cyrtomioides S. G. Lu & C. D. Xu 贯众叶节肢蕨

Arthromeris elegans Ching 美丽节肢蕨

Arthromeris elegans f. *pianmaensis* S. G. Lu 片马节肢蕨 = Arthromeris elegans Ching

Arthromeris himalayensis (Hook.) Ching 琉璃节肢蕨

Arthromeris himalayensis var. **niphoboloides** (C. B. Clarke) S. G. Lu 灰茎节肢蕨

Arthromeris intermedia Ching 中间节肢蕨

Arthromeris lehmannii (Mett.) Ching 节肢蕨

Arthromeris lungtauensis Ching 龙头节肢蕨

Arthromeris mairei (Brause) Ching 多羽节肢蕨

Arthromeris medogensis Ching & Y. X. Lin 墨脱节肢蕨

Arthromeris nigropaleacea S. G. Lu 黑鳞节肢蕨

Arthromeris notholaenoides V. K. Rawat & Fraser-Jenk. 隐囊蕨状节肢蕨

Arthromeris salicifolia Ching & Y. X. Lin 柳叶节肢蕨

Arthromeris tatsienensis (Franch. & Bureau) Ching 康定节肢蕨

Arthromeris tenuicauda (Hook.) Ching 狭羽节肢蕨

Arthromeris tomentosa W. M. Chu 厚毛节肢蕨

Arthromeris wallichiana (Spreng.) Ching 单行节肢蕨

Arthromeris wardii (C. B. Clarke) Ching 灰背节肢蕨

Arthropteridaceae 爬树蕨科

Arthropteris J. Sm. ex Hook. *f.* 爬树蕨属

Arthropteris obliterata (R. Br.) J. Sm. 藤蕨 = Arthropteris palisotii (Desv.) Alston

Arthropteris palisotii (Desv.) Alston 爬树蕨

Arthropteris guinanensis H. G. Zhou & Y. Y. Huang 桂南爬树蕨

Arthropteris repens auct. non (Brack.) C. Chr. = Arthropteris guinanensis H. G. Zhou & Y. Y. Huang 桂南爬树蕨

Aspidiaceae 叉蕨科 = Tectariaceae 叉蕨科

Aspleniaceae 铁角蕨科

Asplenium L. 铁角蕨属

Asplenium adiantifrons (Hayata) Ching 阿里山铁角蕨 = Hymenasplenium adiantifrons (Hayata) Viane & S. Y. Dong

Asplenium adiantum-nigrum L. 黑色铁角蕨

Asplenium adiantum-nigrum var. *yuanum* (Ching) Ching 黑色铁角蕨 = Asplenium adiantum-nigrum L.

Asplenium adnatum Copel. 合生铁角蕨

Asplenium aethiopicum (Burm. *f.*) Becherer 西南铁角蕨

Asplenium affine Sw. 匙形铁角蕨

Asplenium aitchisonii Fraser-Jenk. & Reichst. 西部铁角蕨

Asplenium alatulum Ching 有翅铁角蕨 = Asplenium wrightii D. C. Eaton ex Hook.

Asplenium altajense (Kom.) Grubov 阿尔泰铁角蕨

Asplenium anogrammoides Christ 广布铁角蕨

Asplenium antiquum Makino 大鳞巢蕨

Asplenium antrophyoides Christ 狭翅巢蕨

Asplenium argutum Ching 尖齿铁角蕨 = Asplenium tenuicaule var. argutum Viane

Asplenium asterolepis Ching 黑鳞铁角蕨

Asplenium austrochinense Ching 华南铁角蕨

Asplenium barkamense Ching 马尔康铁角蕨 = Asplenium nesii Christ

Asplenium belangeri (Bory) Kunze 南方铁角蕨 = Asplenium sampsonii Hance

Asplenium borealichinense Ching & S. H. Wu 华北铁角蕨 = Asplenium tenuicaule Hayata

Asplenium bullatum Wall. ex Mett. 大盖铁角蕨

Asplenium bullatum var. *shikokianum* (Makino) Ching & S. H. Wu 稀羽铁角蕨 = Asplenium bullatum Wall. ex Mett.

Asplenium capillipes Makino 线柄铁角蕨

Asplenium castaneoviride Baker 东海铁角蕨

Asplenium caucasicum (Fraser-Jenk. & Lovis) Viane 高加索铁角蕨

Asplenium ceterach L. 药蕨

Asplenium changputungense Ching 贡山铁角蕨 = Hymenasplenium changputungense (Ching) Viane & S. Y. Dong

Asplenium cheilosorum Kunze ex Mett. 齿果铁角蕨 = Hymenasplenium cheilosorum (Kunze ex Mett.) Tagawa

Asplenium chengkouense Ching ex H. S. Kung 城口铁角蕨 = Asplenium tenuicaule var. subvarians

(Ching) Viane

Asplenium coenobiale Hance 线裂铁角蕨

Asplenium consimile Ching ex S. H. Wu 相似铁角蕨 = Asplenium austrochinense Ching

Asplenium cornutissimum X. C. Zhang & R. H. Jiang 多角铁角蕨　壮乡铁角蕨

Asplenium crinicaule Hance 毛轴铁角蕨

Asplenium cuneatiforme Christ 乌来铁角蕨

Asplenium dalhousiae Hook. 苍山蕨

Asplenium davallioides Hook. 骨碎补铁角蕨 = Asplenium ritoense Hayata

Asplenium delavayi (Franch.) Copel. 水鳖蕨

Asplenium dêqênense Ching 德钦铁角蕨 = Asplenium dolomiticum (Lovis & Reichst.) A. Löve & D. Löve

Asplenium dolomiticum (Lovis & Reichst.) A. Löve & D. Löve 圆叶铁角蕨

Asplenium duplicatoserratum Ching ex S. H. Wu 重齿铁角蕨 = Asplenium wrightii D. C. Eaton ex Hook.

Asplenium ensiforme Wall. ex Hook. & Grev. 剑叶铁角蕨

Asplenium ensiforme f. *bicuspe* (Hayata) Ching 叉裂铁角蕨 = Asplenium ensiforme Wall. ex Hook. & Grev.

Asplenium ensiforme f. *stenopyllum* (Bedd.) Ching ex S. H. Wu 线叶铁角蕨 = Asplenium ensiforme Wall. ex Hook. & Grev.

Asplenium excisum C. Presl 切边铁角蕨 = Hymenasplenium excisum (C. Presl) S. Linds.

Asplenium exiguum Bedd. 云南铁角蕨

Asplenium finlaysonianum Wall. ex Hook. 网脉铁角蕨

Asplenium fontanum subsp. **pseudofontanum** (Kossinsky) Reichst. & Schneller 西藏铁角蕨

Asplenium formosae Christ 南海铁角蕨

Asplenium fugax Christ 易变铁角蕨

Asplenium fujianense Ching ex S. H. Wu 福建铁角蕨 = Asplenium wrightii D. C. Eaton ex Hook.

Asplenium furfuraceum Ching 绒毛铁角蕨 = Hymenasplenium furfuraceum (Ching) Viane & S. Y. Dong

Asplenium fuscipes Baker 乌木铁角蕨 = Asplenium coenobiale Hance

Asplenium glanduliserrulatum Ching ex S. H. Wu 腺齿铁角蕨

Asplenium griffithianum Hook. 厚叶铁角蕨

Asplenium gueinzianum Mett. ex Kuhn 撕裂铁角蕨

Asplenium gulingense Ching & S. H. Wu 庐山铁角蕨 = Asplenium kiangsuense Ching & Y. X. Jing

Asplenium hainanense Ching 海南铁角蕨

Asplenium hangzhouense Ching & C. F. Zhang 杭州铁角蕨 = Asplenium kiangsuense Ching & Y. X. Jing

Asplenium hebeiense Ching & S. H. Wu 河北铁角蕨 = Asplenium tenuicaule Hayata

Asplenium holosorum Christ 江南铁角蕨

Asplenium humbertii Tardieu 扁柄巢蕨
Asplenium humistratum Ching ex H. S. Kung 肾羽铁角蕨
Asplenium incisum Thunb. 虎尾铁角蕨
Asplenium indicum Sledge 胎生铁角蕨
Asplenium indicum var. *yoshinagae* (Makino) Ching & S. H. Wu 棕鳞铁角蕨 = Asplenium yoshinagae Makino
Asplenium interjectum Christ 贵阳铁角蕨
Asplenium jiulungense Ching 九龙铁角蕨 = Asplenium austrochinense Ching
Asplenium kangdingense Ching & H. S. Kung 康定铁角蕨 = Asplenium exiguum Bedd.
Asplenium kansuense Ching 甘肃铁角蕨
Asplenium kiangsuense Ching & Y. X. Jing 江苏铁角蕨
Asplenium komarovii Akasawa 对开蕨
Asplenium kukkonenii Viane & Reichst. 西疆铁角蕨
Asplenium laciniatum auct. non D. Don 撕裂铁角蕨 = Asplenium gueinzianum Mett. ex Kuhn
Asplenium latidens Ching 阔齿铁角蕨 = Hymenasplenium latidens (Ching) Viane & S. Y. Dong
Asplenium laui Ching 乌柄铁角蕨 = Asplenium wrightii D. C. Eaton ex Hook.
Asplenium leiboense Ching 雷波铁角蕨 = Asplenium anogrammoides Christ
Asplenium lepturus J. Sm. ex C. Presl 热带铁角蕨
Asplenium loriceum Christ 南海铁角蕨 = Asplenium formosae Christ
Asplenium loxogrammioides H. Christ 江南铁角蕨 = Asplenium holosorum Christ
Asplenium lushanense C. Chr. 泸山铁角蕨
Asplenium mae Viane & Reichst. 内蒙铁角蕨
Asplenium magnificum (Ching) Bir 大叶苍山蕨
Asplenium matsumurae Christ 兰屿铁角蕨
Asplenium microtum Maxon 滇南铁角蕨
Asplenium moupinense Franch. 宝兴铁角蕨 = Asplenium exiguum Bedd.
Asplenium neomultijugum Ching ex S. H. Wu 多羽铁角蕨 = Asplenium wrightii D. C. Eaton ex Hook.
Asplenium neovarians Ching 郎木铁角蕨
Asplenium nesii Christ 西北铁角蕨
Asplenium nidus L. 巢蕨
Asplenium normale D. Don 倒挂铁角蕨
Asplenium oblanceolatum Copel. 黑鳞巢蕨
Asplenium obscurum Blume 绿秆铁角蕨 = Hymenasplenium obscurum (Blume) Tagawa
Asplenium oldhamii Hance 东南铁角蕨
Asplenium parviusculum Ching 小叶铁角蕨 = Asplenium kiangsuense Ching & Y. X. Jing
Asplenium paucijugum Ching 少羽铁角蕨 = Asplenium varians Wall. ex Hook. & Grev.
Asplenium paucivenosum (Ching) Bir 疏脉苍山蕨

Asplenium pekinense Hance 北京铁角蕨
Asplenium phyllitidis D. Don 长叶巢蕨
Asplenium polyodon G. Forst. 镰叶铁角蕨
Asplenium praemorsum Sw. 西南铁角蕨 = Asplenium aethiopicum (Burm. *f.*) Becherer
Asplenium prolongatum Hook. 长叶铁角蕨
Asplenium propinquum Ching 内丘铁角蕨 = Asplenium kansuense Ching
Asplenium pseudofontanum Koss. 西藏铁角蕨 = Asplenium fontanum subsp. pseudofontanum (Kossinsky) Reichst. & Schneller
Asplenium pseudolaserpitiifolium Ching 假大羽铁角蕨
Asplenium pseudonormale W. M. Chu & X. C. Zhang 假倒挂铁角蕨 = Asplenium normale D. Don
Asplenium pseudopraemorsum Ching 斜裂铁角蕨
Asplenium pseudowrightii Ching 两广铁角蕨 = Asplenium wrightii D. C. Eaton ex Hook.
Asplenium pulcherrimum (Baker) Ching ex Tardieu 叶基宽铁角蕨
Asplenium qiujiangense (Ching & Fu) Nakaike 俅江苍山蕨
Asplenium quadrivalens (D. E. Meyer) Landolt 四倍体铁角蕨
Asplenium quercicola Ching 镇康铁角蕨 = Hymenasplenium quercicola (Ching) Viane & S. Y. Dong
Asplenium retusulum Ching 微凹铁角蕨 = Hymenasplenium retusulum (Ching) Viane & S. Y. Dong
Asplenium ritoense Hayata 骨碎补铁角蕨
Asplenium rockii C. Chr. 瑞丽铁角蕨
Asplenium ruprechtii Sa. Kurata 过山蕨
Asplenium ruta-muraria L. 卵叶铁角蕨
Asplenium sampsonii Hance 岭南铁角蕨
Asplenium sarelii Hook. 华中铁角蕨
Asplenium saxicola Rosenst. 石生铁角蕨
Asplenium scortechinii Bedd. 狭叶铁角蕨
Asplenium semivarians Viane & Reichst. 半变异铁角蕨
Asplenium septentrionale (L.) Hoffm. 叉叶铁角蕨
Asplenium serratissimum Ching ex S. H. Wu 华东铁角蕨 = Asplenium wrightii D. C. Eaton ex Hook.
Asplenium shikokianum Makino 四国铁角蕨 = Asplenium bullatum Wall. ex Mett.
Asplenium spathulinum J. Sm. 匙形铁角蕨 = Asplenium affine Sw.
Asplenium speluncae Christ 黑边铁角蕨
Asplenium subcrenatum Ching ex S. H. Wu 圆齿铁角蕨 = Asplenium wrightii D. C. Eaton ex Hook.
Asplenium subdigitatum Ching 掌裂铁角蕨 = Asplenium aitchisonii Fraser-Jenk. & Reichst.
Asplenium sublaserpitiifolium Ching 拟大羽铁角蕨
Asplenium sublongum Ching ex S. H. Wu 长柄铁角蕨 = Asplenium formosae Christ
Asplenium subnormale Copel. 小铁角蕨 = Hymenasplenium subnormale (Copel.) Nakaike
Asplenium suborbiculare Ching 圆叶铁角蕨 = Asplenium dolomiticum (Lovis & Reichst.) A. Löve & D.

Löve

Asplenium subspathulinum X. C. Zhang 俅江铁角蕨

Asplenium subtenuifolium (Christ) Ching & S. H. Wu 疏羽铁角蕨 = Asplenium ruta-muraria L.

Asplenium subtoramanum Ching ex S. H. Wu 黑柄铁角蕨 = Asplenium coenobiale Hance

Asplenium subtrapezoideum Ching ex S. H. Wu 大瑶山铁角蕨 = Asplenium trapezoideum Ching

Asplenium subvarians Ching ex C. Chr. 钝齿铁角蕨 = Asplenium tenuicaule var. subvarians (Ching) Viane

Asplenium szechuanense Ching 天全铁角蕨 = Hymenasplenium szechuanense (Ching) Viane & S. Y. Dong

Asplenium taiwanense Ching ex S. H. Wu 台湾铁角蕨 = Asplenium wrightii D. C. Eaton ex Hook.

Asplenium tenerum G. Forst. 膜连铁角蕨

Asplenium tenuicaule Hayata 细茎铁角蕨

Asplenium tenuicaule var. **argutum** Viane 尖齿铁角蕨

Asplenium tenuicaule var. **subvarians** (Ching) Viane 钝齿铁角蕨

Asplenium tenuifolium D. Don 细裂铁角蕨

Asplenium tenuifolium var. *minor* Ching ex S. H. Wu 桂西铁角蕨 = Asplenium tenuifolium D. Don

Asplenium tenuissimum Hayata 新竹铁角蕨 = Asplenium tenuifolium D. Don

Asplenium tianmushanense Ching 天目铁角蕨 = Asplenium tenuicaule var. subvarians (Ching) Viane

Asplenium tianshanense Ching 天山铁角蕨 = Asplenium nesii Christ

Asplenium toramanum Makino 都匀铁角蕨 = Asplenium coenobiale Hance

Asplenium trapezoideum Ching 蒙自铁角蕨

Asplenium trichomanes L. 铁角蕨

Asplenium trichomanes subsp. inexpectans Lovis 喜钙亚种 (存疑)

Asplenium trichomanes subsp. pachyrachis (Christ) Lovis & Reichst. 粗轴亚种 (存疑)

Asplenium trichomanes subsp. *quadrivalens* D. E. Meyer. 四倍亚种 = Asplenium quadrivalens (D. E. Meyer) Landolt

Asplenium trichomanes var. harovii T. Moore 哈如变种 (存疑)

Asplenium trigonopterum Kunze 台南铁角蕨

Asplenium tripteropus Nakai 三翅铁角蕨

Asplenium unilaterale var. *udum* Atk. ex C. B. Clarke 阴湿铁角蕨 = Hymenasplenium obliquissimum (Hayata) Sugim.

Asplenium unilaterale auct. non Lam. 半边铁角蕨 = Hymenasplenium murakami-hatanakae Nakaike, H. hondoense (N. Murakami & Hatanaka) Nakaike, H. apogamum (N. Murakami & Hatanaka) Nakaike

Asplenium varians Wall. ex Hook. & Grev. 变异铁角蕨

Asplenium viride Huds. 欧亚铁角蕨

Asplenium wilfordii Mett. ex Kuhn 闽浙铁角蕨

Asplenium wilfordii var. densum Rosenst. (存疑)

Asplenium wrightii D. C. Eaton ex Hook. 狭翅铁角蕨

Asplenium wrightioides Christ 疏齿铁角蕨 = Asplenium wrightii D. C. Eaton ex Hook.
Asplenium wuliangshanense Ching 无量山铁角蕨 = Hymenasplenium wuliangshanense (Ching) Viane & S. Y. Dong
Asplenium xinjiangense Ching 新疆铁角蕨 = Asplenium aitchisonii Fraser-Jenk. & Reichst.
Asplenium yoshinagae Makino 棕鳞铁角蕨
Asplenium yunnanense Franch. 云南铁角蕨 = Asplenium exiguum Bedd.
Asplenium × xinyiense Ching & S. H. Wu 信宜铁角蕨

Ataxipteris Holttum 三相蕨属 = Ctenitis (C. Chr.) C. Chr. 肋毛蕨属
Ataxipteris dianguiensis W. M. Chu & H. G. Zhou 滇桂三相蕨 = Ctenitis dianguiensis (W. M. Chu & H. G. Zhou) S. Y. Dong
Ataxipteris sinii (Ching) Holttum 三相蕨 = Ctenitis sinii (Ching) Ohwi

Athyriaceae 蹄盖蕨科

Athyriopsis Ching 假蹄盖蕨属 = Deparia Hook. & Grev. 对囊蕨属
Athyriopsis abbreviata W. M. Chu 岳麓山假蹄盖蕨 = Deparia abbreviata (W. M. Chu) Z. R. He
Athyriopsis concinna Z. R. Wang 美丽假蹄盖蕨 = Deparia concinna (Z. R. Wang) M. Kato
Athyriopsis conilii (Franch. & Sav.) Ching 钝羽假蹄盖蕨 = Deparia conilii (Franch. & Sav.) M. Kato
Athyriopsis dickasonii (M. Kato) W. M. Chu 斜升假蹄盖蕨 = Deparia dickasonii M. Kato
Athyriopsis dimorphophylla (Koidz.) Ching ex W. M. Chu 二型叶假蹄盖蕨 = Deparia dimorphophyllum (Koidz.) M. Kato
Athyriopsis hunanensis Z. R. Wang & S. F. Wu 湖南假蹄盖蕨 = Deparia dickasonii M. Kato
Athyriopsis japonica (Thunb.) Ching 假蹄盖蕨 = Deparia japonica (Thunb.) M. Kato
Athyriopsis japonica var. *oshimense* (Christ) Ching 斜羽假蹄盖蕨 = Deparia petersenii (Kunze) M. Kato
Athyriopsis japonica var. *variegata* W. M. Chu & Z. R. He 花叶假蹄盖蕨 = Deparia japonica var. variegata (W. M. Chu & Z. R. He) Z. R. He
Athyriopsis jinfoshanensis Z. Y. Liu 金佛山假蹄盖蕨 = Deparia jinfoshanensis (Z. Y. Liu) Z. R. He
Athyriopsis kiusiana (Koidz.) Ching 中日假蹄盖蕨 = Deparia kiusiana (Koidz.) M. Kato
Athyriopsis lasiopteris (Kunze) Ching 毛叶假蹄盖蕨 = Deparia petersenii (Kunze) M. Kato
Athyriopsis minamitanii (Seriz.) Z. R. Wang 南谷假蹄盖蕨 (存疑)
Athyriopsis omeiensis Z. R. Wang 峨眉假蹄盖蕨 = Deparia omeiensis (Z. R. Wang) M. Kato
Athyriopsis pachyphylla Ching 阔羽假蹄盖蕨 = Deparia pachyphylla (Ching) Z. R. He
Athyriopsis petersenii (Kunze) Ching 毛轴假蹄盖蕨 = Deparia petersenii (Kunze) M. Kato
Athyriopsis pseudoconilii (Seriz.) W. M. Chu 阔基假蹄盖蕨 = Deparia pseudoconilii (Seriz.) Seriz.
Athyriopsis shandongensis J. X. Li & Z. C. Ding 山东假蹄盖蕨 = Deparia shandongensis (J. X. Li & Z. C. Ding) Z. R. He
Athyriopsis tomitaroana (Masam.) P. S. Wang 长叶假蹄盖蕨 = Deparia tomitaroana (Masam.) R. Sano

Athyrium Roth 蹄盖蕨属

Athyrium adpressum Ching & W. M. Chu 金平蹄盖蕨

Athyrium adscendens Ching 斜羽蹄盖蕨 = Athyrium vidalii (Franch. & Sav.) Nakai

Athyrium anisopterum Christ 宿蹄盖蕨

Athyrium araiostegioides Ching 鹿角蹄盖蕨

Athyrium arisanense (Hayata) Tagawa 阿里山蹄盖蕨

Athyrium atkinsonii Bedd. 大叶假冷蕨

Athyrium attenuatum (Wall. ex C. B. Clarke) Tagawa 剑叶蹄盖蕨

Athyrium atuntzeense (Ching) Z. R. Wang & Z. R. He 阿墩子假冷蕨

Athyrium auriculatum Seriz. 耳垂蹄盖蕨

Athyrium austro-orientale Ching 藏东南蹄盖蕨 = Athyrium dubium Ching

Athyrium baishanzuense Ching & Y. T. Hsieh 百山祖蹄盖蕨

Athyrium baoxingense Ching 宝兴蹄盖蕨

Athyrium biserrulatum Christ 苍山蹄盖蕨

Athyrium bomicola Ching 波密蹄盖蕨

Athyrium brevifrons Nakai ex Tagawa 东北蹄盖蕨 = Athyrium sinense Rupr.

Athyrium brevisorum (Wall. ex Hook.) T. Moore 中缅蹄盖蕨

Athyrium brevistipes Ching 短柄蹄盖蕨

Athyrium bucahwangense Ching 圆果蹄盖蕨

Athyrium caudatum Ching 尾羽蹄盖蕨 = Athyrium roseum Christ

Athyrium caudiforme Ching 长尾蹄盖蕨 = Athyrium delavayi Christ

Athyrium chingianum Z. R. Wang & X. C. Zhang 秦氏蹄盖蕨

Athyrium christensenii Tardieu 中越蹄盖蕨

Athyrium chungtienense Ching 中甸蹄盖蕨 = Athyrium dubium Ching

Athyrium clarkei Bedd. 芽胞蹄盖蕨

Athyrium clivicola Tagawa 坡生蹄盖蕨

Athyrium clivicola var. *rotundum* Z. R. Wang 圆羽蹄盖蕨 = Athyrium dubium Ching

Athyrium contingens Ching & S. K. Wu 短羽蹄盖蕨 = Athyrium attenuatum (Wall. ex C. B. Clarke) Tagawa

Athyrium costulalisorum Ching 川西蹄盖蕨 = Athyrium mackinnonii (C. Hope) C. Chr.

Athyrium crassipes Ching 粗柄蹄盖蕨 = Athyrium mackinnonii (C. Hope) C. Chr.

Athyrium criticum Ching 蒿坪蹄盖蕨 = Athyrium mackinnonii (C. Hope) C. Chr.

Athyrium cryptogrammoides Hayata 合欢山蹄盖蕨

Athyrium davidii (Franch.) Christ 大卫假冷蕨

Athyrium daxianglingense Ching & H. S. Kung 大相岭蹄盖蕨 = Athyrium dubium Ching

Athyrium delavayi Christ 翅轴蹄盖蕨

Athyrium delicatulum Ching & S. K. Wu 薄叶蹄盖蕨 = Athyrium devolii Ching

Athyrium deltoidofrons Makino 溪边蹄盖蕨
Athyrium deltoidofrons var. **gracillinum** (Ching) Z. R. Wang 瘦叶蹄盖蕨
Athyrium dentigerum (Wall. ex C. B. Clarke) Mehra & Bir 希陶蹄盖蕨
Athyrium dentilobum Ching & S. K. Wu 齿尖蹄盖蕨
Athyrium decorum Ching 林光蹄盖蕨
Athyrium densisorum X. C. Zhang 密果蹄盖蕨
Athyrium devolii Ching 湿生蹄盖蕨
Athyrium dissitifolium (Baker) C. Chr. 疏叶蹄盖蕨
Athyrium dissitifolium var. *funebre* (Christ) Ching & Z. R. Wang 二回疏叶蹄盖蕨 = Athyrium dissitifolium (Baker) C. Chr.
Athyrium dissitifolium var. *kulhaitense* (Atk. ex C. B. Clarke) Ching 库尔海蹄盖蕨 = Athyrium exindusiatum Ching
Athyrium drepanopterum (Kunze) A. Braun ex Milde 多变蹄盖蕨
Athyrium dubium Ching 毛翼蹄盖蕨
Athyrium dulongicola W. M. Chu 独龙江蹄盖蕨
Athyrium elongatum Ching 长叶蹄盖蕨
Athyrium emeicola Ching 石生蹄盖蕨
Athyrium epirachis (Christ) Ching 轴果蹄盖蕨
Athyrium erythropodum Hayata 红柄蹄盖蕨
Athyrium excelsium Ching 高超蹄盖蕨 = Athyrium attenuatum (Wall. ex C. B. Clarke) Tagawa
Athyrium exindusiatum Ching 无盖蹄盖蕨
Athyrium fallaciosum Milde 麦秆蹄盖蕨
Athyrium fangii Ching 方氏蹄盖蕨
Athyrium fargesii Christ (存疑)
Athyrium fauriei (Christ) Makino 佛瑞蹄盖蕨
Athyrium filix-femina subvar. brevidens Christ (存疑)
Athyrium filix-femina var. duclouxii Christ (存疑)
Athyrium filix-femina var. paleosum Christ (存疑)
Athyrium fimbriatum Hook. ex T. Moore 喜马拉雅蹄盖蕨
Athyrium flabellulatum (C. B. Clarke) Tardieu 狭叶蹄盖蕨
Athyrium foliolosum T. Moore ex R. Sim 大盖蹄盖蕨
Athyrium glandulosum Ching 腺毛蹄盖蕨 = Athyrium rupicola (Edgew ex C. Hope) C. Chr.
Athyrium guangnanense Ching 广南蹄盖蕨
Athyrium hainanense Ching 海南蹄盖蕨
Athyrium heterosporum Y. T. Hsieh & Z. R. Wang 异孢蹄盖蕨 = Athyrium anisopterum Christ
Athyrium himalaicum Ching ex Mehra & Bir 中锡蹄盖蕨
Athyrium hirtirachis Ching & Y. P. Hsu 毛轴蹄盖蕨 = Athyrium mackinnonii (C. Hope) C. Chr.

Athyrium imbricatum Christ 密羽蹄盖蕨

Athyrium infrapuberulum Ching 凌云蹄盖蕨 = Athyrium viviparum Christ

Athyrium interjectum Ching 居中蹄盖蕨 = Athyrium dubium Ching

Athyrium intermixtum Ching & P. S. Chiu 中间蹄盖蕨 = Athyrium vidalii (Franch. & Sav.) Nakai

Athyrium iseanum Rosenst. 长江蹄盖蕨

Athyrium iseanum var. *chuanqianense* Z. R. Wang 川黔蹄盖蕨 = Athyrium iseanum Rosenst.

Athyrium jinshajiangense Ching & K. H. Shing 金沙江蹄盖蕨 = Athyrium dubium Ching

Athyrium kenzo-satakei Sa. Kurata 紫柄蹄盖蕨

Athyrium kenzo-satakei var. *jieguishanense* (Ching) Z. R. Wang 介贵山蹄盖蕨 = Athyrium kenzo-satakei Sa. Kurata

Athyrium kuratae Seriz. 仓田蹄盖蕨

Athyrium lineare Ching 线羽蹄盖蕨 = Athyrium dubium Ching

Athyrium longius Ching 长柄蹄盖蕨 = Athyrium clivicola Tagawa

Athyrium ludingense Z. R. Wang & Li Bing Zhang 泸定蹄盖蕨 = Athyrium mackinnonii (C. Hope) C. Chr.

Athyrium mackinnonii (C. Hope) C. Chr. 川滇蹄盖蕨

Athyrium mackinnonii var. *glabratum* Y. T. Hsieh & Z. R. Wang 光轴蹄盖蕨 = Athyrium mackinnonii (C. Hope) C. Chr.

Athyrium mackinnonii var. *yigongense* Ching & S. K. Wu 易贡蹄盖蕨 = Athyrium mackinnonii (C. Hope) C. Chr.

Athyrium maoshanense Ching & P. S. Chiu 昴山蹄盖蕨 = Athyrium devolii Ching

Athyrium medogense X. C. Zhang 墨脱蹄盖蕨

Athyrium mehrae Bir 狭基蹄盖蕨

Athyrium melanolepis (Franch. & Sav.) Christ 黑鳞蹄盖蕨

Athyrium mengtzeense Hieron. 蒙自蹄盖蕨 = Athyrium roseum Christ

Athyrium minimum Ching 小蹄盖蕨

Athyrium multipinnum Y. T. Hsieh & Z. R. Wang 多羽蹄盖蕨 = Athyrium elongatum Ching

Athyrium mupinense Christ 穆坪蹄盖蕨

Athyrium nakanoi Makino 红苞蹄盖蕨

Athyrium nanyueense Ching 南岳蹄盖蕨 = Athyrium imbricatum Christ

Athyrium nemotum Ching (存疑)

Athyrium nephrodioides (Baker) Christ 疏羽蹄盖蕨 (存疑)

Athyrium nigripes auct. non (Blume) T. Moore 黑足蹄盖蕨 = Athyrium tozanense (Hayata) Hayata

Athyrium nigripes var. elongatum Christ (存疑)

Athyrium niponicum (Mett.) Hance 日本蹄盖蕨 = Anisocampium niponicum (Mett.) Yea C. Liu, W. L. Chiou & M. Kato

Athyrium niponicum f. *cristatoflabellatum* (Makino) Nemegata & Sa. Kurata 鸡冠蹄盖蕨 = Anisocampium niponicum (Mett.) Yea C. Liu, W. L. Chiou & M. Kato

Athyrium nudifrons Ching 滇西蹄盖蕨 = Athyrium dubium Ching

Athyrium nyalamense Y. T. Hsieh & Z. R. Wang 聂拉木蹄盖蕨

Athyrium nylalamense var. **puberulum** Z. R. Wang 毛聂拉木蹄盖蕨

Athyrium obtusilimbum Ching 钝顶蹄盖蕨 = Athyrium mackinnonii (C. Hope) C. Chr.

Athyrium omeiense Ching 峨眉蹄盖蕨

Athyrium oppositipennum Hayata 对生蹄盖蕨

Athyrium otophorum (Miq.) Koidz. 光蹄盖蕨

Athyrium pachyphyllum Ching 裸囊蹄盖蕨

Athyrium pectinatum (Wall. ex Mett.) T. Moore 篦齿蹄盖蕨

Athyrium pubicostatum Ching & Z. Y. Liu 贵州蹄盖蕨

Athyrium puncticaule (Blume) T. Moore 密腺蹄盖蕨

Athyrium reflexipinnum Hayata 逆叶蹄盖蕨

Athyrium repens (Ching) Fraser-Jenk. 长根假冷蕨

Athyrium rhachidosorum (Hand. -Mazz.) Ching 轴生蹄盖蕨

Athyrium roseum Christ 玫瑰蹄盖蕨

Athyrium roseum var. *fugongense* Z. R. Wang 福贡蹄盖蕨 = Athyrium roseum Christ

Athyrium rotundifolium Ching = Athyrium devolii Ching

Athyrium rubripes auct. non (Kom.) Kom. 黑龙江蹄盖蕨 = Athyrium sinense Rupr.

Athyrium ruilicola W. M. Chu 瑞丽蹄盖蕨

Athyrium rupicola (Edgew. ex C. Hope) C. Chr. 岩生蹄盖蕨

Athyrium schizochlamys (Ching) K. Iwats. 睫毛盖假冷蕨

Athyrium sericellum Ching 绢毛蹄盖蕨

Athyrium silvicola Tagawa 高山蹄盖蕨

Athyrium sinense Rupr. 中华蹄盖蕨

Athyrium spinulosum (Maxim.) Milde 假冷蕨

Athyrium strigillosum (E. J. Lowe) T. Moore ex Salomon 软刺蹄盖蕨

Athyrium subrigescens (Hayata) Hayata ex H. Itô 姬蹄盖蕨

Athyrium subtriangulare (Hook.) Bedd. 三角叶假冷蕨

Athyrium suprapuberulum Ching 毛叶蹄盖蕨 = Athyrium dubium Ching

Athyrium suprapubescens Ching 上毛蹄盖蕨 = Athyrium himalaicum Ching ex Mehra & Bir

Athyrium supraspinescens C. Chr. 腺叶蹄盖蕨

Athyrium tarulakaense Ching 察陇蹄盖蕨 = Athyrium attenuatum (Wall. ex C. B. Clarke) Tagawa

Athyrium tozanense (Hayata) Hayata 黑足蹄盖蕨

Athyrium tibeticum Ching & S. K. Wu 西藏蹄盖蕨

Athyrium tripinnatum Tagawa 三回蹄盖蕨

Athyrium uniforme Ching 同形蹄盖蕨 = Athyrium roseum Christ

Athyrium venulosum Ching 粗脉蹄盖蕨 = Athyrium vidalii (Franch. & Sav.) Nakai

Athyrium vidalii (Franch. & Sav.) Nakai 尖头蹄盖蕨

Athyrium vidalii var. *amabile* (Ching) Z. R. Wang 松谷蹄盖蕨 = Athyrium vidalii (Franch. & Sav.) Nakai

Athyrium viviparum Christ 胎生蹄盖蕨

Athyrium wallichianum Ching 黑秆蹄盖蕨

Athyrium wangii Ching 启无蹄盖蕨

Athyrium wardii (Hook.) Makino 华中蹄盖蕨

Athyrium wardii var. *densipinnum* Z. R. Wang & Li Bing Zhang 密羽华中蹄盖蕨 = Athyrium wardii (Hook.) Makino

Athyrium wardii var. *glabratum* Y. T. Hsieh & Z. R. Wang 无毛华中蹄盖蕨 = Athyrium wardii (Hook.) Makino

Athyrium wuliangshanense Ching 无量山蹄盖蕨

Athyrium wumonshanicum Ching 乌蒙山蹄盖蕨 = Athyrium biserrulatum Christ

Athyrium xichouense Y. T. Hsieh & Z. R. Wang 西畴蹄盖蕨 = Athyrium silvicola Tagawa

Athyrium yokoscense (Franch. & Sav.) Christ 禾秆蹄盖蕨

Athyrium yuanyangense Y. T. Hsieh & W. M. Chu 元阳蹄盖蕨

Athyrium yui Ching 俞氏蹄盖蕨

Athyrium zayuense Z. R. Wang 察隅蹄盖蕨 = Athyrium tibeticum Ching & S. K. Wu

Athyrium zhenfengense Ching 贞丰蹄盖蕨 = Athyrium nakanoi Makino

Athyrium × hohuanshanense Yoshik. 尖阿蹄盖蕨 (存疑)

Athyrium × *pseudocryptogrammoides* Yoshik. 黑合蹄盖蕨 = Athyrium cryptogrammoides Hayata

Azollaceae 满江红科 = Salviniaceae 槐叶蘋科

Azolla Lam. 满江红属

Azolla filiculoides Lam. 细叶满江红

Azolla imbricata Lam. 满江红 = Azolla pinnata subsp. asiatica R. M. K. Saunders & K. Fowler

Azolla imbricata var. *prolifera* Y. X. Lin 多果满江红 = Azolla pinnata subsp. asiatica R. M. K. Saunders & K. Fowler

Azolla imbricata var. *sempervirens* Y. X. Lin 常绿满江红 = Azolla pinnata subsp. asiatica R. M. K. Saunders & K. Fowler

Azolla pinnata subsp. **asiatica** R. M. K. Saunders & K. Fowler 满江红

B

Belvisia Mirbel 尖嘴蕨属 = Lepisorus (J. Sm.) Ching 瓦韦属

Belvisia annamensis (C. Chr.) Tagawa 显脉尖嘴蕨 = Lepisorus annamensis (C. Chr.) Li Wang

Belvisia henryi (Hieron. ex C. Chr.) Raymond 隐柄尖嘴蕨 = Lepisorus henryi (Hieron. ex C. Chr.) Li Wang

Belvisia mucronata (Fée) Copel. 尖嘴蕨 = Lepisorus mucronatus (Fée) Li Wang

Blechnaceae 乌毛蕨科

Blechnidium T. Moore 乌木蕨属 = Blechnum L. 乌毛蕨属
Blechnidium melanopus (Hook.) T. Moore 乌木蕨 = Blechnum melanopus Hook.

Blechnum L. 乌毛蕨属
Blechnum eburneum Christ 荚囊蕨
Blechnum fraseri (A. Cunn.) Luerss. 扫把蕨
Blechnum hancockii Hance 宽叶荚囊蕨
Blechnum melanopus Hook. 乌木蕨
Blechnum orientale L. 乌毛蕨
Blechnum orientale var. *cristata* J. Sm. 冠羽乌毛蕨 = Blechnum orientale L.

Bolbitidaceae 实蕨科 = Dryopteridaceae 鳞毛蕨科

Bolbitis Schott 实蕨属
Bolbitis angustipinna (Hayata) H. Itô 多羽实蕨
Bolbitis annamensis Tardieu & C. Chr. 广西实蕨 = Bolbitis heteroclita (C. Presl) Ching
Bolbitis appendiculata (Willd.) K. Iwats. 刺蕨
Bolbitis changjiangensis F. G. Wang & F. W. Xing 昌江实蕨
Bolbitis christensenii (Ching) Ching 贵州实蕨
Bolbitis confertifolia Ching 密叶实蕨
Bolbitis costata (C. Presl) Ching 紫轴实蕨
Bolbitis deltigera (Bedd.) C. Chr. 间断实蕨
Bolbitis fengiana (Ching) S. Y. Dong 疏裂刺蕨
Bolbitis hainanensis Ching & Chu H. Wang 厚叶实蕨
Bolbitis hekouensis Ching 河口实蕨
Bolbitis heteroclita (C. Presl) Ching 长叶实蕨
Bolbitis hookeriana K. Iwats. 虎克实蕨
Bolbitis latipinna Ching 宽羽实蕨 = Bolbitis virens (Wall. ex Hook. & Grev.) Schott
Bolbitis longiaurita F. G. Wang & F. W. Xing 长耳刺蕨
Bolbitis media Ching & Chu H. Wang 中型实蕨 = Bolbitis subcordata (Copel.) Ching
Bolbitis medogensis (Ching & S. K. Wu) S. Y. Dong 墨脱刺蕨
Bolbitis rhizophylla (Kaulf.) Hennipman 根叶刺蕨
Bolbitis scalpturata (Fée) Ching 红柄实蕨
Bolbitis scandens W. M. Chu 附着实蕨
Bolbitis sinensis (Baker) K. Iwats. 中华刺蕨

Bolbitis subcordata (Copel.) Ching 华南实蕨
Bolbitis tibetica Ching & S. K. Wu 西藏实蕨
Bolbitis tonkinensis (C. Chr. ex Ching) K. Iwats. 镰裂刺蕨
Bolbitis virens (Wall. ex Hook. & Grev.) Schott 宽羽实蕨
Bolbitis × laxireticulata K. Iwats. 网脉实蕨
Bolbitis × multipinna F. G. Wang 云南刺蕨
Bolbitis × nanjenensis C. M. Kuo 南仁实蕨

Boniniella Hayata 细辛蕨属 = Hymenasplenium Hayata 膜叶铁角蕨属
Boniniella cardiophylla (Hance) Tagawa 细辛蕨 = Hymenasplenium cardiophyllum (Hance) Nakaike

Botrychiaceae 阴地蕨科 = Ophioglossaceae 瓶尔小草科

Botrychium Sw. 阴地蕨属
Botrychium boreale Milde 北方阴地蕨
Botrychium daucifolium Wall. ex Hook. & Grev. 薄叶阴地蕨
Botrychium decurrens Ching 下延阴地蕨 = Botrychium lanuginosum Wall. ex Hook. & Grev.
Botrychium formosanum Tagawa 台湾阴地蕨
Botrychium japonicum (Prantl) Underw. 华东阴地蕨
Botrychium lanceolatum (S. G. Gmelin) Angstr. 长白山阴地蕨
Botrychium lanuginosum Wall. ex Hook. & Grev. 绒毛阴地蕨
Botrychium longipedunculatum Ching 长柄阴地蕨 = Botrychium robustum (Rupr. ex Milde) Underw.
Botrychium lunaria (L.) Sw. 扇羽阴地蕨
Botrychium manshuricum Ching 长白山阴地蕨 = Botrychium lanceolatum (S. G. Gmelin) Angstr.
Botrychium modestum Ching 钝齿阴地蕨 = Botrychium lanuginosum Wall. ex Hook. & Grev.
Botrychium multifidum (S. G. Gmelin) Rupr. 多裂阴地蕨 = Botrychium robustum (Rupr. ex Milde) Underw.
Botrychium nipponicum Makino 日本阴地蕨
Botrychium officinale Ching 药用阴地蕨 = Botrychium daucifolium Wall. ex Hook. & Grev.
Botrychium parvum Ching 小叶阴地蕨 = Botrychium lanuginosum Wall. ex Hook. & Grev.
Botrychium robustum (Rupr. ex Milde) Underw. 粗壮阴地蕨
Botrychium strictum Underw. 劲直阴地蕨
Botrychium sutchuenense Ching 四川阴地蕨 = Botrychium robustum (Rupr. ex Milde) Underw.
Botrychium ternatum (Thunb.) Sw. 阴地蕨
Botrychium virginianum (L.) Sw. 蕨萁
Botrychium yunnanense Ching 云南阴地蕨

Botrypus Michx. 假阴地蕨属 = Botrychium Sw. 阴地蕨属

Botrypus lanuginosum (Wall. ex Hook. & Grev.) Y. X. Lin 绒毛假阴地蕨 = Botrychium lanuginosum Wall. ex Hook. & Grev.

Brainea J. Sm. 苏铁蕨属
Brainea insignis (Hook.) J. Sm. 苏铁蕨

C

Calciphilopteris Yesilyurt & H. Schneid. 戟叶黑心蕨属
Calciphilopteris ludens (Wall. ex Hook.) Yesilyurt & H. Schneid. 戟叶黑心蕨

Callipteris Bory 菜蕨属 = Diplazium Sw. 双盖蕨属
Callipteris esculenta (Retz.) J. Sm. ex T. Moore & Houlst. 菜蕨 = Diplazium esculentum (Retz.) Sw.
Callipteris esculenta var. *pubescens* (Link) Ching 毛轴菜蕨 = Diplazium esculentum var. pubescens (Link) Tardieu & C. Chr.
Callipteris paradoxa (Fée) T. Moore 刺轴菜蕨 = Diplazium paradoxum Fée

Callistopteris Copel. 毛杆蕨属
Callistopteris apiifolia (C. Presl) Copel. 毛杆蕨

Calymmodon C. Presl 荷包蕨属
Calymmodon asiaticus Copel. 短叶荷包蕨
Calymmodon gracilis (Fée) Copel. 疏毛荷包蕨
Calymmodon ordinatus Copel. 姬荷包蕨

Camptosorus Link 过山蕨属 = Asplenium L. 铁角蕨属
Camptosorus sibiricus Rupr. 过山蕨 = Asplenium ruprechtii Sa. Kurata

Caobangia A. R. Smith & X. C. Zhang 高平蕨属 = Lemmaphyllum C. Presl 伏石蕨属
Caobangia squamata A. R. Smith & X. C. Zhang 高平蕨 = Lemmaphyllum squamatum (A. R. Smith & X. C. Zhang) Li Wang

Cephalomanes C. Presl 厚叶蕨属
Cephalomanes javanicum (Blume) C. Presl 爪哇厚叶蕨
Cephalomanes sumatranum (Alderw.) Copel. 厚叶蕨 = Cephalomanes javanicum (Blume) C. Presl

Ceratopteridoideae 水蕨亚科

Ceratopteris Brongn. 水蕨属

Ceratopteris pteridoides (Hook.) Hieron. 粗梗水蕨
Ceratopteris thalictroides (L.) Brongn. 水蕨

Cerosora (Baker) Domin 蜡囊蕨属
Cerosora microphylla (Hook.) R. M. Tryon 蜡囊蕨 薄叶翠蕨

Ceterach Willd. 药蕨属 = Asplenium L. 铁角蕨属
Ceterach officinarum Willd. 药蕨 = Asplenium ceterach L

Ceterachopsis (J. Sm.) Ching 苍山蕨属 = Asplenium L. 铁角蕨属
Ceterachopsis dalhousiae (Hook.) Ching 苍山蕨 = Asplenium dalhousiae Hook.
Ceterachopsis latibasis Ching & K. H. Shing ex Ching & S. H. Wu 阔基苍山蕨 = Asplenium oldhamii Hance
Ceterachopsis magnifica Ching 大叶苍山蕨 = Asplenium magnificum (Ching) Bir

Cheilanthoideae 碎米蕨亚科

Cheilanthes Sw. 碎米蕨属
Cheilanthes belangeri (Bory) C. Chr. 疏羽碎米蕨
Cheilanthes bhutanica Fraser-Jenk. & Wangdi 云南旱蕨
Cheilanthes brausei Fraser-Jenk. 滇西旱蕨
Cheilanthes chinensis (Baker) Domin 中华隐囊蕨
Cheilanthes christii Fraser-Jenk. & Yatsk. 凤尾旱蕨
Cheilanthes chusana Hook. 毛轴碎米蕨
Cheilanthes fragilis Hook. 脆叶碎米蕨
Cheilanthes hancockii Baker 大理碎米蕨
Cheilanthes insignis Ching 厚叶碎米蕨
Cheilanthes nitidula Wall. ex Hook. 旱蕨
Cheilanthes nudiuscula (R. Brown) T. Moore 隐囊蕨
Cheilanthes opposita Kaulf. 碎米蕨
Cheilanthes patula Baker 平羽碎米蕨
Cheilanthes smithii (C. Chr.) R. M. Tryon 西南旱蕨
Cheilanthes tenuifolia (Burm. *f.*) Sw. 薄叶碎米蕨
Cheilanthes tibetica Fraser-Jenk. & Wangdi 禾杆旱蕨
Cheilanthes trichophylla Baker 毛旱蕨
Cheilanthopsis Hieron. 滇蕨属 = Woodsia R. Br. 岩蕨属
Cheilanthopsis elongata (Hook.) Copel. 长叶滇蕨 = Woodsia elongate Hook.
Cheilanthopsis indusiosa (Christ) Ching 滇蕨 = Woodsia indusiosa Christ

Cheilanthopsis kangdingensis (H. S. Kung, Li Bing Zhang & X. S. Guo) Shmakov 康定岩蕨 = Woodsia kangdingensis H. S. Kung, Li Bing Zhang & X. S. Guo
Cheilosoria Trev. 碎米蕨属 = Cheilanthes Sw. 碎米蕨属
Cheilosoria belangeri (Bory) Ching & K. H. Shing 疏羽碎米蕨 = Cheilanthes belangeri (Bory) C. Chr.
Cheilosoria chusana (Hook.) Ching & K. H. Shing 毛轴碎米蕨 = Cheilanthes chusana Hook.
Cheilosoria fragilis (Hook.) Ching & K. H. Shing 脆叶碎米蕨 = Cheilanthes fragilis Hook.
Cheilosoria hancockii (Baker) Ching & K. H. Shing 大理碎米蕨 = Cheilanthes hancockii Baker
Cheilosoria insignis (Ching) Ching & K. H. Shing 厚叶碎米蕨 = Cheilanthes insignis Ching
Cheilosoria mysurensis (Wall. ex Hook.) Ching & K. H. Shing 碎米蕨 = Cheilanthes opposita Kaulf. 碎米蕨
Cheilosoria tenuifolia (Burm. *f.*) Trev. 薄叶碎米蕨 = Cheilanthes tenuifolia (Burm. *f.*) Sw.

Cheiropleuriaceae 燕尾蕨科 = Dipteridaceae 双扇蕨科

Cheiropleuria C. Presl 燕尾蕨属
Cheiropleuria bicuspis (Blume) C. Presl 燕尾蕨
Cheiropleuria integrifolia (D. C. Eaton ex Hook.) M. Kato 全缘燕尾蕨

Chieniopteris Ching 崇澍蕨属 = Woodwardia Sm. 狗脊属
Chieniopteris harlandii (Hook.) Ching 崇澍蕨 = Woodwardia harlandii Hook.
Chieniopteris kempii (Copel.) Ching 裂羽崇澍蕨 = Woodwardia kempii Copel.

Christenseniaceae 天星蕨科 = Marattiaceae 合囊蕨科

Christensenia Maxon 天星蕨属
Christensenia aesculifolia (Blume) Maxon 天星蕨
Christensenia assamica (Griff.) Ching 天星蕨 = Christensenia aesculifolia (Blume) Maxon

Christopteris Copel. 戟蕨属
Christopteris tricuspis (Hook.) Christ 戟蕨

Chrysogrammitis Parris 金禾蕨属
Chrysogrammitis glandulosa (J. Sm.) Parris 金禾蕨　拟虎尾蒿蕨

Cibotiaceae 金毛狗科

Cibotium Kaulf. 金毛狗属
Cibotium barometz (L.) J. Sm. 金毛狗
Cibotium cumingii Kunze 菲律宾金毛狗

Cibotium taiwanense C. M. Kuo 台湾金毛狗 = Cibotium cumingii Kunze

Colysis C. Presl 线蕨属 = Leptochilus Kaulf 薄唇蕨属
Colysis digitata (Baker) Ching 掌叶线蕨 = Leptochilus digitatus (Baker) Noot.
Colysis diversifolia W. M. Chu 异叶线蕨 = Leptochilus × beddomei (Manickam & Irudayaraj) X. C. Zhang & Noot.
Colysis elliptica (Thunb.) Ching 线蕨 = Leptochilus ellipticus (Thunb.) Noot.
Colysis elliptica var. *flexiloba* (Christ) L. Shi & X. C. Zhang 曲边线蕨 = Leptochilus ellipticus var. flexilobus (Christ) X. C. Zhang
Colysis elliptica var. *pentaphylla* (Baker) L. Shi & X. C. Zhang 滇线蕨 = Leptochilus ellipticus var. pentaphyllus (Baker) X. C. Zhang & Noot.
Colysis elliptica var. *pothifolia* Ching 宽羽线蕨 = Leptochilus ellipticus var. pothifolius (Buch. -Ham. ex D. Don) X. C. Zhang
Colysis hemionitidea (C. Presl) C. Presl 断线蕨 = Leptochilus hemionitideus (C. Presl) Noot.
Colysis hemitoma (Hance) Ching 胄叶线蕨 = Leptochilus × hemitomus (Hance) Noot.
Colysis henryi (Baker) Ching 矩圆线蕨 = Leptochilus henryi (Baker) X. C. Zhang
Colysis leveillei (Christ) Ching 绿叶线蕨 = Leptochilus leveillei (Christ) X. C. Zhang & Noot.
Colysis longipes Ching 海南长柄线蕨 = Leptochilus ellipticus var. longipes (Ching) Noot.
Colysis membranacea (Blume) C. Presl 膜叶线蕨 = Microsorum membranaceum (D. Don) Ching
Colysis pedunculata (Hook. & Grev.) Ching 长柄线蕨 = Leptochilus pedunculatus (Hook. & Grev.) Fraser-Jenk.
Colysis wrightii (Hook.) Ching 褐叶线蕨 = Leptochilus wrightii (Hook. & Baker) X. C. Zhang
Colysis × *shintenensis* (Hayata) H. Itô 新店线蕨 = Leptochilus × shintenensis (Hayata) X. C. Zhang & Noot.

Coniogramme Fée 凤了蕨属　凤丫蕨属
Coniogramme affinis (C. Presl) Hieron. 尖齿凤了蕨　尖齿凤丫蕨
Coniogramme ankangensis Ching & Y. P. Hsu 安康凤丫蕨 = Coniogramme japonica (Thunb.) Diels
Conigramme bashanensis X. S. Guo & B. Li = Coniogramme wilsonii Hieron.
Coniogramme caudata (Wall. ex Ettingsh.) Ching 骨齿凤丫蕨 = Coniogramme fraxinea (D. Don) Fée ex Diels
Coniogramme caudata var. *salwinensis* Ching & K. H. Shing 怒江凤丫蕨 = Coniogramme pubescens Hieron.
Coniogramme caudiformis Ching & K. H. Shing 尾尖凤了蕨　尾尖凤丫蕨
Coniogramme centrochinensis Ching 南岳凤丫蕨 = Coniogramme japonica (Thunb.) Diels
Coniogramme crenatoserrata Ching & K. H. Shing 圆齿凤丫蕨 = Coniogramme emeiensis Ching & K. H. Shing

Coniogramme emeiensis Ching & K. H. Shing 峨眉凤了蕨　峨眉凤丫蕨

Coniogramme emeiensis var. *lancipinna* Ching & K. H. Shing 圆基凤丫蕨 = Coniogramme emeiensis Ching & K. H. Shing

Coniogramme emeiensis var. *salicifolia* Ching & K. H. Shing 柳羽凤丫蕨 = Coniogramme emeiensis Ching & K. H. Shing

Coniogramme falcipinna Ching & K. H. Shing 镰羽凤了蕨　镰羽凤丫蕨

Coniogramme fauriei Hieron. 单网凤了蕨

Coniogramme fraxinea (D. Don) Fée ex Diels 全缘凤了蕨　全缘凤丫蕨

Coniogramme fraxinea f. *connexa* Ching 微齿凤丫蕨 = Coniogramme merrillii Ching

Coniogramme fraxinea f. *fraxinea* Ching 有齿凤丫蕨 = Coniogramme fraxinea (D. Don) Fée ex Diels

Coniogramme gigantea Ching ex K. H. Shing 大凤丫蕨 = Coniogramme fraxinea (D. Don) Fée ex Diels

Coniogramme guangdongensis Ching ex K. H. Shing 广东凤丫蕨 = Coniogramme intermedia Hieron.

Coniogramme guizhouensis Ching & K. H. Shing 贵州凤丫蕨 = Coniogramme intermedia var. glabra Ching

Coniogramme intermedia Hieron. 普通凤了蕨　普通凤丫蕨

Coniogramme intermedia var. **glabra** Ching 无毛凤了蕨　无毛凤丫蕨

Coniogramme intermedia var. *pulchra* Ching & K. H. Shing 优美凤丫蕨 = Coniogramme intermedia Hieron.

Coniogramme japonica (Thunb.) Diels 凤了蕨　凤丫蕨

Coniogramme jinggangshanensis Ching & K. H. Shing 井冈山凤了蕨　井冈山凤丫蕨

Coniogramme lanceolata Ching ex K. H. Shing 披针凤丫蕨 = Coniogramme merrillii Ching

Coniogramme lantsangensis Ching & K. H. Shing 澜沧凤丫蕨 = Coniogramme serrulata (Blume) Fée

Coniogramme latibasis Ching ex K. H. Shing 阔基凤丫蕨 = Coniogramme intermedia Hieron.

Coniogramme longissima Ching & Kung ex K. H. Shing 长羽凤丫蕨 = Coniogramme emeiensis Ching & K. H. Shing

Coniogramme maxima Ching & K. H. Shing 阔带凤丫蕨 = Coniogramme intermedia Hieron.

Coniogramme merrillii Ching 海南凤了蕨　海南凤丫蕨

Coniogramme ovata S. K. Wu 卵羽凤了蕨　卵羽凤丫蕨

Coniogramme petelotii Tardieu 心基凤了蕨　心基凤丫蕨

Coniogramme procera Fée 直角凤了蕨　直角凤丫蕨

Coniogramme pseudorobusta Ching & K. H. Shing 假黑轴凤丫蕨 = Coniogramme robusta (Christ) Christ

Coniogramme pubescens Hieron. 骨齿凤了蕨

Coniogramme robusta (Christ) Christ 黑轴凤了蕨　黑轴凤丫蕨

Coniogramme robusta var. **rependula** Ching ex K. H. Shing 棕轴凤了蕨　棕轴凤丫蕨

Coniogramme robusta var. **splendens** Ching ex K. H. Shing 黄轴凤了蕨　黄轴凤丫蕨

Coniogramme rosthornii Hieron. 乳头凤了蕨　乳头凤丫蕨

Coniogramme rubescens Ching & K. H. Shing 红秆凤丫蕨 = Coniogramme rosthornii Hieron.

Coniogramme rubicaulis Ching 紫秆凤了蕨　紫秆凤丫蕨

Coniogramme serrulata (Blume) Fée 澜沧凤了蕨

Coniogramme simillima Ching ex K. H. Shing 带羽凤丫蕨 = Coniogramme intermedia Hieron.

Coniogramme simplicior Ching 单网凤丫蕨 = Coniogramme fauriei Hieron.

Coniogramme sinensis Ching 紫柄凤了蕨　紫柄凤丫蕨

Coniogramme suprapilosa Ching 上毛凤了蕨　上毛凤丫蕨

Coniogramme taipaishanensis Ching & Y. T. Hsieh 太白凤丫蕨 = Coniogramme rosthornii Hieron.

Coniogramme taipeiensis Ching ex K. H. Shing 台北凤丫蕨 = Coniogramme intermedia var. glabra Ching

Coniogramme taiwanensis Ching ex K. H. Shing 台湾凤丫蕨 = Coniogramme intermedia var. glabra Ching

Coniogramme venusta Ching 美丽凤了蕨　美丽凤丫蕨

Coniogramme wilsonii Hieron. 疏网凤了蕨　疏网凤丫蕨

Coniogramme xingrenensis Ching & K. H. Shing 兴仁凤丫蕨 = Coniogramme emeiensis Ching & K. H. Shing

Cornopteris Nakai 角蕨属

Cornopteris approximata W. M. Chu 密羽角蕨

Cornopteris badia Ching 复叶角蕨

Cornopteris badia f. *quadripinnatifida* (M. Kato) W. M. Chu 毛复叶角蕨 = Cornopteris badia Ching

Cornopteris banajaoensis (C. Chr.) K. Iwats. & G. Price 溪生角蕨

Cornopteris christenseniana (Koidz.) Tagawa 尖羽角蕨

Cornopteris crenulatoserrulata (Makino) Nakai 细齿角蕨

Cornopteris decurrenti-alata (Hook.) Nakai 角蕨

Cornopteris decurrenti-alata f. *pillosella* (H. Itô) W. M. Chu 毛叶角蕨 = Cornopteris decurrenti-alata (Hoook.) Nakai

Cornopteris latibasis W. M. Chu 阔基角蕨

Cornopteris latiloba Ching 阔片角蕨

Cornopteris major W. M. Chu 大叶角蕨

Cornopteris omeiensis Ching 峨眉角蕨

Cornopteris opaca (D. Don) Tagawa 黑叶角蕨

Cornopteris opaca f. *glabrescens* Sa. Kurata 变光黑叶角蕨 = Cornopteris opaca (D. Don) Tagawa

Cornopteris pseudofluvialis Ching & W. M. Chu 滇南角蕨

Coryphopteris Holttum 紫柄金星蕨属 = Parathelypteris (H. Itô) Ching 金星蕨属

Coryphopteris angulariloba (Ching) L. J. He & X. C. Zhang 钝角金星蕨 = Parathelypteris angulariloba (Ching) Ching

Coryphopteris japonica (Baker) L. J. He & X. C. Zhang 光角金星蕨 = Parathelypteris japonica (Baker) Ching

Craspedosorus Ching & W. M. Chu 边果蕨属 = Stegnogramma Blume 溪边蕨属
Craspedosorus sinensis Ching & W. M. Chu 边果蕨 = Stegnogramma sinensis (Ching & W. M. Chu) L. J. He & X. C. Zhang

Crepidomanes C. Presl 假脉蕨属
Crepidomanes bipunctatum (Poir.) Copel. 南洋假脉蕨
Crepidomanes chui Ching & Chiu 朱氏假脉蕨 = Crepidomanes latealatum (Bosch) Copel.
Crepidomanes dilatatum Ching & Chu H. Wang 阔瓣假脉蕨 = Crepidomanes bipunctatum (Poir.) Copel.
Crepidomanes hainanense Ching 海南假脉蕨 = Crepidomanes latemarginale (D. C. Eaton) Copel.
Crepidomanes humile (G. Forst.) Bosch 厚边蕨
Crepidomanes insigne (Bosch) Fu 多脉假脉蕨 = Crepidomanes latealatum (Bosch) Copel.
Crepidomanes intramarginale (Hook. & Grev.) Copel. 边内假脉蕨 (存疑)
Crepidomanes kurzii (Bedd.) Tagawa & K. Iwats. 柯氏假脉蕨
Crepidomanes latealatum (Bosch) Copel. 长柄假脉蕨　翅柄假脉蕨
Crepidomanes latemarginale (D. C. Eaton) Copel. 阔边假脉蕨
Crepidomanes latifrons (Bosch) Ching 宽叶假脉蕨 = Crepidomanes schmidianum var. latifrons (Bosch) K. Iwats.
Crepidomanes liboense P. S. Wang 荔波假脉蕨 = Crepidomanes bipunctatum (Poir.) Copel.
Crepidomanes minutum (Blume) K. Iwats. 团扇蕨
Crepidomanes omeiense Ching & P. S. Chiu 峨眉假脉蕨 = Crepidomanes latealatum (Bosch) Copel.
Crepidomanes parvifolium (Baker) K. Iwats. 纤小单叶假脉蕨
Crepidomanes paucinervium Ching 少脉假脉蕨 = Crepidomanes latealatum (Bosch) Copel.
Crepidomanes pinnatifidum Ching & P. S. Chiu 边上假脉蕨 = Crepidomanes latemarginale (D. C. Eaton) Copel.
Crepidomanes plicatum (Bosch) Ching 皱叶假脉蕨 = Crepidomanes latealatum (Bosch) Copel.
Crepidomanes racemulosum (Bosch) Ching 长柄假脉蕨 = Crepidomanes latealatum (Bosch) Copel.
Crepidomanes rupicola (Racib.) Copel. 石生假脉蕨
Crepidomanes schmidianum (Zenker ex Taschner) K. Iwats. 西藏瓶蕨
Crepidomanes schmidianum var. **latifrons** (Bosch) K. Iwats. 宽叶假脉蕨
Crepidomanes smithiae Ching 琼崖假脉蕨 = Crepidomanes latealatum (Bosch) Copel.
Crepidomanes thysanostomum (Makino) Ebihara & K. Iwats. 球杆毛蕨
Crepidomanes vitiense (Baker) Bostock 斐济假脉蕨
Crepidomanes yunnanense Ching & P. S. Chiu 云南假脉蕨 = Crepidomanes latealatum (Bosch) Copel.
Crepidomanes zayuense Ching & S. K. Wu 扁枝假脉蕨 = Crepidomanes latealatum (Bosch) Copel.

Crepidopteris Copel. 厚边蕨属 = Crepidomanes C. Presl 假脉蕨属

Crepidopteris humilis (G. Forst.) Copel. 厚边蕨 = Crepidomanes humile (G. Forst.) Bosch

Cryptogrammoideae 珠蕨亚科

Cryptogramma R. Br. 珠蕨属

Cryptogramma brunoniana Wall. ex Hook. & Grev. 高山珠蕨

Cryptogramma brunoniana var. *sinensis* (Christ) G. M. Zhang 陕西珠蕨 = Cryptogramma raddeana Fomin

Cryptogramma emeiensis Ching & K. H. Shing 峨眉珠蕨 = Cryptogramma brunoniana Wall. ex Hook. & Grev.

Cryptogramma raddeana Fomin 珠蕨

Cryptogramma shensiensis Ching 陕西珠蕨 = Cryptogramma brunoniana Wall. ex Hook. & Grev.

Cryptogramma stelleri (S. G. Gmél.) Prantl 稀叶珠蕨

Ctenitis (C. Chr.) C. Chr. 肋毛蕨属

Ctenitis apiciflora (Wall. ex Mett.) Ching 顶囊肋毛蕨 = Dryopteris apiciflora (Wall. ex Mett.) Kuntze

Ctenitis aureovestita (Rosenst.) Ching 红棕肋毛蕨 = Dryopteris maximowicziana (Miq.) C. Chr.

Ctenitis calcarea Ching & Chu H. Wang 钙岩肋毛蕨 = Ctenitis subglandulosa (Hance) Ching

Ctenitis changanensis Ching 正安肋毛蕨 = Ctenitis eatonii (Baker) Ching

Ctenitis clarkei (Baker) Ching 膜边肋毛蕨 = Dryopteris clarkei (Baker) Kuntze

Ctenitis confusa Ching 贵州肋毛蕨 = Ctenitis eatonii (Baker) Ching

Ctenitis contigua Ching 密羽肋毛蕨 = Dryopteris transmorrisonense (Hayata) Hayata

Ctenitis costulisora Ching 靠脉肋毛蕨 = Ctenitis subglandulosa (Hance) Ching

Ctenitis crassirachis Ching 粗柄肋毛蕨 = Dryopteris transmorrisonense (Hayata) Hayata

Ctenitis crenata Ching 波边肋毛蕨 = Dryopteris transmorrisonense (Hayata) Hayata

Ctenitis decurrentipinnata (Ching) Ching 海南肋毛蕨

Ctenitis dentisora Ching 尖齿肋毛蕨 = Dryopteris transmorrisonense (Hayata) Hayata

Ctenitis dianguiensis (W. M. Chu & H. G. Zhou) S. Y. Dong 滇桂肋毛蕨

Ctenitis dingnanensis Ching 二型肋毛蕨

Ctenitis eatonii (Baker) Ching 直鳞肋毛蕨

Ctenitis fengiana Ching 贡山肋毛蕨 = Dryopteris heterolaena C. Chr.

Ctenitis fulgens Ching & Chu H. Wang 银毛肋毛蕨 = Ctenitis mannii (C. Hope) Ching

Ctenitis guidianensis H. G. Zhou & W. M. Chu 桂滇肋毛蕨

Ctenitis heterolaena (C. Chr.) Ching 异鳞肋毛蕨 = Dryopteris heterolaena C. Chr.

Ctenitis jinfoshanensis Ching & Z. Y. Liu 金佛山肋毛蕨

Ctenitis kawakamii (Hayata) Ching 缩羽肋毛蕨 = Dryopteris kawakamii Hayata

Ctenitis mannii (C. Hope) Ching 银毛肋毛蕨

Ctenitis mariformis (Rosenst.) Ching 泡鳞肋毛蕨 = Dryopteris kawakamii Hayata

Ctenitis maximowicziana (Miq.) Ching 阔鳞肋毛蕨 = Dryopteris maximowicziana (Miq.) C. Chr.

Ctenitis membranifolia Ching & Chu H. Wang 膜叶肋毛蕨 = Ctenitis subglandulosa (Hance) Ching

Ctenitis nidus (C. B. Clarke) Ching 长柄肋毛蕨 = Dryopteris transmorrisonense (Hayata) Hayata
Ctenitis pseudorhodolepis Ching & Chu H. Wang 棕鳞肋毛蕨
Ctenitis rhodolepis (C. B. Clarke) Ching 虹鳞肋毛蕨 = Ctenitis subglandulosa (Hance) Ching
Ctenitis sacholepis (Hayata) H. Itô 耳形肋毛蕨 = Dryopteris kawakamii Hayata
Ctenitis silaensis Ching 圆齿肋毛蕨 = Dryopteris transmorrisonense (Hayata) Hayata
Ctenitis sinii (Ching) Ohwi 厚叶肋毛蕨
Ctenitis sphaeropteroides (Baker) Ching 无鳞肋毛蕨 = Dryopteris sphaeropteroides (Baker) C. Chr.
Ctenitis subglandulosa (Hance) Ching 亮鳞肋毛蕨　虹鳞肋毛蕨
Ctenitis submariformis Ching & Chu H. Wang 疏羽肋毛蕨 = Dryopteris transmorrisonense (Hayata) Hayata
Ctenitis thrichorhachis (Hayata) H. Itô 钻鳞肋毛蕨 = Dryopteris squamiseta (Hook.) Kuntze
Ctenitis tibetica Ching & S. K. Wu 西藏肋毛蕨 = Dryopteris heterolaena C. Chr.
Ctenitis transmorrisonensis (Hayata) H. Itô 台湾肋毛蕨 = Dryopteris transmorrisonense (Hayata) Hayata
Ctenitis truncata Ching & H. S. Kung ex Ching & Chu H. Wang 截头肋毛蕨 = Dryopteris kawakamii Hayata
Ctenitis wantsingshanica Ching & K. H. Shing ex Ching & Chu H. Wang 梵净肋毛蕨 = Dryopteris transmorrisonense (Hayata) Hayata
Ctenitis yunnanensis Ching & Chu H. Wang 云南肋毛蕨 = Ctenitis subglandulosa (Hance) Ching
Ctenitis zayuensis Ching & S. K. Wu 察隅肋毛蕨 = Dryopteris transmorrisonense (Hayata) Hayata

Ctenitopsis Ching ex Tardieu & C. Chr. 轴脉蕨属 = Tectaria Cav. 叉蕨属　三叉蕨属
Ctenitopsis acrocarpa Ching 顶果轴脉蕨 = Tectaria acrocarpa (Ching) Christenh.
Ctenitopsis angustodissecta (Hayata) Ching 毛盖轴脉蕨 = Tectaria dissecta (G. Forst.) Lellinger
Ctenitopsis chinensis Ching & Chu H. Wang 中华轴脉蕨 = Tectaria chinensis (Ching & Chu H. Wang) Christenh.
Ctenitopsis devexa (Kunze) Ching & Chu H. Wang 毛叶轴脉蕨 = Tectaria devexa (Kunze) Copel.
Ctenitopsis dissecta (G. Forst.) Ching 薄叶轴脉蕨 = Tectaria dissecta (G. Forst.) Lellinger
Ctenitopsis fuscipes (Bedd.) Tardieu & C. Chr. 黑鳞轴脉蕨 = Tectaria fuscipes (Wall. ex Bedd.) C. Chr.
Ctenitopsis glabra Ching & Chu H. Wang 光滑轴脉蕨 = Tectaria fuscipes (Wall. ex Bedd.) C. Chr.
Ctenitopsis hainanensis Ching & Chu H. Wang 海南轴脉蕨 = Tectaria kusukusensis (Hayata) Lellinger
Ctenitopsis ingens (Atk. ex C. B. Clarke) Ching 西藏轴脉蕨 = Tectaria ingens (Atk. ex C. B. Clarke) Holttum
Ctenitopsis kusukusensis (Hayata) C. Chr. 台湾轴脉蕨 = Tectaria kusukusensis (Hayata) Lellinger
Ctenitopsis kusukusensis var. *crenatolobata* Tagawa 齿裂轴脉蕨 = Tectaria kusukusensis (Hayata) Lellinger
Ctenitopsis matthewii (Ching) Ching 粤北轴脉蕨 = Tectaria ingens (Atk. ex C. B. Clarke) Holttum
Ctenitopsis sagenioides (Mett.) Ching 轴脉蕨 = Tectaria sagenioides (Mett.) Christenh.

Ctenitopsis sagenioides var. *glabrescens* Ching & Chu H. Wang 光叶轴脉蕨 = Tectaria sagenioides (Mett.) Christenh.

Ctenitopsis setulosa (Baker) C. Chr. 棕毛轴脉蕨 = Tectaria setulosa (Baker) Holttum

Ctenitopsis sinii (Ching) Ching 厚叶轴脉蕨 = Ctenitis sinii (Ching) Ohwi

Ctenitopsis subfuscipes Tagawa 棕柄轴脉蕨 = Tectaria dissecta (G. Forst.) Lellinger

Ctenitopsis subsageniacea (Christ) Ching 无盖轴脉蕨 = Tectaria stenosemioides (Christ) C. Chr. & Tardieu

Ctenitopsis tamdaoensis Ching 河口轴脉蕨 = Tectaria kusukusensis (Hayata) Lellinger

Ctenopterella Parris 小蒿蕨属

Ctenopterella blechnoides (Grev.) Parris 小蒿蕨　光滑蒿蕨

Ctenopteris Blume ex Kunze 蒿蕨属 = Chrysogrammitis Parris 金禾蕨属, Dasygrammitis Parris 毛禾蕨属, Ctenopterella Parris 小蒿蕨属, Tomophyllum (E. Fourn.) Parris 虎尾蒿蕨属, Themelium (T. Moore) Parris 蒿蕨属

Ctenopteris merrittii (Copel.) Tagawa 拟虎尾蒿蕨 = Chrysogrammitis glandulosa (J. Sm.) Parris

Ctenopteris mollicoma (Nees & Blume) Kunze 南洋蒿蕨 = Dasygrammitis mollicoma (Nees & Blume) Parris

Ctenopteris moultonii (Copel.) C. Chr. & Tardieu 光滑蒿蕨 = Ctenopterella blechnoides (Grev.) Parris

Ctenopteris subfalcata (Blume) Kunze 虎尾蒿蕨 = Tomophyllum donianum (Spreng.) Fraser-Jenk. & Parris

Ctenopteris tenuisecta (Blume) J. Sm. 细叶蒿蕨 = Themelium tenuisectum (Blume) Parris

Cyatheaceae 桫椤科

Cyclogramma Tagawa 钩毛蕨属

Cyclogramma auriculata (J. Sm.) Ching 耳羽钩毛蕨

Cyclogramma chunii (Ching) Tagawa 焕镛钩毛蕨

Cyclogramma costularisora Ching ex K. H. Shing 无量山钩毛蕨

Cyclogramma flexilis (Christ) Tagawa 小叶钩毛蕨

Cyclogramma leveillei (Christ) Ching 狭基钩毛蕨

Cyclogramma maguanensis Ching ex K. H. Shing 马关钩毛蕨

Cyclogramma neoauriculata (Ching) Tagawa 滇东钩毛蕨

Cyclogramma omeiensis (Baker) Tagawa 峨眉钩毛蕨

Cyclogramma tibetica Ching & S. K. Wu 西藏钩毛蕨

Cyclopeltis J. Sm. 拟贯众属

Cyclopeltis crenata (Fée) C. Chr. 拟贯众
Cyclosorus Link 毛蕨属
Cyclosorus abbreviatus Ching & K. H. Shing 缩羽毛蕨
Cyclosorus acuminatus (Houtt.) Nakai 渐尖毛蕨
Cyclosorus acuminatus var. × **acuminatoides** W. C. Shieh & J. L. Tsai 赛毛蕨
Cyclosorus acuminatus var. **kuliangensis** Ching 鼓岭渐尖毛蕨
Cyclosorus acuminatus var. *kuliangensis* Ching 突尖毛蕨 = Cyclosorus acuminatus (Houtt.) Nakai
Cyclosorus acutilobus Ching ex K. H. Shing 锐片毛蕨 = Cyclosorus molliusculus (Wall. ex Kuhn) Ching
Cyclosorus acutissimus Ching ex K. H. Shing & J. F. Cheng 锐尖毛蕨 = Cyclosorus aridus (D. Don) Tagawa
Cyclosorus angustus Ching 狭羽毛蕨 = Cyclosorus dentatus (Forssk.) Ching
Cyclosorus aridus (D. Don) Ching 干旱毛蕨
Cyclosorus articulatus (Houlston & T. Moore) Panigrahi 节状毛蕨
Cyclosorus attenuatus Ching ex K. H. Shing 下延毛蕨
Cyclosorus aureoglandulifer Ching ex K. H. Shing 腺饰毛蕨 = Cyclosorus jaculosus (Christ) H. Itô
Cyclosorus aureoglandulosus Ching & K. H. Shing ex Ching & C. F. Zhang 金腺毛蕨 = Cyclosorus parasiticus (L.) Farw.
Cyclosorus baiseensis Ching ex K. H. Shing 百色毛蕨 = Cyclosorus jinghongensis Ching ex K. H. Shing
Cyclosorus brevipes Ching & K. H. Shing 短柄毛蕨
Cyclosorus caii Ching ex K. H. Shing 多耳毛蕨
Cyclosorus calvescens Ching 光羽毛蕨　三合毛蕨
Cyclosorus cangnanensis K. H. Shing & C. F. Zhang 苍南毛蕨 = Cyclosorus acuminatus (Houtt.) Nakai
Cyclosorus canus (Baker) S. Linds. 长根假毛蕨
Cyclosorus chengii Ching ex K. H. Shing & J. F. Cheng 程氏毛蕨 = Cyclosorus pygmaeus Ching & C. F. Zhang
Cyclosorus chingii Z. Y. Liu ex Ching & Z. Y. Liu 秦氏毛蕨 = Cyclosorus evolutus (Bedd.) Ching
Cyclosorus ciliatus (Wall. ex Benth.) Panigrahi 溪边假毛蕨
Cyclosorus ciliensis K. H. Shing 慈利毛蕨 = Cyclosorus acuminatus (Houtt.) Nakai
Cyclosorus clavatus K. H. Shing 棒腺毛蕨 = Cyclosorus cuneatus Ching ex K. H. Shing
Cyclosorus contractus Ching ex K. H. Shing 狭缩毛蕨
Cyclosorus crinipes (Hook.) Ching 鳞柄毛蕨
Cyclosorus cuneatus Ching ex K. H. Shing 狭基毛蕨
Cyclosorus cuspidatus (Blume) Copel. 顶芽新月蕨
Cyclosorus cylindrothrix (Rosenst.) Ching 杜腺毛蕨
Cyclosorus damingshanensis Ching ex K. H. Shing 大明山毛蕨 = Cyclosorus parasiticus (L.) Farw.
Cyclosorus decipiens Ching 光盖毛蕨 = Cyclosorus latipinnus (Benth.) Tardieu
Cyclosorus dehuaensis Ching & K. H. Shing 德化毛蕨 = Cyclosorus fukienensis Ching

Cyclosorus densissimus Ching ex K. H. Shing 密羽毛蕨 = Cyclosorus molliusculus (Wall. ex Kuhn) Ching
Cyclosorus dentatus (Forssk.) Ching 齿牙毛蕨
Cyclosorus dissitus Ching ex K. H. Shing 疏羽毛蕨 = Cyclosorus acuminatus (Houtt.) Nakai
Cyclosorus dulongjiangensis W. M. Chu 独龙江毛蕨 = Cyclosorus procerus (D. Don) S. Linds. & D. J. Middleton
Cyclosorus elatus Ching ex K. H. Shing 高株毛蕨
Cyclosorus ensifer (Tagawa) W. C. Shieh 广叶毛蕨
Cyclosorus erubescens (Wall. ex Hook.) C. M. Kuo 方秆蕨
Cyclosorus esquirolii (Christ) C. M. Kuo 西南假毛蕨
Cyclosorus euphlebius Ching 河池毛蕨 = Cyclosorus articulatus (Houlston & T. Moore) Panigrahi
Cyclosorus evolutus (C. B. Clarke & Baker) Ching 展羽毛蕨
Cyclosorus excelsior Ching & K. H. Shing 高大毛蕨 = Cyclosorus parasiticus (L.) Farw.
Cyclosorus fengii Ching ex K. H. Shing 国楣毛蕨 = Cyclosorus dentatus (Forssk.) Ching
Cyclosorus falcilobus (Hook.) Panigrahi 镰片假毛蕨
Cyclosorus falcilobus (Hook.) L. J. He & X. C. Zhang = Cyclosorus falcilobus (Hook.) Panigrahi
Cyclosorus flaccidus Ching & Z. Y. Liu 平基毛蕨 = Cyclosorus evolutus (Bedd.) Ching
Cyclosorus fraxinifolius Ching & K. H. Shing 梣叶毛蕨 = Cyclosorus fukienensis Ching
Cyclosorus fukienensis Ching 福建毛蕨
Cyclosorus gaoxiongensis Ching ex K. H. Shing 高雄毛蕨 = Cyclosorus ensifer (Tagawa) W. C. Shieh
Cyclosorus glabrescens Ching ex K. H. Shing 光叶毛蕨 = Cyclosorus acuminatus (Houtt.) Nakai
Cyclosorus gongshanensis (Y. X. Lin) Zhong Y. Li 贡山假毛蕨
Cyclosorus grandissimus Ching & K. H. Shing 大毛蕨(存疑)
Cyclosorus grossodentatus Ching ex K. H. Shing 粗齿毛蕨 = Cyclosorus latipinnus (Benth.) Tardieu
Cyclosorus gustavii (Bedd.) Ching 古斯塔毛蕨
Cyclosorus gymnopteridifrons (Hayata) C. M. Kuo 新月蕨
Cyclosorus hainanensis Ching 海南毛蕨 = Cyclosorus parasiticus (L.) Farw.
Cyclosorus heterocarpus (Blume) Ching 异果毛蕨
Cyclosorus hirtipes K. H. Shing & C. F. Zhang 毛脚毛蕨
Cyclosorus hirtisorus (C. Chr.) Ching 毛囊毛蕨
Cyclosorus hokouensis Ching 河口毛蕨
Cyclosorus houi Ching 学煜毛蕨 = Cyclosorus jaculosus (Christ) H. Itô
Cyclosorus interruptus (Willd.) H. Itô 毛蕨
Cyclosorus jaculosus (Christ) H. Itô 闽台毛蕨
Cyclosorus jinghongensis Ching ex K. H. Shing 景洪毛蕨
Cyclosorus jiulungshanensis Ching & Yao ex Ching 九龙山毛蕨 = Cyclosorus dentatus (Forssk.) Chin
Cyclosorus kuizhouensis K. H. Shing 夔州毛蕨 = Cyclosorus acuminatus (Houtt.) Nakai
Cyclosorus kuliangensis (Ching) K. H. Shing 细柄毛蕨 = Cyclosorus acuminatus var. kuliangensis Chir

Cyclosorus kweichowensis Ching ex K. H. Shing 贵州毛蕨 = Cyclosorus procurrens (Mett.) Ching
Cyclosorus lakhimpurensis (Rosenst.) Copel. 红色新月蕨
Cyclosorus latebrosus (Kunze ex Mett.) Ching 阴生毛蕨
Cyclosorus latipinnus (Benth.) Tardieu 宽羽毛蕨
Cyclosorus laui Ching 心祁毛蕨 = Cyclosorus procurrens (Mett.) Ching
Cyclosorus leipoensis Ching & H. S. Kung ex K. H. Shing 雷波毛蕨 = Cyclosorus wulingshanensis C. M. Zhang
Cyclosorus longipetiolatus (K. Iwats.) C. M. Kuo 长柄新月蕨
Cyclosorus longqishanensis K. H. Shing 龙栖山毛蕨
Cyclosorus macrophyllus Ching & Z. Y. Liu 阔羽毛蕨
Cyclosorus medogensis Ching & S. K. Wu 墨脱毛蕨
Cyclosorus megacuspis (Baker) Tardieu & C. Chr. 微红新月蕨
Cyclosorus mekongensis Ching ex K. H. Shing 临沧毛蕨 = Cyclosorus dentatus (Forssk.) Ching
Cyclosorus mianningensis Ching ex K. H. Shing 冕宁毛蕨 = Cyclosorus dentatus (Forssk.) Ching
Cyclosorus mollissimus Ching ex K. H. Shing 多网眼毛蕨 = Cyclosorus attenuatus Ching ex K. H. Shing
Cyclosorus molliusculus (Wall. ex Kuhn) Ching 美丽毛蕨
Cyclosorus multisorus Ching ex K. H. Shing 多囊毛蕨 = Cyclosorus parasiticus (L.) Farw.
Cyclosorus nanchuanensis Ching & Z. Y. Liu 南川毛蕨 = Cyclosorus acuminatus (Houtt.) Nakai
Cyclosorus nanlingensis Ching ex K. H. Shing & J. F. Cheng 南岭毛蕨 = Cyclosorus fukienensis Ching
Cyclosorus nanpingensis Ching 南平毛蕨 = Cyclosorus latipinnus (Benth.) Tardieu
Cyclosorus nanxiensis Ching ex K. H. Shing 南溪毛蕨
Cyclosorus nigrescens Ching ex K. H. Shing 黑叶毛蕨 = Cyclosorus articulatus (Houlston & T. Moore) Panigrahi
Cyclosorus nudatus (Roxb.) B. K. Nayar & S. Kaur 大羽新月蕨
Cyclosorus oblanceolatus K. H. Shing & C. F. Zhang 倒披针毛蕨 = Cyclosorus latipinnus (Benth.) Tardieu
Cyclosorus omeigensis Ching 峨眉毛蕨
Cyclosorus oppositipinnus Ching & Z. Y. Liu 对羽毛蕨 (存疑)
Cyclosorus oppositus Ching ex K. H. Shing 对生毛蕨 = Cyclosorus jinghongensis Ching ex K. H. Shing
Cyclosorus opulentus (Kaulf.) Nakai 腺脉毛蕨
Cyclosorus orientalis Ching ex K. H. Shing 东方毛蕨 = Cyclosorus parasiticus (L.) Farw.
Cyclosorus papilio (C. Hope) Ching 蝶状毛蕨
Cyclosorus papilionaceus K. H. Shing & C. F. Zhang 蝶羽毛蕨 = Cyclosorus latipinnus (Benth.) Tardieu
Cyclosorus paracuminatus Ching ex K. H. Shing & J. F. Cheng 宽顶毛蕨
Cyclosorus paradentatus Ching ex K. H. Shing 曲轴毛蕨 = Cyclosorus dentatus (Forssk.) Ching
Cyclosorus paralatipinnus Ching ex K. H. Shing 长尾毛蕨 = Cyclosorus latipinnus (Benth.) Tardieu
Cyclosorus pararidus Ching ex K. H. Shing 岳麓山毛蕨 = Cyclosorus jaculosus (Christ) H. Itô

Cyclosorus parasiticus (L.) Farw. 华南毛蕨
Cyclosorus parishii (Bedd.) Tardieu 羽叶新月蕨
Cyclosorus parvifolius Ching 小叶毛蕨
Cyclosorus parvilobus Ching & K. H. Shing ex K. H. Shing 龙胜毛蕨
Cyclosorus paucipinnus Ching & C. F. Zhang ex K. H. Shing 少羽毛蕨 = Cyclosorus fukienensis Ching
Cyclosorus pauciserratus Ching & C. F. Zhang 齿片毛蕨
Cyclosorus penangianus (Hook.) Copel. 披针新月蕨
Cyclosorus pingshanensis Ching & H. S. Kung ex K. H. Shing 屏山毛蕨 = Cyclosorus dentatus (Forssk.) Ching
Cyclosorus procerus (D. Don) S. Linds. & D. J. Middleton 高毛蕨
Cyclosorus procurrens (Mett.) Copel. 无腺毛蕨
Cyclosorus productus (Kaulf.) Ching 兰屿大叶毛蕨
Cyclosorus proliferus (Retz.) Tardieu ex Tardieu & C. Chr. 星毛蕨
Cyclosorus proximus Ching & Chu H. Wang 越北毛蕨 = Cyclosorus dentatus (Forssk.) Ching 齿牙毛蕨
Cyclosorus pseudoaridus Ching ex K. H. Shing 假干旱毛蕨
Cyclosorus pseudocuneatus Ching ex K. H. Shing 楔形毛蕨 (存疑)
Cyclosorus pseudofalcilobus (W. M. Chu) Zhong Y. Li 拟镰片假毛蕨
Cyclosorus pumilus Ching ex K. H. Shing 狭叶毛蕨 = Cyclosorus jinghongensis Ching ex K. H. Shing
Cyclosorus pustuliferus Ching ex K. H. Shing 泡泡毛蕨 = Cyclosorus truncatus (Poir.) Farw.
Cyclosorus pygmaeus Ching & C. F. Zhang 矮毛蕨
Cyclosorus rufostramineus (Christ) Zhong Y. Li 粉红方秆蕨
Cyclosorus rupicola Ching 石生毛蕨 = Cyclosorus parasiticus (L.) Farw.
Cyclosorus sanduensis Ching & P. S. Wang 三都毛蕨 = Cyclosorus calvescens Ching
Cyclosorus scaberulus Ching 糙叶毛蕨
Cyclosorus serrifer Ching & K. H. Shing 锯齿毛蕨 = Cyclosorus aridus (D. Don) Tagawa
Cyclosorus shapingbaensis Ching ex K. H. Shing 沙坪坝毛蕨 = Cyclosorus dentatus (Forssk.) Ching
Cyclosorus shimenensis K. H. Shing & C. M. Zhang 石门毛蕨
Cyclosorus siamensis (Tagawa & K. Iwats.) Panigr. 泰国毛蕨
Cyclosorus simillimus Ching ex K. H. Shing 同羽毛蕨 = Cyclosorus jaculosus (Christ) H. Itô
Cyclosorus sinoacuminatus Ching & Z. Y. Liu 拟渐尖毛蕨 = Cyclosorus acuminatus (Houtt.) Nakai
Cyclosorus sinodentatus Ching & Z. Y. Liu 中华齿状毛蕨
Cyclosorus sparsisorus Ching ex K. H. Shing 疏囊毛蕨 = Cyclosorus jaculosus (Christ) H. Itô
Cyclosorus stenopes Ching & K. H. Shing 狭脚毛蕨 = Cyclosorus dentatus (Forssk.) Ching
Cyclosorus subacuminatus Ching ex K. H. Shing & J. F. Cheng 假渐尖毛蕨 = Cyclosorus acuminatus (Houtt.) Nakai
Cyclosorus subacutus Ching 短尖毛蕨
Cyclosorus subcoriaceous Ching ex K. H. Shing 坚叶毛蕨 = Cyclosorus acuminatus (Houtt.) Nakai

Cyclosorus subelatus (Baker) Ching 巨型毛蕨
Cyclosorus subnamburensis Ching ex K. H. Shing 万金毛蕨 = Cyclosorus ensifer (Tagawa) W. C. Shieh
Cyclosorus subochthodes (Ching) L. J. He & X. C. Zhang 普通假毛蕨
Cyclosorus taiwanensis (C. Chr.) H. Itô 台湾毛蕨
Cyclosorus tarningensis Ching 泰宁毛蕨 = Cyclosorus acuminatus (Houtt.) Nakai
Cyclosorus terminans (J. Sm. ex Hook.) K. H. Shing 顶育毛蕨
Cyclosorus tonkinensis (C. Chr.) L. J. He & X. C. Zhang 龙津蕨
Cyclosorus transitorius Ching ex K. H. Shing 河边毛蕨 = Cyclosorus articulatus (Houlston & T. Moore) Panigrahi
Cyclosorus triphyllus (Sw.) Tardieu 三羽新月蕨
Cyclosorus truncatus (Poir.) Farw. 截裂毛蕨
Cyclosorus truncatus var. **angustipinnus** Ching 线羽截裂毛蕨
Cyclosorus tylodes (Kunze) Panigrahi 假毛蕨
Cyclosorus wangii Ching 黄志毛蕨 = Cyclosorus dentatus (Forssk.) Ching
Cyclosorus wangmoensis K. H. Shing & P. S. Wang 望谟毛蕨 = Cyclosorus shimenensis K. H. Shing & C. M. Zhang
Cyclosorus wenzhouensis K. H. Shing & C. F. Zhang 温州毛蕨
Cyclosorus wulingshanensis C. M. Zhang 武陵毛蕨
Cyclosorus xunwuensis Ching & K. H. Shing ex J. F. Cheng 寻乌毛蕨 = Cyclosorus parasiticus (L.) Farw.
Cyclosorus yandongensis Ching & K. H. Shing 雁荡毛蕨 = Cyclosorus parasiticus (L.) Farw.
Cyclosorus yuanjiangensis Ching ex K. H. Shing 元江毛蕨
Cyclosorus yunnanensis Ching ex K. H. Shing 云南毛蕨 = Cyclosorus articulatus (Houlston & T. Moore) Panigrahi
Cyclosorus zhangii K. H. Shing 朝芳毛蕨
Cyclosorus × **insularis** (K. Iwats.) C. M. Kuo 岛生新月蕨
Cyclosorus × **intermedius** W. C. Shieh & J. L. Tsai 拟密毛毛蕨

Cyrtogonellum Ching 柳叶蕨属 = Polystichum Roth 耳蕨属
Cyrtogonellum caducum Ching 离脉柳叶蕨 = Polystichum tenuius (Ching) Li Bing Zhang
Cyrtogonellum falcilobum Ching ex Y. T. Hsieh 镰羽柳叶蕨 = Polystichum tenuius (Ching) Li Bing Zhang
Cyrtogonellum fraxinellum (Christ) Ching 柳叶蕨 = Polystichum fraxinellum (Christ) Diels
Cyrtogonellum inaequalis Ching 斜基柳叶蕨 = Polystichum minimum (Y. T. Hsieh) Li Bing Zhang
Cyrtogonellum minimum Y. T. Hsieh 小柳叶蕨 = Polystichum minimum (Y. T. Hsieh) Li Bing Zhang
Cyrtogonellum omeiense Ching ex Y. T. Hsieh 峨眉柳叶蕨 = Polystichum fraxinellum (Christ) Diels
Cyrtogonellum salicifolium Ching ex Y. T. Hsieh 弓羽柳叶蕨 = Polystichum tenuius (Ching) Li Bing

Zhang

Cyrtogonellum xichouensis S. K. Wu & Mitsuda 西畴柳叶蕨 = Polystichum xichouense (S. K. Wu & Mitsuta) Li Bing Zhang

Cyrtogonellum × rupicola P. S. Wang & X. Y. Wang 石生柳叶蕨 (存疑)

Cyrtomidictyum Ching 鞭叶蕨属 = Polystichum Roth 耳蕨属

Cyrtomidictyum basipinnatum (Baker) Ching 单叶鞭叶蕨 = Polystichum basipinnatum (Baker) Diels

Cyrtomidictyum conjunctum Ching 卵状鞭叶蕨 = Polystichum conjunctum (Ching) Li Bing Zhang

Cyrtomidictyum faberi (Baker) Ching 阔镰鞭叶蕨 = Polystichum putuoense Li Bing Zhang

Cyrtomidictyum lepidocaulon (Hook.) Ching 鞭叶蕨 = Polystichum lepidocaulon (Hook.) J. Sm.

Cyrtomium C. Presl 贯众属

Cyrtomium aequibasis (C. Chr.) Ching 等基贯众

Cyrtomium anomophyllum (Zenker) Fraser-Jenk. 奇叶贯众

Cyrtomium atropunctatum Sa. Kurata 黑点贯众

Cyrtomium balansae (Christ) C. Chr. 镰羽贯众 = Polystichum balansae Christ

Cyrtomium balansae f. *edentatum* Ching ex K. H. Shing 无齿镰羽贯众 = Polystichum balansae Christ

Cyrtomium caryotideum (Wall. ex Hook. & Grev.) C. Presl 刺齿贯众

Cyrtomium caryotideum f. *grossedentatum* Ching ex K. H. Shing 粗齿贯众 = Cyrtomium caryotideum (Wall. ex Hook. & Grev.) C. Presl

Cyrtomium chingianum P. S. Wang 秦氏贯众

Cyrtomium confertifolium Ching & K. H. Shing 密羽贯众

Cyrtomium conforme Ching 福建贯众

Cyrtomium devexiscapulae (Koidz.) Koidz. & Ching 披针贯众

Cyrtomium falcatum (L. f.) C. Presl 全缘贯众

Cyrtomium fortunei J. Sm. 贯众

Cyrtomium fortunei f. *latipinna* Ching 宽羽贯众 = Cyrtomium fortunei J. Sm.

Cyrtomium fortunei f. *polypterum* (Diels) Ching 小羽贯众 = Cyrtomium fortunei J. Sm.

Cyrtomium grossum Christ 惠水贯众

Cyrtomium guizhouense H. S. Kung & P. S. Wang 贵州贯众

Cyrtomium hemionitis Christ 单叶贯众

Cyrtomium hookerianum (C. Presl) C. Chr. 尖羽贯众 = Polystichum hookerianum (C. Presl) C. Chr.

Cyrtomium latifalcatum S. K. Wu & Mitsuta 宽镰贯众

Cyrtomium lonchitoides (Christ) Christ 小羽贯众

Cyrtomium macrophyllum (Makino) Tagawa 大叶贯众

Cyrtomium macrophyllum var. *acuminatum* (Diels) Tagawa 尖叶贯众 = Cyrtomium yamamotoi Tagawa

Cyrtomium maximum Ching & K. H. Shing ex K. H. Shing 大羽贯众 = Cyrtomium anomophyllum (Zenker) Fraser-Jenk.

Cyrtomium membranifolium Ching & K. H. Shing ex H. S. Kung & P. S. Wang 膜叶贯众

Cyrtomium muticum (Christ) Ching 钝羽贯众

Cyrtomium neocaryotideum Ching & K. H. Shing ex K. H. Shing 维西贯众 = Cyrtomium anomophyllum (Zenker) Fraser-Jenk.

Cyrtomium nephrolepioides (Christ) Copel. 低头贯众

Cyrtomium nervosum Ching & K. H. Shing ex K. H. Shing 显脉贯众 = Cyrtomium anomophyllum (Zenker) Fraser-Jenk.

Cyrtomium obliquum Ching & K. H. Shing 斜基贯众

Cyrtomium omeiense Ching & K. H. Shing 峨眉贯众

Cyrtomium pachyphyllum (Rosenst.) C. Chr. 厚叶贯众

Cyrtomium retrosopaleaceum Ching & K. H. Shing ex K. H. Shing 鳞毛贯众 = Cyrtomium macrophyllum (Makino) Tagawa

Cyrtomium serratum Ching & K. H. Shing 尖齿贯众

Cyrtomium shandongense J. X. Li 山东贯众 = Cyrtomium fortunei J. Sm.

Cyrtomium shingianum H. S. Kung & P. S. Wang 邢氏贯众

Cyrtomium sinningense Ching & K. H. Shing 新宁贯众

Cyrtomium taiwanianum Tagawa 台湾贯众

Cyrtomium tengii Ching & K. H. Shing 世纬贯众 = Cyrtomium nephrolepioides (Christ) Copel.

Cyrtomium trapezoideum Ching & K. H. Shing ex K. H. Shing 斜方贯众 = Polystichum trapezoideum (Ching & K. H. Shing ex K. H. Shing) Li Bing Zhang

Cyrtomium tsinglingense Ching & K. H. Shing 秦岭贯众

Cyrtomium tukusicola Tagawa 齿盖贯众

Cyrtomium uniseriale Ching ex K. H. Shing 单行贯众 = Polystichum uniseriale (Ching ex K. H. Shing) Li Bing Zhang

Cyrtomium urophyllum Ching 线羽贯众

Cyrtomium wulingense S. F. Wu 武陵贯众 = Cyrtomium nephrolepioides (Christ) Copel.

Cyrtomium yamamotoi Tagawa 阔羽贯众

Cyrtomium yamamotoi var. *intermedium* (Diels) Ching & K. H. Shing ex K. H. Shing 粗齿阔羽贯众 = Cyrtomium yamamotoi Tagawa

Cyrtomium yunnanense Ching 云南贯众

Cystopteridaceae 冷蕨科

Cystoathyrium Ching 光叶蕨属 = Cystopteris Bernh. 冷蕨属

Cystoathyrium chinense Ching 光叶蕨 = Cystopteris chinensis (Ching) X. C. Zhang & R. Wei

Cystopteris Bernh. 冷蕨属

Cystopteris chinensis (Ching) X. C. Zhang & R. Wei 光叶蕨
Cystopteris deqinensis Z. R. Wang 德钦冷蕨
Cystopteris dickieana R. Sim. 皱孢冷蕨
Cystopteris fragilis (L.) Bernh. 冷蕨
Cystopteris guizhouensis X. Y. Wang & P. S. Wang 贵州冷蕨
Cystopteris kansuana C. Chr. 西宁冷蕨
Cystopteris modesta Ching 卷叶冷蕨
Cystopteris montana (Lam.) Bernh. ex Desv. 高山冷蕨
Cystopteris moupinensis Franch. 宝兴冷蕨
Cystopteris pellucida (Franch.) Ching 膜叶冷蕨
Cystopteris sudetica A. Brown & Milde 欧洲冷蕨
Cystopteris tibetica Z. R. Wang 藏冷蕨

D

Dasygrammitis Parris 毛禾蕨属
Dasygrammitis mollicoma (Nees & Blume) Parris 毛禾蕨　南洋蒿蕨

Davalliaceae 骨碎补科

Davallia Sm. 骨碎补属
Davallia amabilis Ching 云桂骨碎补 = Davallia divaricata Blume
Davallia austrosinica Ching 华南骨碎补 = Davallia divaricata Blume
Davallia brevisora Ching 麻栗坡骨碎补 = Davallia denticulata (Burm. *f.*) Mett. ex Kuhn
Davallia cylindrica Ching 云南骨碎补 = Davallia trichomanoides Blume
Davallia denticulata (Burm. *f.*) Mett. ex Kuhn 假脉骨碎补
Davallia divaricata Blume 大叶骨碎补
Davallia formosana Hayata 大叶骨碎补 = Davallia divaricata Blume
Davallia hookeri (T. Moore ex Bedd.) X. C. Zhang 宿枝小膜盖蕨 = Araiostegia hookeri (T. Moore ex Bedd.) Ching
Davallia imbricata (Ching) X. C. Zhang 绿叶小膜盖蕨 = Araiostegia imbricata Ching
Davallia mariesii T. Moore ex Baker 骨碎补 = Davallia trichomanoides Blume
Davallia napoensis F. G. Wang & F. W. Xing 那坡骨碎补
Davallia sinensis (Christ) Ching 中国骨碎补
Davallia solida (G. Forst.) Sw. 阔叶骨碎补
Davallia stenolepis Hayata 台湾骨碎补 = Davallia trichomanoides Blume
Davallia subsolida Ching 阔叶骨碎补 = Davallia solida (G. Forst.) Sw.
Davallia trichomanoides Blume 骨碎补

Davallodes Copel. 钻毛蕨属 = Paradavallodes Ching 假钻毛蕨属
Davallodes chingiae Ching 秦氏钻毛蕨 = Paradavallodes chingiae (Ching) Ching
Davallodes membranulosa (Wall. ex Hook.) Copel. 膜钻毛蕨 = Paradavallodes membranulosa (Wall. ex Hook.) Ching

Dennstaedtiaceae 碗蕨科

Dennstaedtia Bernh. 碗蕨属
Dennstaedtia appendiculata (Wall. ex Hook.) J. Sm. 顶生碗蕨
Dennstaedtia elwesii (Baker) Bedd. 峨山碗蕨
Dennstaedtia formosae Christ 台湾碗蕨 = Dennstaedtia smithii (Hook.) T. Moore
Dennstaedtia hirsuta (Sw.) Mett. ex Miq. 细毛碗蕨
Dennstaedtia leptophylla Hayata 薄叶碗蕨 = Dennstaedtia smithii (Hook.) T. Moore
Dennstaedtia melanostipes Ching 乌柄碗蕨
Dennstaedtia pilosella (Hook.) Ching 细毛碗蕨 = Dennstaedtia hirsuta (Sw.) Mett. ex Miq.
Dennstaedtia scabra (Wall. ex Hook.) T. Moore 碗蕨
Dennstaedtia scabra var. **glabrescens** (Ching) C. Chr. 光叶碗蕨
Dennstaedtia scandens (Blume) T. Moore 刺柄碗蕨
Dennstaedtia smithii (Hook.) T. Moore 司氏碗蕨
Dennstaedtia wilfordii (T. Moore) Christ 溪洞碗蕨

Deparia Hook. & Grev. 对囊蕨属
Deparia abbreviata (W. M. Chu) Z. R. He 岳麓山对囊蕨　岳麓山假蹄盖蕨
Deparia acuta (Ching) Fraser-Jenk. 尖片对囊蕨　尖片蛾眉蕨
Deparia acuta var. **bagaensis** (Ching & S. K. Wu) Z. R. Wang 巴嘎对囊蕨　巴嘎蛾眉蕨
Deparia acuta var. **liubaensis** (Z. R. Wang) Z. R. Wang 六巴对囊蕨　六巴蛾眉蕨
Deparia auriculata (W. M. Chu & Z. R. Wang) Z. R. Wang 大耳对囊蕨　大耳蛾眉蕨
Deparia auriculata var. **zhongdianensis** (Z. R. Wang) Z. R. Wang 中甸对囊蕨　中甸蛾眉蕨
Deparia boryana (Will.) M. Kato 对囊蕨　介蕨
Deparia brevipinna (Ching & K. H. Shing ex Z. R. Wang) Z. R. Wang 短羽对囊蕨　短羽蛾眉蕨
Deparia chinensis (Ching) Z. R. Wang 中华对囊蕨　中华介蕨
Deparia concinna (Z. R. Wang) M. Kato 美丽对囊蕨　美丽假蹄盖蕨
Deparia confusa (Ching & Y. P. Hsu) Z. R. Wang 陕甘对囊蕨　陕甘介蕨
Deparia conilii (Franch. & Sav.) M. Kato 钝羽对囊蕨　钝羽假蹄盖蕨
Deparia coreana (Christ) M. Kato 朝鲜对囊蕨　朝鲜介蕨
Deparia dickasonii M. Kato 斜生对囊蕨　斜升假蹄盖蕨
Deparia dimorphophyllum (Koidz.) M. Kato 二型叶对囊蕨　二型叶假蹄盖蕨
Deparia dolosa (Christ) M. Kato 昆明对囊蕨　昆明蛾眉蕨

Deparia dolosa var. **chinensis** (Z. R. Wang) Z. R. Wang 耿马对囊蕨　中华蛾眉蕨
Deparia emeiensis (Z. R. Wang) Z. R. Wang 棒孢对囊蕨　棒孢蛾眉蕨
Deparia erecta (Z. R. Wang) M. Kato 直立对囊蕨　直立介蕨
Deparia falcatipinnula (Z. R. Wang) Z. R. Wang 镰小羽对囊蕨　镰小羽介蕨
Deparia formosana (Rosenst.) R. Sano 全缘对囊蕨
Deparia giraldii (Christ) X. C. Zhang 陕西对囊蕨　陕西蛾眉蕨
Deparia hainanensis (Ching) R. Sano 海南对囊蕨　海南网蕨
Deparia henryi (Baker) M. Kato 鄂西对囊蕨　鄂西介蕨
Deparia heterophlebia (Mett. ex Baker) R. Sano 网脉对囊蕨　网蕨
Deparia hirtirachis (Ching ex Z. R. Wang) Z. R. Wang 毛轴对囊蕨　毛轴蛾眉蕨
Deparia japonica (Thunb.) M. Kato 东洋对囊蕨　假蹄盖蕨
Deparia japonica var. **variegata** (W. M. Chu & Z. R. He) Z. R. He 花叶东洋对囊蕨　花叶假蹄盖蕨
Deparia jinfoshanensis (Z. Y. Liu) Z. R. He 金佛山对囊蕨　金佛山假蹄盖蕨
Deparia jiulungensis (Ching) Z. R. Wang 九龙对囊蕨　九龙蛾眉蕨
Deparia jiulungensis var. **albosquamata** (M. Kato) Z. R. Wang 东亚对囊蕨　东亚蛾眉蕨
Deparia kiusiana (Koidz.) M. Kato 中日对囊蕨　中日假蹄盖蕨
Deparia lancea (Thunb.) Fraser-Jenk. 单叶对囊蕨　单叶双盖蕨
Deparia liangshanensis (Ching ex Z. R. Wang) Z. R. Wang 凉山对囊蕨　凉山蛾眉蕨
Deparia liangshanensis var. **sericea** (Ching & Z. R. Wang) Z. R. Wang 绢毛对囊蕨　绢毛蛾眉蕨
Deparia longipes (Ching) Shinohara 狭叶对囊蕨
Deparia ludingensis (Z. R. Wang & Li Bing Zhang) Z. R. Wang 泸定对囊蕨　泸定蛾眉蕨
Deparia lushanensis (J. X. Li) Z. R. He 鲁山对囊蕨
Deparia medogensis (Ching & S. K. Wu) Z. R. Wang 墨脱对囊蕨　墨脱蛾眉蕨
Deparia medogensis var. **glandulifera** (W. M. Chu) Z. R. Wang 粒腺对囊蕨　粒腺蛾眉蕨
Deparia okuboana (Makino) M. Kato 大久保对囊蕨　华中介蕨
Deparia omeiensis (Z. R. Wang) M. Kato 峨眉对囊蕨　峨眉假蹄盖蕨
Deparia pachyphylla (Ching) Z. R. He 阔羽对囊蕨　阔羽假蹄盖蕨
Deparia petersenii (Kunze) M. Kato 毛叶对囊蕨　毛叶假蹄盖蕨　毛轴假蹄盖蕨
Deparia pseudoconilii (Seriz.) Seriz. 阔基对囊蕨　阔基假蹄盖蕨
Deparia pterorachis (Christ) M. Kato 翅轴对囊蕨　翅轴介蕨
Deparia pycnosora (Christ) M. Kato 东北对囊蕨　东北蛾眉蕨
Deparia pycnosora var. **longidens** (Z. R. Wang) Z. R. Wang 长齿对囊蕨　长齿蛾眉蕨
Deparia setigera (Ching ex Y. T. Hsieh) Z. R. Wang 刺毛对囊蕨　刺毛介蕨
Deparia shandongensis (J. X. Li & Z. C. Ding) Z. R. He 山东对囊蕨　山东假蹄盖蕨
Deparia shennongensis (Ching, Boufford & K. H. Shing) X. C. Zhang 华中对囊蕨　华中蛾眉蕨
Deparia sichuanensis (Z. R. Wang) Z. R. Wang 四川对囊蕨　四川蛾眉蕨
Deparia sichuanensis var. **gongshanensis** (Z. R. Wang) Z. R. Wang 贡山对囊蕨　贡山蛾眉蕨

Deparia sichuanensis var. **jinfoshanensis** (Z. R. Wang) Z. R. Wang 鄂渝对囊蕨　金佛山蛾眉蕨
Deparia sikkimensis (Ching) Nakaike & S. Malik 锡金对囊蕨　锡金蛾眉蕨
Deparia stenopterum (Christ) Z. R. Wang 川东对囊蕨　川东介蕨
Deparia tomitaroana (Masam.) R. Sano 羽裂叶对囊蕨　羽裂叶双盖蕨
Deparia truncata (Ching ex Z. R. Wang) Z. R. Wang 截头对囊蕨　截头蛾眉蕨
Deparia unifurcata (Baker) M. Kato 单叉对囊蕨　峨眉介蕨
Deparia vegetior (Kitag.) X. C. Zhang 河北对囊蕨　河北蛾眉蕨
Deparia vegetior var. **miyunensis** (Ching & Z. R. Wang) Z. R. Wang 密云对囊蕨　密云蛾眉蕨
Deparia vegetior var. **turgida** (Ching & Z. R. Wang) Z. R. Wang 壳盖对囊蕨　壳盖蛾眉蕨
Deparia vermiformis (Ching, Boufford & K. H. Shing) Z. R. Wang 湖北对囊蕨　湖北蛾眉蕨
Deparia viridifrons (Makino) M. Kato 绿叶对囊蕨　绿叶介蕨
Deparia wilsonii (Christ) X. C. Zhang 峨山对囊蕨　峨山蛾眉蕨
Deparia wilsonii var. **habaensis** (Ching & Z. R. Wang) Z. R. Wang 哈巴对囊蕨　哈巴蛾眉蕨
Deparia wilsonii var. **incisoserrata** (Ching & Z. R. Wang) Z. R. Wang 锐裂对囊蕨　锐裂蛾眉蕨
Deparia wilsonii var. **maxima** (Ching & Z. R. Wang) Z. R. Wang 大对囊蕨　大蛾眉蕨
Deparia wilsonii var. **muliensis** (Z. R. Wang) Z. R. Wang 木里对囊蕨　木里蛾眉蕨
Deparia yunnanensis (Ching) R. Sano 云南对囊蕨　云南网蕨
Deparia × **kanghsienense** (Ching & Y. P. Hsu) Z. R. He 康县对囊蕨　康县蛾眉蕨
Deparia × **nanchuanense** (Ching & Z. Y. Liu) Z. R. He 南川对囊蕨　南川蛾眉蕨

Diacalpe Blume 红腺蕨属 = Dryopteris Adanson 鳞毛蕨属
Diacalpe adscendens Ching ex S. H. Wu 小叶红腺蕨 = Dryopteris adscendens (Ching ex S. H. Wu) Li Bing Zhang
Diacalpe annamensis Tagawa 圆头红腺蕨 = Dryopteris annamensis (Tagawa) Li Bing Zhang
Diacalpe aspidioides Blume 红腺蕨 = Dryopteris pseudocaenopteris (Kunze) Li Bing Zhang
Diacalpe aspidioides var. hookeriana (T. Moore) Ching ex S. H. Wu 西藏红腺蕨 = Dryopteris hookeriana (T. Moore) Li Bing Zhang
Diacalpe aspidioides var. *minor* Ching ex S. H. Wu 旱生红腺蕨 = Dryopteris pseudocaenopteris (Kunze) Li Bing Zhang
Diacalpe chinensis Ching & S. H. Wu 大囊红腺蕨 = Dryopteris diacalpe Li Bing Zhang
Diacalpe christensenae Ching 离轴红腺蕨 = Dryopteris christensenae (Ching) Li Bing Zhang
Diacalpe laevigata Ching & S. H. Wu 光轴红腺蕨 = Dryopteris medogensis (Ching & S. K. Wu) Li Bing Zhang
Diacalpe omeiensis Ching 峨眉红腺蕨 = Dryopteris kungiana Li Bing Zhang

Dicksoniaceae 蚌壳蕨科 = Cibotiaceae 金毛狗科

Dicranopteris Bernh. 芒萁属
Dicranopteris ampla Ching & P. S. Chiu 大芒萁
Dicranopteris dichotoma (Thunb.) Bernh. 芒萁 = Dicranopteris pedata (Houtt.) Nakaike
Dicranopteris gigantea Ching 乔芒萁
Dicranopteris linearis (Burm. *f.*) Underw. 铁芒萁
Dicranopteris pedata (Houtt.) Nakaike 芒萁
Dicranopteris splendida (Hand. -Mazz.) Tagawa 大羽芒萁
Dicranopteris taiwanensis Ching & P. S. Chiu 台湾芒萁 (存疑)

Dictyocline T. Moore 圣蕨属 = Stegnogramma Blume 溪边蕨属
Dictyocline griffithii T. Moore 圣蕨 = Stegnogramma griffithii (T. Moore) K. Iwats.
Dictyocline griffithii var. *wilfordii* (Hook.) T. Moore 羽裂圣蕨 = Stegnogramma wilfordii (Hook.) Seriz.
Dictyocline mingchegensis Ching 闽浙圣蕨 = Stegnogramma mingchegensis (Ching) X. C. Zhang
Dictyocline sagittifolia Ching 戟叶圣蕨 = Stegnogramma sagittifolia (Ching) L. J. He & X. C. Zhang
Dictyocline wilfordii (Hook.) J. Sm. 羽裂圣蕨 = Stegnogramma wilfordii (Hook.) Seriz.

Dictyodroma Ching 网蕨属 = Deparia Hook. & Grev. 对囊蕨属
Dictyodroma formosanum (Rosenst.) Ching 全缘网蕨 = Deparia heterophlebia (Mett. ex Baker) R. Sano
Dictyodroma hainanense Ching 海南网蕨 = Deparia hainanensis (Ching) R. Sano
Dictyodroma heterophlebia (Mett. ex Baker) Ching 网蕨 = Deparia heterophlebia (Mett. ex Baker) R. Sano
Dictyodroma yunnanensis Ching 云南网蕨 = Deparia yunnanensis (Ching) R. Sano

Didymochlaenaceae 翼盖蕨科

Didymochlaena Desv. 翼盖蕨属　翼囊蕨属
Didymochlaena truncatula (Sw.) J. Sm. 翼盖蕨　翼囊蕨

Didymoglossum Desv. 毛边蕨属
Didymoglossum bimarginatum (Bosch) Ebihara & K. Iwats. 叉脉单叶假脉蕨
Didymoglossum motleyi (Bosch) Ebihara & K. Iwats. 细柄单叶假脉蕨　短柄单叶假脉蕨
Didymoglossum sublimbatum (Müller Berol.) Ebihara & K. Iwats. 单叶假脉蕨
Didymoglossum tahitense (Nadeaud) Ebihara & K. Iwats. 盾形单叶假脉蕨
Didymoglossum wallii (Thwaites) Copel. 毛边蕨

Diphasiastrum Holub 扁枝石松属 = Lycopodium L. 石松属
Diphasiastrum alpinum (L.) Holub 高山扁枝石松 = Lycopodium alpinum L.
Diphasiastrum complanatum (L.) Holub 扁枝石松 = Lycopodium complanatum L.
Diphasiastrum complanatum var. *glaucum* Ching 灰白扁枝石松 = Lycopodium multispicatum J. H. Wilce

Diphasiastrum veitchii (Christ) Holub 矮小扁枝石松 = Lycopodium veitchii Christ

Diplaziopsidaceae 肠蕨科

Diplaziopsis C. Chr. 肠蕨属
Diplaziopsis brunoniana (Wall.) W. M. Chu 阔羽肠蕨
Diplaziopsis cavaleriana (Christ) C. Chr. 川黔肠蕨
Diplaziopsis javanica (Blume) C. Chr. 肠蕨

Diplazium Sw. 双盖蕨属
Diplazium alatum (Christ) R. Wei & X. C. Zhang 狭翅双盖蕨　狭翅短肠蕨
Diplazium amamianum Tagawa 奄美双盖蕨　奄美短肠蕨
Diplazium asperum Blume 粗糙双盖蕨　粗糙短肠蕨
Diplazium axillare Ching 褐色双盖蕨
Diplazium baishanzuense (Ching & P. S. Chiu) Z. R. He 百山祖双盖蕨　百山祖短肠蕨
Diplazium basahense Ching 白沙双盖蕨
Diplazium bellum (C. B. Clarke) Bir 美丽双盖蕨　美丽短肠蕨
Diplazium calogrammoides (Ching ex W. M. Chu & Z. R. He) Z. R. He 拟长果双盖蕨　拟长果短肠蕨
Diplazium calogrammum Christ 长果双盖蕨　长果短肠蕨
Diplazium changjiangense Z. R. He 昌江双盖蕨
Diplazium chinense (Baker) C. Chr. 中华双盖蕨　中华短肠蕨
Diplazium conterminum Christ 边生双盖蕨　边生短肠蕨
Diplazium crassiusculum Ching 厚叶双盖蕨
Diplazium dilatatum Blume 毛柄双盖蕨　毛柄短肠蕨
Diplazium dinghushanicum (Ching & S. H. Wu) Z. R. He 鼎湖山毛轴双盖蕨
Diplazium doederleinii (Luerss.) Makino 光脚双盖蕨　光脚短肠蕨
Diplazium donianum (Mett.) Tardieu 双盖蕨
Diplazium donianum var. **aphanoneuron** (Ohwi) Tagawa 隐脉双盖蕨
Diplazium donianum var. **lobatum** Tagawa 顶羽裂双盖蕨
Diplazium dulongjiangense (W. M. Chu) Z. R. He 独龙江双盖蕨　独龙江短肠蕨
Diplazium dushanense (Ching ex W. M. Chu & Z. R. He) R. Wei & X. C. Zhang 独山双盖蕨　独山短肠蕨
Diplazium esculentum (Retz.) Sw. 食用双盖蕨　菜蕨
Diplazium esculentum var. **pubescens** (Link) Tardieu & C. Chr. 毛轴食用双盖蕨
Diplazium forrestii (Ching ex Z. R. Wang) Fraser-Jenk. 棕鳞双盖蕨　棕鳞短肠蕨
Diplazium giganteum (Baker) Ching 大型双盖蕨　大型短肠蕨
Diplazium glingense (Ching & Y. X. Lin) Z. R. He 格林双盖蕨　格林短肠蕨

Diplazium griffithii T. Moore 镰羽双盖蕨　镰羽短肠蕨
Diplazium hachijoense Nakai 薄盖双盖蕨　薄盖短肠蕨
Diplazium hainanense Ching 海南双盖蕨　海南短肠蕨
Diplazium heterocarpum Ching 异果双盖蕨　异果短肠蕨
Diplazium hirsutipes (Bedd.) B. K. Nayar & S. Kaur 篦齿双盖蕨　篦齿短肠蕨
Diplazium hirtipes Christ 鳞轴双盖蕨　鳞轴短肠蕨
Diplazium hirtisquama (Ching & W. M. Chu) Z. R. He 毛鳞双盖蕨　毛鳞短肠蕨
Diplazium incomptum Tagawa 疏裂双盖蕨　疏裂短肠蕨
Diplazium jinfoshanicola (W. M. Chu) Z. R. He 金佛山双盖蕨　金佛山短肠蕨
Diplazium jinpingense (W. M. Chu) Z. R. He 金平双盖蕨　金平短肠蕨
Diplazium kansuense (Ching & Y. P. Hsu) Z. R. He 甘肃短肠蕨　甘肃短肠蕨
Diplazium kappanense Hayata 台湾双盖蕨　台湾短肠蕨
Diplazium kawakamii Hayata 柄鳞双盖蕨　柄鳞短肠蕨
Diplazium kawakamii var. **subglabratum** Tagawa 花莲双盖蕨
Diplazium latipinnulum (Ching & W. M. Chu) Z. R. He 阔羽双盖蕨　阔羽短肠蕨
Diplazium laxifrons Rosenst. 异裂双盖蕨　异裂短肠蕨
Diplazium leptophyllum Christ 卵叶双盖蕨　卵叶短肠蕨
Diplazium lobulosum (Wall. ex Mett.) C. Presl 浅裂双盖蕨　浅裂短肠蕨
Diplazium lobulosum var. **shilinicola** (W. M. Chu & J. J. He) Z. R. He 石林双盖蕨　石林短肠蕨
Diplazium maonense Ching 马鞍山双盖蕨
Diplazium matthewii (Copel.) C. Chr. 阔片双盖蕨　阔片短肠蕨
Diplazium maximum (D. Don) C. Chr. 大叶双盖蕨　大叶短肠蕨
Diplazium medogense (Ching & S. K. Wu) Fraser-Jenk. 墨脱双盖蕨　墨脱短肠蕨
Diplazium megaphyllum (Baker) Christ 大羽双盖蕨　大羽短肠蕨
Diplazium metcalfii Ching 深裂双盖蕨　深裂短肠蕨
Diplazium mettenianum (Miq.) C. Chr. 江南双盖蕨　江南短肠蕨
Diplazium mettenianum var. **fauriei** (Christ) Tagawa 小叶双盖蕨　小叶短肠蕨
Diplazium multicaudatum (Wall. ex C. B. Clarke) Z. R. He 假密果双盖蕨　假密果短肠蕨
Diplazium muricatum (Mett.) Alderw. 高大双盖蕨　高大短肠蕨
Diplazium nanchuanicum (W. M. Chu) Z. R. He 南川双盖蕨　南川短肠蕨
Diplazium nigrosquamosum (Ching) Z. R. He 乌鳞双盖蕨　乌鳞短肠蕨
Diplazium nipponicum Tagawa 日本双盖蕨　日本短肠蕨
Diplazium okudairai Makino 假耳羽双盖蕨　假耳羽短肠蕨
Diplazium ovatum (W. M. Chu ex Ching & Z. Y. Liu) Z. R. He 卵果双盖蕨　卵果短肠蕨
Diplazium paradoxum Fée 刺轴双盖蕨　刺轴菜蕨
Diplazium petelotii Tardieu 褐柄双盖蕨　褐柄短肠蕨
Diplazium petrii Tardieu 假镰羽双盖蕨　假镰羽短肠蕨

Diplazium pinfaense Ching 薄叶双盖蕨
Diplazium pinnatifidopinnatum (Hook.) T. Moore 裂羽双盖蕨　羽裂短肠蕨
Diplazium prolixum Rosenst. 双生双盖蕨　双生短肠蕨
Diplazium pseudosetigerum (Christ) Fraser-Jenk. 矩圆双盖蕨　矩圆短肠蕨
Diplazium pullingeri (Baker) J. Sm. 毛轴双盖蕨　毛轴菜蕨
Diplazium pullingeri var. **daweishanicola** (W. M. Chu & Z. R. He) Z. R. He 大围山毛轴双盖蕨
Diplazium quadrangulatum (W. M. Chu) Z. R. He 四棱双盖蕨　四棱短肠蕨
Diplazium serratifolium Ching 锯齿双盖蕨
Diplazium siamense C. Chr. 长羽柄双盖蕨　长羽短肠蕨
Diplazium sibiricum (Turcz. ex Kunze) Sa. Kurata 黑鳞双盖蕨　黑鳞短肠蕨
Diplazium sibiricum var. **glabrum** (Tagawa) Sa. Kurata 无毛黑鳞双盖蕨　无毛黑鳞短肠蕨
Diplazium sikkimense (C. B. Clarke) C. Chr. 锡金双盖蕨　锡金短肠蕨
Diplazium simile (W. M. Chu) R. Wei & X. C. Zhang 肉刺双盖蕨　肉刺短肠蕨
Diplazium spectabile (Wall. ex Mett.) Ching 密果双盖蕨　密果短肠蕨
Diplazium splendens Ching 大叶双盖蕨
Diplazium squamigerum (Mett.) C. Hope 鳞柄双盖蕨　鳞柄短肠蕨
Diplazium stenochlamys C. Chr. 网脉双盖蕨　网脉短肠蕨
Diplazium stenolepis Ching 狭鳞双盖蕨
Diplazium subdilatatum (Ching) Z. R. He 楔羽双盖蕨　楔羽短肠蕨
Diplazium subsinuatum (Wall. ex Hook. & Grev.) Tagawa 单叶双盖蕨 = Deparia lancea (Thunb.) Fraser-Jenk.
Diplazium subspectabile (Ching & W. M. Chu) Z. R. He 察隅双盖蕨　察隅短肠蕨
Diplazium succulentum (C. B. Clarke) C. Chr. 肉质双盖蕨　肉质短肠蕨
Diplazium taquetii C. Chr. 东北双盖蕨　东北短肠蕨
Diplazium tibeticum (Ching & S. K. Wu) Z. R. He 西藏双盖蕨　西藏短肠蕨
Diplazium tomitaroanum Masam. 羽裂叶双盖蕨 = Deparia tomitaroana (Masam.) R. Sano
Diplazium uraiense Rosenst. 圆裂双盖蕨　圆裂短肠蕨
Diplazium virescens Kunze 淡绿双盖蕨　淡绿短肠蕨
Diplazium virescens var. **okinawaense** (Tagawa) Sa. Kurata 冲绳双盖蕨　冲绳短肠蕨
Diplazium virescens var. **sugimotoi** Sa. Kurata 异基双盖蕨　异基短肠蕨
Diplazium viridescens Ching 草绿双盖蕨　草绿短肠蕨
Diplazium viridissimum Christ 深绿双盖蕨　深绿短肠蕨
Diplazium wangii Ching 黄志双盖蕨　黄志短肠蕨
Diplazium wheeleri (Baker) Diels 短果双盖蕨　短果短肠蕨
Diplazium wichurae (Mett.) Diels 耳羽双盖蕨　耳羽短肠蕨
Diplazium wichurae var. **parawichurae** (Ching) Z. R. He 龙池双盖蕨　龙池短肠蕨
Diplazium yaoshanense (Y. C. Wu) Tardieu 假江南双盖蕨　假江南短肠蕨

Diplazium × kidoi Sa. Kurata 中日双盖蕨
Diploblechnum Hayata 扫把蕨属 = Blechnum L. 乌毛蕨属
Diploblechnum fraseri (A. Cunn.) De Vol 扫把蕨 = Blechnum fraseri (A. Cunn.) Luerss.

Diplopterygium (Diels) Nakai 里白属
Diplopterygium blotianum (C. Chr.) Nakai 阔片里白
Diplopterygium cantonense (Ching) Nakai 广东里白　粤里白
Diplopterygium chinense (Rosenst.) De Vol 中华里白
Diplopterygium giganteum (Wall. ex Hook. & Bauer) Nakai 大里白
Diplopterygium glaucum (Thunb. ex Houtt.) Nakai 里白
Diplopterygium irregulare W. M. Chu & Z. R. He 参差里白
Diplopterygium laevissimum (Christ) Nakai 光里白
Diplopterygium maximum (Ching) Ching & H. S. Kung 绿里白
Diplopterygium rufopilosum (Ching & P. S. Chiu) Ching ex X. C. Zhang 红毛里白 = Diplopterygium rufum (Ching) Ching ex X. C. Zhang
Diplopterygium rufum (Ching) Ching ex X. C. Zhang 厚毛里白
Diplopterygium simulans (Ching) Ching ex X. C. Zhang 海南里白

Dipteridaceae 双扇蕨科

Dipteris Reinw. 双扇蕨属
Dipteris chinensis Christ 中华双扇蕨
Dipteris conjugata Reinw. 双扇蕨
Dipteris wallichii (R. Br.) T. Moore 喜马拉雅双扇蕨

Doryopteris J. Sm. 黑心蕨属
Doryopteris concolor (Langsd. & Fisch.) Kuhn 黑心蕨
Doryopteris ludens (Wall. ex Hook.) J. Sm. 戟叶黑心蕨 = Calciphilopteris ludens (Wall. ex Hook.) Yesilyurt & H. Schneid.
Drymoglossum C. Presl 抱树莲属 = Pyrrosia Mirbel 石韦属
Drymoglossum piloselloides (L.) C. Presl 抱树莲 = Pyrrosia piloselloides (L.) M. G. Price

Drymotaenium Makino 丝带蕨属 = Lepisorus (J. Sm.) Ching 瓦韦属
Drymotaenium miyoshianum (Makino) Makino 丝带蕨 = Lepisorus miyoshianus (Makino) Fraser-Jenk. & Subh. Chandra

Drynariaceae 槲蕨科 = Polypodiaceae 水龙骨科

Drynarioideae 槲蕨亚科

Drynaria (Bory) J. Sm. 槲蕨属
Drynaria baronii Diels 秦岭槲蕨
Drynaria bonii Christ 团叶槲蕨
Drynaria delavayi Christ 川滇槲蕨
Drynaria mollis Bedd. 毛槲蕨
Drynaria parishii (Bedd.) Bedd. 小槲蕨
Drynaria propinqua (Wall. ex Mett.) J. Sm. 石莲姜槲蕨
Drynaria quercifolia (L.) J. Sm. 栎叶槲蕨
Drynaria rigidula (Sw.) Bedd. 硬叶槲蕨
Drynaria roosii Nakaike 槲蕨
Drynaria sinica Diels 秦岭槲蕨 = Drynaria baronii Diels

Dryoathyrium Ching 介蕨属 = Deparia Hook. & Grev. 对囊蕨属
Dryoathyrium boryanum (Willd.) Ching 介蕨 = Deparia boryana (Will.) M. Kato
Dryoathyrium chinense Ching 中华介蕨 = Deparia chinensis (Ching) Z. R. Wang
Dryoathyrium confusum Ching & Y. P. Hsu 陕甘介蕨 = Deparia confusa (Ching & Y. P. Hsu) Z. R. Wang
Dryoathyrium coreanum (Christ) Tagawa 朝鲜介蕨 = Deparia coreana (Christ) M. Kato
Dryoathyrium edentulum (Kunze) Ching 无齿介蕨 = Deparia boryana (Will.) M. Kato
Dryoathyrium erectum (Z. R. Wang) W. M. Chu & Z. R. Wang 直立介蕨 = Deparia erecta (Z. R. Wang) M. Kato
Dryoathyrium falcatipinnulum Z. R. Wang 镰小羽介蕨 = Deparia falcatipinnula (Z. R. Wang) Z. R. Wang
Dryoathyrium henryi (Baker) Ching 鄂西介蕨 = Deparia henryi (Baker) M. Kato
Dryoathyrium mcdonellii (Bedd.) Z. R. Wang 麦氏介蕨 (存疑)
Dryoathyrium okuboanum (Makino) Ching 华中介蕨 = Deparia okuboana (Makino) M. Kato
Dryoathyrium pterorachis (Christ) Ching 翅轴介蕨 = Deparia pterorachis (Christ) M. Kato
Dryoathyrium setigerum Ching ex Y. T. Hsieh 刺毛介蕨 = Deparia setigera (Ching ex Y. T. Hsieh) Z. R. Wang
Dryoathyrium stenopteron (Baker) Ching 川东介蕨 = Deparia stenopterum (Christ) Z. R. Wang
Dryoathyrium unifurcatum (Baker) Ching 峨眉介蕨 = Deparia unifurcata (Baker) M. Kato
Dryoathyrium viridifrons (Makino) Ching 绿叶介蕨 = Deparia viridifrons (Makino) M. Kato

Dryopsis Holttum & P. J. Edwards 轴鳞蕨属 = Dryopteris Adanson 鳞毛蕨属
Dryopsis apiciflora (Wall. ex Mett.) Holttum & P. J. Edwards 顶囊轴鳞蕨 = Dryopteris apiciflora (Wall. ex Mett.) Kuntze
Dryopsis clarkei (Baker) Holttum & P. J. Edwards 膜边轴鳞蕨 = Dryopteris clarkei (Baker) Kuntze

Dryopsis contigua (Ching) Holttum & P. J. Edwards 密羽轴鳞蕨 = Dryopteris transmorrisonense (Hayata) Hayata

Dryopsis crassirachis (Ching) Holttum & P. J. Edwards 粗柄轴鳞蕨 = Dryopteris transmorrisonense (Hayata) Hayata

Dryopsis crenata (Ching) Holttum & P. J. Edwards 波边轴鳞蕨 = Dryopteris transmorrisonense (Hayata) Hayata

Dryopsis dulongensis (S. K. Wu & X. Cheng) S. Y. Dong 独龙江轴鳞蕨 = Dryopteris dulongensis (S. K. Wu & X. Cheng) Li Bing Zhang

Dryopsis heterolaena (C. Chr.) Holttum & P. J. Edwards 异鳞轴鳞蕨 = Dryopteris heterolaena C. Chr.

Dryopsis kawakamii (Hayata) Holttum & P. J. Edwards 密羽轴鳞蕨 = Dryopteris kawakamii Hayata

Dryopsis mariformis (Rosenst.) Holttum & P. J. Edwards 泡鳞轴鳞蕨 = Dryopteris kawakamii Hayata

Dryopsis maximowicziana (Miq.) Holttum & P. J. Edwards 阔鳞轴鳞蕨 = Dryopteris maximowicziana (Miq.) C. Chr.

Dryopsis nidus (Baker) Holttum & P. J. Edwards 巢形轴鳞蕨 = Dryopteris transmorrisonense (Hayata) Hayata

Dryopsis silaensis (Ching) Holttum & P. J. Edwards 怒山轴鳞蕨 = Dryopteris transmorrisonense (Hayata) Hayata

Dryopsis sphaeropteroides (Baker) Holttum & P. J. Edwards 大鳞轴鳞蕨 = Dryopteris sphaeropteroides (Baker) C. Chr.

Dryopsis submariformis (Ching & Chu H. Wang) Holttum & P. J. Edwards 疏羽轴鳞蕨 = Dryopteris transmorrisonense (Hayata) Hayata

Dryopsis transmorrisonensis (Hayata) Holttum & P. J. Edwards 台湾轴鳞蕨 = Dryopteris transmorrisonense (Hayata) Hayata

Dryopsis truncata (Ching & H. S. Kung) Holttum 截头轴鳞蕨 = Dryopteris kawakamii Hayata

Dryopsis wantsingshanica (Ching & K. H. Shing) Holttum & P. J. Edwards 梵净山轴鳞蕨 = Dryopteris transmorrisonense (Hayata) Hayata

Dryopteridaceae 鳞毛蕨科

Dryopteridoideae 鳞毛蕨亚科

Dryopteris Adanson 鳞毛蕨属

Dryopteris acrophorus Li Bing Zhang 滇缅鳞毛蕨　滇缅鱼鳞蕨

Dryopteris acutodentata Ching 尖齿鳞毛蕨

Dryopteris adscendens (Ching ex S. H. Wu) Li Bing Zhang 小叶鳞毛蕨　小叶红腺蕨

Dryopteris alpestris Tagawa 多雄拉鳞毛蕨

Dryopteris alpicola Ching & Z. R. Wang 高山金冠鳞毛蕨

Dryopteris amurensis Christ 黑水鳞毛蕨

Dryopteris angustifrons (Hook.) Kuntze 狭叶鳞毛蕨

Dryopteris annamensis (Tagawa) Li Bing Zhang 中越鳞毛蕨
Dryopteris apiciflora (Wall. ex Mett.) Kuntze 顶果鳞毛蕨
Dryopteris assamensis (C. Hope) C. Chr. & Ching 阿萨姆鳞毛蕨
Dryopteris atrata (Wall. ex Kunze) Ching 暗鳞鳞毛蕨
Dryopteris barbigera (T. Moore ex Hook.) Kuntze 多鳞鳞毛蕨
Dryopteris basisora Christ 基生鳞毛蕨
Dryopteris bissetiana (Baker) C. Chr. 两色鳞毛蕨
Dryopteris blanfordii (C. Hope) C. Chr. 西域鳞毛蕨
Dryopteris blanfordii subsp. **nigrosquamosa** (Ching) Fraser-Jenk. 黑鳞西域鳞毛蕨
Dryopteris bodinieri (Christ) C. Chr. 大平鳞毛蕨
Dryopteris cacaina Tagawa 蓬莱鳞毛蕨
Dryopteris caroli-hopei Fraser-Jenk. 假边果鳞毛蕨
Dryopteris carthusiana (Vill.) H. P. Fuchs 刺叶鳞毛蕨
Dryopteris championii (Benth.) C. Chr. 阔鳞鳞毛蕨
Dryopteris chinensis (Baker) Koidz. 中华鳞毛蕨
Dryopteris christensenae (Ching) Li Bing Zhang 离轴鳞毛蕨
Dryopteris chrysocoma (Christ) C. Chr. 金冠鳞毛蕨
Dryopteris chrysocoma var. **squamosa** (C. Chr.) Ching 密鳞金冠鳞毛蕨
Dryopteris clarkei (Baker) Kuntze 膜边鳞毛蕨
Dryopteris cochleata (Buch. -Ham. ex D. Don) C. Chr. 二型鳞毛蕨
Dryopteris commixta Tagawa 混淆鳞毛蕨
Dryopteris conjugata Ching 连合鳞毛蕨
Dryopteris coreano-montana Nakai 东北亚鳞毛蕨
Dryopteris costalisora Tagawa 近中肋鳞毛蕨
Dryopteris crassirhizoma Nakai 粗茎鳞毛蕨
Dryopteris cycadina (Franch. & Sav.) C. Chr. 桫椤鳞毛蕨
Dryopteris cyclopeltidiformis C. Chr. 弯羽鳞毛蕨
Dryopteris damingshanensis Li Bing Zhang & H. M. Liu 大明山鳞毛蕨
Dryopteris daozhenensis P. S. Wang & X. Y. Wang 道真鳞毛蕨 (存疑)
Dryopteris decipiens (Hook.) Kuntze 迷人鳞毛蕨
Dryopteris decipiens var. **diplazioides** (Christ) Ching 深裂迷人鳞毛蕨
Dryopteris dehuaensis Ching 德化鳞毛蕨
Dryopteris diacalpe Li Bing Zhang 红腺鳞毛蕨
Dryopteris diacalpioides (Ching) Li Bing Zhang 棕鳞鳞毛蕨 棕鳞肉刺蕨
Dryopteris dickinsii (Franch. & Sav.) C. Chr. 远轴鳞毛蕨
Dryopteris diffracta (Baker) C. Chr. 弯柄假复叶耳蕨
Dryopteris dulongensis (S. K. Wu & X. Cheng) Li Bing Zhang 独龙江鳞毛蕨

Dryopteris emeiensis (Ching) Li Bing Zhang 峨眉鳞毛蕨　峨眉鱼鳞蕨
Dryopteris enneaphylla (Baker) C. Chr. 宜昌鳞毛蕨
Dryopteris enneaphylla var. **pseudosieboldii** (Hayata) Tagawa & K. Iwats. 大宜昌鳞毛蕨
Dryopteris erythrosora (D. C. Eaton) Kuntze 红盖鳞毛蕨
Dryopteris expansa (C. Presl) Fraser-Jenk. & Jermy 广布鳞毛蕨
Dryopteris exstipellata (Ching & S. H. Wu) Li Bing Zhang 峨边鳞毛蕨　峨边鱼鳞蕨
Dryopteris fibrillosissima Ching 近纤维鳞毛蕨
Dryopteris filix-mas (L.) Schott 欧洲鳞毛蕨
Dryopteris formosana (Christ) C. Chr. 台湾鳞毛蕨
Dryopteris fragrans (L.) Schott 香鳞毛蕨
Dryopteris fructuosa (Christ) C. Chr. 硬果鳞毛蕨
Dryopteris fuscipes C. Chr. 黑足鳞毛蕨
Dryopteris gemmifera S. Y. Dong 芽孢鳞毛蕨
Dryopteris goeringiana (Kunze) Koidz. 华北鳞毛蕨
Dryopteris gonggaensis H. S. Kung 贡嘎鳞毛蕨
Dryopteris grandifrons Li Bing Zhang 大叶鳞毛蕨　大叶肉刺蕨
Dryopteris guangxiensis S. G. Lu 广西鳞毛蕨
Dryopteris gymnophylla (Baker) C. Chr. 裸叶鳞毛蕨
Dryopteris gymnosora (Makino) C. Chr. 裸果鳞毛蕨
Dryopteris habaensis Ching 哈巴鳞毛蕨
Dryopteris handeliana C. Chr. 边生鳞毛蕨
Dryopteris hangchowensis Ching 杭州鳞毛蕨
Dryopteris hasseltii (Blume) C. Chr. 草质假复叶耳蕨
Dryopteris hendersonii (Bedd.) C. Chr. 有盖鳞毛蕨　有盖肉刺蕨
Dryopteris heterolaena C. Chr. 异鳞鳞毛蕨
Dryopteris hezhangensis P. S. Wang 赫章鳞毛蕨 (存疑)
Dryopteris himachalensis Fraser-Jenk. 木里鳞毛蕨
Dryopteris hondoensis Koidz. 桃花岛鳞毛蕨
Dryopteris hookeriana (T. Moore) Li Bing Zhang 虎克鳞毛蕨
Dryopteris huangshanensis Ching 黄山鳞毛蕨 = Dryopteris whangshangensis Ching
Dryopteris immixta Ching 假异鳞毛蕨
Dryopteris incisolobata Ching 深裂鳞毛蕨 = Dryopteris squamiseta (Hook.) Kuntze
Dryopteris indusiata (Makino) Makino & Yamam. ex Yamam. 平行鳞毛蕨
Dryopteris integriloba C. Chr. 羽裂鳞毛蕨
Dryopteris jishouensis G. X. Chen & D. G. Zhang 吉首鳞毛蕨 = Dryopteris yoroii Seriz
Dryopteris jiucaipingensis P. S. Wang, Q. Luo & Li Bing Zhang 韭菜坪鳞毛蕨
Dryopteris juxtaposita Christ 粗齿鳞毛蕨

Dryopteris kawakamii Hayata 泡鳞鳞毛蕨
Dryopteris kinkiensis Koidz. ex Tagawa 京鹤鳞毛蕨
Dryopteris komarovii Kosshinsky 近多鳞鳞毛蕨
Dryopteris kungiana Li Bing Zhang 宪需鳞毛蕨
Dryopteris kwanzanensis Tagawa 拟倒鳞鳞毛蕨
Dryopteris labordei (Christ) C. Chr. 齿头鳞毛蕨　齿果鳞毛蕨
Dryopteris lacera (Thunb.) Kuntze 狭顶鳞毛蕨
Dryopteris lachoongensis (Bedd.) B. K. Nayar & S. Kaur 脉纹鳞毛蕨
Dryopteris latibasis Ching 阔基鳞毛蕨
Dryopteris lepidopoda Hayata 黑鳞鳞毛蕨
Dryopteris lepidorachis C. Chr. 轴鳞鳞毛蕨
Dryopteris liangkwangensis Ching 两广鳞毛蕨
Dryopteris liboensis P. S. Wang, X. Y. Wang & Li Bing Zhang 荔波鳞毛蕨 = Dryopteris yenpingensis C. Chr. & Ching
Dryopteris lunanensis (Christ) C. Chr. 路南鳞毛蕨
Dryopteris marginata (C. B. Clarke) Christ 边果鳞毛蕨
Dryopteris maximowicziana (Miq.) C. Chr. 马氏鳞毛蕨
Dryopteris medogensis (Ching & S. K. Wu) Li Bing Zhang 墨脱鳞毛蕨
Dryopteris melanocarpa Hayata 黑苞鳞毛蕨
Dryopteris microlepis (Baker) C. Chr. 细鳞鳞毛蕨
Dryopteris monticola (Makino) C. Chr. 山地鳞毛蕨
Dryopteris montigena Ching 丽江鳞毛蕨
Dryopteris namegatae (Sa. Kurata) Sa. Kurata 黑鳞远轴鳞毛蕨
Dryopteris neolepidopoda Ching & S. K. Wu 近黑鳞鳞毛蕨 = Dryopteris lepidopoda Hayata
Dryopteris neorosthornii Ching 近川西鳞毛蕨
Dryopteris nobilis Ching 优雅鳞毛蕨
Dryopteris nobilis var. **fengiana** Ching 冯氏鳞毛蕨
Dryopteris nodosa (C. Presl) Li Bing Zhang 节毛鳞毛蕨
Dryopteris nyingchiensis Ching 林芝鳞毛蕨
Dryopteris pacifica (Nakai) Tagawa 太平鳞毛蕨 = Dryopteris pudouensis Ching
Dryopteris paleolata (Pic. Serm) Li Bing Zhang 鱼鳞鳞毛蕨　鱼鳞蕨
Dryopteris panda (C. B. Clarke) Christ 大果鳞毛蕨
Dryopteris paralunanensis W. M. Chu ex S. G. Lu 假路南鳞毛蕨
Dryopteris peninsulae Kitag. 半岛鳞毛蕨
Dryopteris peranema Li Bing Zhang 柄盖鳞毛蕨
Dryopteris podophylla (Hook.) Kuntze 柄叶鳞毛蕨
Dryopteris polita Rosenst. 蓝色鳞毛

Dryopteris polylepis auct. non (Franch. & Sav.) C. Chr. 单脉鳞毛蕨 = Dryopteris pulcherrima Ching
Dryopteris porosa Ching 微孔鳞毛蕨
Dryopteris pseudocaenopteris (Kunze) Li Bing Zhang 南亚鳞毛蕨
Dryopteris pseudolunanensis Tagawa 拟路南鳞毛蕨
Dryopteris pseudosparsa Ching 假稀羽鳞毛蕨
Dryopteris pseudovaria (Christ) C. Chr. 凸背鳞毛蕨 = Dryopteris fructuosa (Christ) C. Chr.
Dryopteris pudouensis Ching 普陀鳞毛蕨
Dryopteris pteridoformis Christ 蕨状鳞毛蕨
Dryopteris pulcherrima Ching 豫陕鳞毛蕨
Dryopteris pulvinulifera (Bedd.) Kuntze 肿足鳞毛蕨
Dryopteris pycnopteroides (Christ) C. Chr. 密鳞鳞毛蕨
Dryopteris redactopinnata S. K. Basu & Panigr. 藏布鳞毛蕨
Dryopteris reflexosquamata Hayata 倒鳞鳞毛蕨
Dryopteris rosthornii (Diels) C. Chr. 川西鳞毛蕨
Dryopteris rubrobrunnea W. M. Chu 红褐鳞毛蕨
Dryopteris ryo-itoana Sa. Kurata 阔羽鳞毛蕨　宽羽鳞毛蕨
Dryopteris sacrosancta Koidz. 棕边鳞毛蕨
Dryopteris saxifraga H. Itô 虎耳鳞毛蕨
Dryopteris scottii (Bedd.) Ching ex C. Chr. 无盖鳞毛蕨
Dryopteris sericea C. Chr. 腺毛鳞毛蕨
Dryopteris serratodentata (Bedd.) Hayata 刺尖鳞毛蕨
Dryopteris setosa (Thunb.) Akasawa 两色鳞毛蕨 = Dryopteris bissetiana (Baker) C. Chr.
Dryopteris shikokiana H. Shang et Y. H. Yan 霞客鳞毛蕨
Dryopteris shikokiana (Makino) C. Chr. 东亚鳞毛蕨　无盖肉刺蕨
Dryopteris sieboldii (Van Houtte ex Mett.) Kuntze 奇羽鳞毛蕨
Dryopteris sikkimensis (Bedd.) Kuntze 锡金鳞毛蕨
Dryopteris simasakii (H. Itô) Sa Kurata 高鳞毛蕨
Dryopteris simasakii var. **paleaecea** (H. Itô) Sa. Kurata 密鳞高鳞毛蕨
Dryopteris sinofibrillosa Ching 纤维鳞毛蕨
Dryopteris sordidipes Tagawa 落鳞鳞毛蕨
Dryopteris sparsa (D. Don) Kuntze 稀羽鳞毛蕨
Dryopteris sphaeropteroides (Baker) C. Chr. 大鳞鳞毛蕨
Dryopteris splendens (Hook.) Kuntze 光亮鳞毛蕨
Dryopteris squamifera Ching & S. K. Wu 褐鳞鳞毛蕨
Dryopteris squamiseta (Hook.) Kuntze 肉刺鳞毛蕨　肉刺蕨
Dryopteris stenolepis (Baker) C. Chr. 狭鳞鳞毛蕨
Dryopteris subatrata Tagawa 近暗鳞鳞毛蕨

Dryopteris subexaltata (Christ) C. Chr. 裂盖鳞毛蕨
Dryopteris subimpressa Loyal 柳羽鳞毛蕨
Dryopteris sublacera Christ 半育鳞毛蕨
Dryopteris submarginata Rosenst. 无柄鳞毛蕨
Dryopteris subpycnopteroides Ching ex Fraser-Jenk. 近密鳞鳞毛蕨
Dryopteris subreflexipinna M. Ogata 微弯假复叶耳蕨
Dryopteris subtriangularis (C. Hope) C. Chr. 三角鳞毛蕨
Dryopteris tahmingensis Ching 大明鳞毛蕨
Dryopteris tenuicula C. G. Matthew & Christ 华南鳞毛蕨
Dryopteris tenuipes (Rosenst.) Seriz. 落叶鳞毛蕨
Dryopteris thibetica (Franch.) C. Chr. 陇蜀鳞毛蕨
Dryopteris tingiensis Ching & S. K. Wu ex Fraser-Jenk. 定结鳞毛蕨
Dryopteris tokyoensis (Matsum. ex Makino) C. Chr. 东京鳞毛蕨
Dryopteris toyamae Tagawa 裂羽鳞毛蕨
Dryopteris transmorrisonense (Hayata) Hayata 巢形鳞毛蕨
Dryopteris tsoongii Ching 观光鳞毛蕨
Dryopteris uniformis (Makino) Makino 同形鳞毛蕨
Dryopteris varia (L.) Kuntze 变异鳞毛蕨
Dryopteris wallichiana (Spreng.) Hyl. 大羽鳞毛蕨
Dryopteris wallichiana var. **kweichowicola** (Ching ex P. S. Wang) S. K. Wu 贵州鳞毛蕨
Dryopteris whangshangensis Ching 黄山鳞毛蕨
Dryopteris woodsiisora Hayata 细叶鳞毛蕨
Dryopteris wusugongii Li Bing Zhang 素功鳞毛蕨
Dryopteris wuyishanica Ching & P. S. Chiu 武夷山鳞毛蕨
Dryopteris wuzhaohongii Li Bing Zhang 兆洪鳞毛蕨
Dryopteris xunwuensis Ching & K. H. Shing 寻乌鳞毛蕨
Dryopteris yenpingensis C. Chr. & Ching 南平鳞毛蕨
Dryopteris yigongensis Ching 易贡鳞毛蕨
Dryopteris yongdeensis W. M. Chu ex S. G. Lu 永德鳞毛蕨
Dryopteris yoroii Seriz. 栗柄鳞毛蕨
Dryopteris yungtzeensis Ching 永自鳞毛蕨
Dryopteris zhenfengensis P. S. Wang & X. Y. Wang 贞丰鳞毛蕨 (存疑)
Dryopteris zhuweimingii Li Bing Zhang 维明鳞毛蕨
Dryopteris × **holttumii** Li Bing Zhang 霍氏鳞毛蕨

E

Egenolfia Schott 刺蕨属 = Bolbitis Schott 实蕨属

Egenolfia appendiculata (Walld.) J. Sm. 刺蕨 = Bolbitis appendiculata (Willd.) K. Iwats.
Egenolfia bipinnatifida J. Sm. 长耳刺蕨 = Bolbitis longiaurita F. G. Wang & F. W. Xing
Egenolfia crassifolia Ching 厚叶刺蕨 = Bolbitis sinensis (Baker) K. Iwats.
Egenolfia crenata Ching & P. S. Chiu 圆齿刺蕨 = Bolbitis appendiculata (Willd.) K. Iwats.
Egenolfia fengiana Ching 疏裂刺蕨 = Bolbitis fengiana (Ching) S. Y. Dong
Egenolfia medogensis Ching & S. K. Wu 墨脱刺蕨 = Bolbitis medogensis (Ching & S. K. Wu) S. Y. Dong
Egenolfia rhizopylla (Kaulf.) Fée 根叶刺蕨 = Bolbitis rhizophylla (Kaulf.) Hennipman
Egenolfia sinensis (Baker) Maxon 中华刺蕨 = Bolbitis sinensis (Baker) K. Iwats.
Egenolfia tonkinensis C. Chr. ex Ching 镰裂刺蕨 = Bolbitis tonkinensis (C. Chr. ex Ching) K. Iwats.
Egenolfia × *yunnanensis* Ching & P. S. Chiu 云南刺蕨 = Bolbitis × multipinna F. G. Wang

Elaphoglossaceae 舌蕨亚科
Elaphoglossaceae 舌蕨科 = Dryopteridaceae 鳞毛蕨科
Elaphoglossum Schott ex J. Sm. 舌蕨属
Elaphoglossum angulatum (Blume) T. Moore 爪哇舌蕨
Elaphoglossum conforme (Sw.) Schott 舌蕨 = Elaphoglossum marginatum T. Moore
Elaphoglossum luzonicum Copel. 吕宋舌蕨
Elaphoglossum luzonicum var. **mcclurei** (Ching) F. G. Wang & F. W. Xing 华南吕宋舌蕨
Elaphoglossum marginatum T. Moore 舌蕨
Elaphoglossum marginatum var. **callifolium** (Blume) F. G. Wang, F. W. Xing & Mickel 南海舌蕨
Elaphoglossum mcclurei Ching 琼崖舌蕨 = Elaphoglossum luzonicum var. mcclurei (Ching) F. G. Wang & F. W. Xing
Elaphoglossum sinii C. Chr. 圆叶舌蕨
Elaphoglossum yoshinagae (Yatabe) Makino 华南舌蕨
Elaphoglossum yunnanense (Baker) C. Chr. 云南舌蕨
Elaphoglossum yunnanense (Baker) C. Chr. 云南舌蕨 = Elaphoglossum stelligerum (Wall. ex Baker) T. Moore ex Alston & Bonner

Emodiopteris Ching & S. K. Wu. 烟斗蕨属 = Dennstaedtia Bernh. 碗蕨属
Emodiopteris appendiculata (Wall. ex Hook.) Ching & S. K. Wu 烟斗蕨 = Dennstaedtia appendiculata (Wall. ex Hook.) J. Sm.
Emodiopteris elwesii (Baker) Ching & S. K. Wu = Dennstaedtia elwesii (Baker) Bedd.

Equisetaceae 木贼科
Equisetum L. 木贼属
Equisetum arvense L. 问荆

Equisetum diffusum D. Don 披散木贼
Equisetum fluviatile L. 溪木贼
Equisetum hyemale L. 木贼
Equisetum hyemale subsp. **affine** (Engel.) Calder & R. L. Taylor 无瘤木贼
Equisetum palustre L. 犬问荆
Equisetum pratense Ehrh. 草问荆
Equisetum ramosissimum Desf. 节节草
Equisetum ramosissimum subsp. **debile** (Roxb. ex Vauch.) Hauke 笔管草
Equisetum scirpoides Michx. 蔺木贼
Equisetum sylvaticum L. 林木贼
Equisetum variegatum Schleich. ex F. Weber & D. Mohr 斑纹木贼
Equisetum variegatum subsp. **alaskanum** (A. A. Eaton) Hultén 阿拉斯加木贼

G

Glaphyropteridopsis Ching 方秆蕨属 = Cyclosorus Link 毛蕨属
Glaphyropteridopsis emeiensis Y. X. Lin 峨眉方秆蕨 = Cyclosorus rufostramineus (Christ) Zhong Y. Li
Glaphyropteridopsis eriocarpa Ching 毛囊方秆蕨 (存疑)
Glaphyropteridopsis erubescens (Wall. ex Hook.) Ching 方秆蕨 = Cyclosorus erubescens (Wall. ex Hook.) C. M. Kuo
Glaphyropteridopsis glabrata Ching & W. M. Chu ex Y. X. Lin 光滑方秆蕨 = Cyclosorus erubescens (Wall. ex Hook.) C. M. Kuo
Glaphyropteridopsis rufostraminea (Christ) Ching 粉红方秆蕨 = Cyclosorus rufostramineus (Christ) Zhong Y. Li
Glaphyropteridopsis jinfushanensis Ching ex Y. X. Lin 金佛山方秆蕨 = Cyclosorus esquirolii (Christ) C. M. Kuo
Glaphyropteridopsis mollis Ching ex Y. X. Lin 柔弱方秆蕨 (存疑)
Glaphyropteridopsis pallida Ching ex Y. X. Lin 灰白方秆蕨 = Cyclosorus rufostramineus (Christ) Zhong Y. Li
Glaphyropteridopsis sichuanensis Y. X. Lin 四川方秆蕨 (存疑)
Glaphyropteridopsis splendens Ching 大叶方秆蕨 (存疑)
Glaphyropteridopsis villosa Ching & W. M. Chu ex Y. X. Lin 柔毛方秆蕨 = Cyclosorus rufostramineus (Christ) Zhong Y. Li

Gleicheniaceae 里白科

Goniophlebium (Blume) C. Presl 棱脉蕨属
Goniophlebium amoenum (Wall. ex Mett.) Bedd. 友水龙骨
Goniophlebium amoenum var. **pilosum** (C. B. Clarke) X. C. Zhang 柔毛水龙骨

Goniophlebium argutum (Wall. ex Hook.) J. Sm. 尖齿拟水龙骨
Goniophlebium bourretii (C. Chr. & Tardieu) X. C. Zhang 滇越水龙骨
Goniophlebium chinense (Ching) X. C. Zhang 中华水龙骨
Goniophlebium dielseanum (C. Chr.) Rödl-Linder 川拟水龙骨
Goniophlebium formosanum (Baker) Rödl-Linder 台湾水龙骨
Goniophlebium hendersonii Bedd. 喜马拉雅水龙骨
Goniophlebium lachnopus (Wall. ex Hook.) T. Moore 濑水龙骨
Goniophlebium manmeiense (Christ) Rödl-Linder 篦齿蕨
Goniophlebium mengtzeense (Christ) Rödl-Linder 蒙自拟水龙骨
Goniophlebium microrhizoma (C. B. Clarke ex Baker) Bedd. 栗柄水龙骨　栗柄篦齿蕨
Goniophlebium niponicum (Mett.) Bedd. 日本水龙骨
Goniophlebium persicifolium (Desv.) Bedd. 棱脉蕨
Goniophlebium subamoenum (C. B. Clarke) Bedd. 假友水龙骨
Goniophlebium subauriculatum (Blume) C. Presl 穴果棱脉蕨
Goniophlebium wattii (Bedd.) Panigrahi & Sarn. Singh 光茎水龙骨

Gonocormus Bosch 团扇蕨属 = Crepidomanes C. Presl 假脉蕨属
Gonocormus australis Ching 海南团扇蕨 = Crepidomanes minutum (Blume) K. Iwats.
Gonocormus matthewii (Christ) Ching 广东团扇蕨 = Crepidomanes minutum (Blume) K. Iwats.
Gonocormus minutus (Blume) Bosch 团扇蕨 = Crepidomanes minutum (Blume) K. Iwats.
Gonocormus nitidulus (Bosch) Prantl 细口团扇蕨 = Hymenophyllum nitidulum (Bosch) Ebihara & K. Iwats.
Gonocormus prolifer (Blume) Prantl 节节团扇蕨 = Crepidomanes minutum (Blume) K. Iwats.

Grammitidaceae 禾叶蕨科 = Polypodiaceae 水龙骨科

Grammitis Sw. 禾叶蕨属 = Oreogrammitis Copel. 滨禾蕨属, Radiogrammitis Parris 辐禾蕨属
Grammitis adspersa Blume 无毛禾叶蕨 = Oreogrammitis adspersa (Blume) Parris
Grammitis congener Blume 太武禾叶蕨 = Oreogrammitis congener (Blume) Parris
Grammitis dorsipila (Christ) C. Chr. & Tardieu 短柄禾叶蕨 = Oreogrammitis dorsipila (Christ) Parris
Grammitis intromissa (Christ) Parris 大禾叶蕨 = Radiogrammitis setigera (Blume) Parris
Grammitis jagoriana (Mett.) Tagawa 拟禾叶蕨 = Radiogrammitis taiwanensis Parris & Ralf Knapp
Grammitis nuda Tagawa 长孢禾叶蕨 = Oreogrammitis nuda (Tagawa) Parris
Grammitis reinwardtii Blume 毛禾叶蕨 = Oreogrammitis reinwardtii (Blume) Parris

Gymnocarpium Newman 羽节蕨属
Gymnocarpium altaycum Chang Y. Yang 密腺羽节蕨　阿尔泰羽节蕨
Gymnocarpium dryopteris (L.) Newman 欧洲羽节蕨

Gymnocarpium jessoense (Koidz.) Koidz. 羽节蕨
Gymnocarpium oyamense (Baker) Ching 东亚羽节蕨
Gymnocarpium remotepinnatum (Hayata) Ching 细裂羽节蕨
Gymnocarpium robertianum (Hoffm.) Newman 密腺羽节蕨 = Gymnocarpium altaycum Chang Y. Yang

Gymnogrammitidaceae 雨蕨科 = Polypodiaceae 水龙骨科

Gymnogrammitis Griff. 雨蕨属 = Selliguea Bory 修蕨属
Gymnogrammitis dareiformis (Hook.) Ching ex Tardieu & C. Chr. 雨蕨 = Selliguea dareiformis (Hook.) X. C. Zhang & L. J. He

Gymnopteris Bernh. 金毛裸蕨属 = Paragymnopteris K. H. Shing 金毛裸蕨属
Gymnopteris bipinnata Christ 川西金毛裸蕨 = Paragymnopteris bipinnata (Christ) K. H. Shing
Gymnopteris bipinnata var. *auriculata* (Franch.) Ching 耳羽金毛裸蕨 = Paragymnopteris bipinnata var. auriculata (Franch.) K. H. Shing
Gymnopteris delavayi (Baker) Underw. 滇西金毛裸蕨 = Paragymnopteris delavayi (Baker) K. H. Shing
Gymnopteris marantae (L.) Ching 欧洲金毛裸蕨 = Paragymnopteris marantae (L.) K. H. Shing
Gymnopteris marantae var. *intermedia* Ching 中间金毛裸蕨 = Paragymnopteris marantae (L.) K. H. Shing
Gymnopteris sargentii Christ 三角金毛裸蕨 = Paragymnopteris sargentii (Christ) K. H. Shing
Gymnopteris vestita (Wall. ex C. Presl) Underw. 金毛裸蕨 = Paragymnopteris vestita (Hook.) K. H. Shing

Gymnosphaera Blume 黑桫椤属
Gymnosphaera andersonii (J. Scott ex Bedd.) Ching & S. K. Wu 毛叶黑桫椤　毛叶桫椤
Gymnosphaera austroyunnanensis (S. G. Lu) S. G. Lu & Chun X. Li 滇南黑桫椤　滇南桫椤
Gymnosphaera denticulate (Baker) Copel. 粗齿黑桫椤　粗齿桫椤
Gymnosphaera gigantea (Wall. ex Hook.) J. Sm. 大叶黑桫椤
Gymnosphaera khasyana (T. Moore ex Kuhn) Ching 喀西黑桫椤　西亚黑桫椤
Gymnosphaera metteniana (Christ) Tagawa 小黑桫椤
Gymnosphaera podophylla (Hook.) Copel. 黑桫椤

H

Haplopteris C. Presl 书带蕨属
Haplopteris amboinensiss (Fée) X. C. Zhang 剑叶书带蕨
Haplopteris anguste-elongatas (Hayata) E. H. Crane 姬书带蕨
Haplopteris donianas (Mett. ex Hieron.) E. H. Crane 带状书带蕨
Haplopteris elongatas (Sw.) E. H. Crane 唇边书带蕨

Haplopteris flexuosas (Fée) E. H. Crane 书带蕨
Haplopteris fudzinois (Makino) E. H. Crane 平肋书带蕨
Haplopteris hainanensiss (C. Chr. ex Ching) E. H. Crane 海南书带蕨
Haplopteris heterophyllas C. W. Chen, Y. H. Chang & Y. C. Liu 异叶书带蕨
Haplopteris himalayensiss (Ching) E. H. Crane 喜马拉雅书带蕨
Haplopteris linearifolias (Ching) X. C. Zhang 线叶书带蕨
Haplopteris mediosoras (Hayata) X. C. Zhang 中囊书带蕨
Haplopteris plurisulcatas (Ching) X. C. Zhang 曲鳞书带蕨
Haplopteris sikkimensiss (Kuhn) E. H. Crane 锡金书带蕨
Haplopteris taeniophyllas (Copel.) E. H. Crane 广叶书带蕨

Helminthostachyaceae 七指蕨科 = Ophioglossaceae 瓶尔小草科

Helminthostachyss Kaulf. 七指蕨属
Helminthostachys zeylanicas (L.) Hook. 七指蕨

Hemigramma Christ 沙皮蕨属 = Tectaria Cav. 叉蕨属　三叉蕨属
Hemigramma decurrens (Hook.) Copel. 沙皮蕨 = Tectaria harlandii (Hook.) C. M. Kuo

Hemionitidaceae 裸子蕨科 = Pteridaceae 凤尾蕨科

Hemionitis L. 泽泻蕨属 = Parahemionitis Panigrahi 泽泻蕨属
Hemionitis arifolia (Burm. *f.*) T. Moore 泽泻蕨 = Parahemionitis cordata (Roxb. ex Hook. & Grev.) Fraser-Jenk.

Hicriopteris C. Presl 里白属 = Diplopterygium (Diels) Nakai 里白属
Hicriopteris blotiana (C. Chr.) Ching 阔片里白 = Diplopterygium blotianum (C. Chr.) Nakai
Hicriopteris cantonensis (Ching) Ching 粤里白 = Diplopterygium cantonense (Ching) Nakai
Hicriopteris chinensis (Rosenst.) Ching 中华里白 = Diplopterygium chinense (Rosenst.) De Vol
Hicriopteris critica Ching & P. S. Chiu 正里白 = Diplopterygium giganteum (Wall. ex Hook. & Bauer) Nakai
Hicriopteris gigantea (Wall. ex Hook.) Ching 大里白 = Diplopterygium giganteum (Wall. ex Hook. & Bauer) Nakai
Hicriopteris glauca (Thunb.) Ching 里白 = Diplopterygium glaucum (Thunb. ex Houtt.) Nakai
Hicriopteris glaucoides Ching 假里白 = Diplopterygium giganteum (Wall. ex Hook. & Bauer) Nakai
Hicriopteris laevissima (Christ) Ching 光里白 = Diplopterygium laevissimum (Christ) Nakai
Hicriopteris maxima Ching 绿里白 = Diplopterygium maximum (Ching) Ching & H. S. Kung
Hicriopteris omeiensis Ching & P. S. Chiu 峨眉里白 = Diplopterygium giganteum (Wall. ex Hook. & Bauer) Nakai

Hicriopteris reflexa Ching & P. S. Chiu 灰里白 = Diplopterygium giganteum (Wall. ex Hook. & Bauer) Nakai
Hicriopteris remota Ching 远羽里白 = Diplopterygium glaucum (Thunb. ex Houtt.) Nakai
Hicriopteris rufa Ching 厚毛里白 = Diplopterygium rufum (Ching) Ching ex X. C. Zhang
Hicriopteris rufopilosa Ching & P. S. Chiu 红毛里白 = Diplopterygium rufum (Ching) Ching ex X. C. Zhang
Hicriopteris simulans Ching 海南里白 = Diplopterygium simulans (Ching) Ching ex X. C. Zhang
Hicriopteris tamdaoensis Ching & P. S. Chiu 越北里白 = Diplopterygium blotianum (C. Chr.) Nakai
Hicriopteris yunnanensis Ching 云南里白 = Diplopterygium giganteum (Wall. ex Hook. & Bauer) Nakai

Himalayopteris W. Shao & S. G. Lu 锡金假瘤蕨属 = Selliguea Bory 修蕨属
Himalayopteris erythrocarpa (Mett. ex Kuhn) W. Shao & S. G. Lu 锡金假瘤蕨 = Selliguea erythrocarpa (Mett. ex Kuhn) X. C. Zhang & L. J. He

Histiopteris (J. Agardh) J. Sm. 栗蕨属
Histiopteris incisa (Thunb.) J. Sm. 栗蕨

Humata Cav. 阴石蕨属
Humata assamica (Bedd.) C. Chr. 长叶阴石蕨
Humata chrysanthemifolia Hayata 阿里山阴石蕨 = Humata repens (L. f.) Small ex Diels
Humata griffithiana (Hook.) C. Chr. 杯状盖阴石蕨
Humata henryana (Baker) Ching 云南阴石蕨 = Humata griffithiana (Hook.) C. Chr.
Humata macrostegia Tagawa 台湾阴石蕨 = Humata repens (L. f.) Small ex Diels
Humata pectinata (Sm.) Desv. 马来阴石蕨
Humata platylepis (Baker) Ching 半圆盖阴石蕨 = Humata griffithiana (Hook.) C. Chr.
Humata repens (L. f.) Small ex Diels 阴石蕨
Humata trifoliata Cav. 鳞叶阴石蕨 = Humata repens (L. f.) Small ex Diels
Humata tyermanni T. Moore 圆盖阴石蕨 = Humata griffithiana (Hook.) C. Chr.
Humata vestita (Blume) T. Moore 热带阴石蕨 = Humata repens (L. f.) Small ex Diels

Huperziaceae 石杉科 = Lycopodiaceae 石松科

Huperzia Bernh. 石杉属
Huperzia appressa (Desv.) Á. Löve & D. Löve 伏贴石杉
Huperzia asiatica (Ching) N. Shrestha & X. C. Zhang 长白石杉
Huperzia austrosinica Ching 华南马尾杉
Huperzia bucahwangensis Ching 曲尾石杉
Huperzia cancellata (Spring) Trevis. 网络马尾杉

Huperzia carinata (Desv. ex Poir.) Trev. 龙骨马尾杉

Huperzia chinensis (Hert. ex Ness.) Ching 中华石杉

Huperzia chishuiensis X. Y. Wang & P. S. Wang 赤水石杉

Huperzia crispata (Ching) Ching 皱边石杉

Huperzia cryptomeriana (Maxim.) R. D. Dixit 柳杉叶马尾杉

Huperzia cunninghamioides (Hayata) Holub 杉形马尾杉

Huperzia delavayi (Christ & Hert.) Ching 苍山石杉

Huperzia dixitiana P. Mondal & R. K. Ghosh 华西石杉

Huperzia emeiensis (Ching & H. S. Kung) Ching & H. S. Kung 峨眉石杉

Huperzia fargesii (Herter) Holub 金丝条马尾杉

Huperzia fordii (Baker) R. D. Dixit 福氏马尾杉

Huperzia guangdongensis (Ching) Holub. 广东马尾杉

Huperzia hamiltonii (Spreng. ex Grev. & Hook.) Trevis. 喜马拉雅石杉

Huperzia henryi (Baker) Holub 椭圆马尾杉

Huperzia herteriana (Kumm.) T. Sen & U. Sen 锡金石杉

Huperzia javanica (Sw.) C. Y. Yang 长柄石杉

Huperzia kangdingensis (Ching) Ching 康定石杉

Huperzia kunmingensis Ching 昆明石杉

Huperzia laipoensis Ching 雷波石杉

Huperzia lajouensis Ching 拉觉石杉

Huperzia leishanensis X. Y. Wang 雷山石杉

Huperzia liangshanica (H. S. Kung) Ching & H. S. Kung 凉山石杉

Huperzia lucidula auct. non (Michx.) Trev. 亮叶石杉 = Huperzia asiatica (Ching) N. Shrestha & X. C. Zhang

Huperzia lucidula (Michx.) Trev. var. *asiatica* Ching 长白石杉 = Huperzia asiatica (Ching) N. Shrestha & X. C. Zhang

Huperzia medogensis Ching & Y. X. Lin 墨脱石杉

Huperzia mingcheensis (Ching) Holub 闽浙马尾杉

Huperzia miyoshiana (Makino) Ching 东北石杉

Huperzia muscicola Ching ex W. M. Chu 苔藓林石杉

Huperzia nanchuanensis (Ching & H. S. Kung) Ching & H. S. Kung 南川石杉

Huperzia nanlingensis Y. H. Yan & N. Shrestha 南岭石杉

Huperzia nyalamensis Ching & S. K. Wu 聂拉木马尾杉

Huperzia ovatifolia Ching 卵叶马尾杉

Huperzia petiolata (C. B. Clarke) R. D. Dixit 有柄马尾杉

Huperzia phlegmaria (L.) Rothm. 马尾杉

Huperzia pulcherrima (Wall. ex Hook. & Grev.) Pic. Serm. 美丽马尾杉

Huperzia quasipolytrichoides (Hayata) Ching 金发石杉
Huperzia quasipolytrichoides var. **rectifolia** (J. F. Cheng) H. S. Kuang & Li Bing Zhang 直叶金发石杉
Huperzia rubicaulis S. K. Wu & X. Cheng 红茎石杉
Huperzia salvinioides (Hert.) Holub 柔软马尾杉
Huperzia selago (L.) Bernh. ex Schrank & Mart. 小杉兰石杉　小杉兰
Huperzia serrata (Thunb.) Trev. 蛇足石杉
Huperzia shangsiensis (C. Y. Yang) Holub 上思马尾杉
Huperzia sieboldii (Miq.) Holub 鳞叶马尾杉
Huperzia somae (Hayata) Ching 相马石杉
Huperzia squarrosa (G. Forst.) Trev. 粗糙马尾杉
Huperzia sutchueniana (Hert.) Ching 四川石杉
Huperzia subulifolia (Wall. ex Hook. & Grev.) Trevis. 钻叶石杉
Huperzia taiwanensis (C. M. Kuo) C. M. Kuo 台湾石杉
Huperzia tibetica (Ching) Ching 西藏石杉
Huperzia yunnanensis (Ching) Holub 云南马尾杉

Hymenasplenium Hayata 膜叶铁角蕨属
Hymenasplenium adiantifrons (Hayata) Viane & S. Y. Dong 阿里山膜叶铁角蕨　阿里山铁角蕨
Hymenasplenium apogamum (N. Murak. & Hatan.) Nakaike 无配膜叶铁角蕨
Hymenasplenium cardiophyllum (Hance) Nakaike 细辛膜叶铁角蕨　细辛蕨
Hymenasplenium changputungense (Ching) Viane & S. Y. Dong 贡山膜叶铁角蕨　贡山铁角蕨
Hymenasplenium cheilosorum (Kunze ex Mett.) Tagawa 齿果膜叶铁角蕨　齿果铁角蕨
Hymenasplenium excisum (C. Presl) S. Linds. 切边膜叶铁角蕨　切边铁角蕨
Hymenasplenium furfuraceum (Ching) Viane & S. Y. Dong 绒毛膜叶铁角蕨　绒毛铁角蕨
Hymenasplenium hondoense (N. Murak. & Hatan.) Nakaike 东亚膜叶铁角蕨
Hymenasplenium latidens (Ching) Viane & S. Y. Dong 阔齿膜叶铁角蕨
Hymenasplenium murakami-hatanakae Nakaike 单边膜叶铁角蕨
Hymenasplenium obliquissimum (Hayata) Sugim. 荫湿膜叶铁角蕨
Hymenasplenium obscurum (Blume) Tagawa 绿杆膜叶铁角蕨　绿秆铁角蕨
Hymenasplenium pseudobscurum Viane 尖峰岭膜叶铁角蕨
Hymenasplenium quercicola (Ching) Viane & S. Y. Dong 镇康膜叶铁角蕨　镇康铁角蕨
Hymenasplenium retusulum (Ching) Viane & S. Y. Dong 微凹膜叶铁角蕨　微凹铁角蕨
Hymenasplenium subnormale (Copel.) Nakaike 小膜叶铁角蕨　小铁角蕨
Hymenasplenium szechuanense (Ching) Viane & S. Y. Dong 天全膜叶铁角蕨　天全铁角蕨
Hymenasplenium wuliangshanense (Ching) Viane & S. Y. Dong 无量山膜叶铁角蕨　无量山铁角蕨

Hymenophyllaceae 膜蕨科

Hymenophyllum Sm. 膜蕨属

Hymenophyllum austrosinicum Ching 华南膜蕨 = Hymenophyllum exsertum Wall. ex Hook.

Hymenophyllum badium Hook. & Grev. 蕗蕨

Hymenophyllum barbatum (Bosch) Baker 华东膜蕨

Hymenophyllum blandum Racib. 爪哇厚壁蕨

Hymenophyllum corrugatum Christ 皱叶蕗蕨

Hymenophyllum denticulatum Sw. 厚壁蕨

Hymenophyllum devolii Lai 台湾膜蕨

Hymenophyllum digitatum (Sw.) Fosberg 指状细口团扇蕨

Hymenophyllum exsertum Wall. ex Hook. 毛蕗蕨

Hymenophyllum fastigiosum Christ 长叶膜蕨 = Hymenophyllum barbatum (Bosch) Baker

Hymenophyllum fimbriatum J. Sm. 流苏苞蕗蕨

Hymenophyllum holochilum (Bosch) C. Chr. 南洋厚壁蕨

Hymenophyllum javanicum Spreng. 爪哇蕗蕨

Hymenophyllum khasyanum Hook. & Baker 顶果膜蕨 = Hymenophyllum barbatum (Bosch) Baker

Hymenophyllum levingei C. B. Clarke 鳞蕗蕨

Hymenophyllum longissimum (Ching & P. S. Chiu) K. Iwats. 线叶蕗蕨

Hymenophyllum minutidenticulatum Ching & P. S. Chiu 微齿膜蕨 = Hymenophyllum barbatum (Bosch) Baker

Hymenophyllum nitidulum (Bosch) Ebihara & K. Iwats. 细口团扇蕨

Hymenophyllum oligosorum Makino 长毛蕗蕨

Hymenophyllum omeiense Christ 峨眉膜蕨 = Hymenophyllum barbatum (Bosch) Baker

Hymenophyllum oxyodon Baker 小叶膜蕨 = Hymenophyllum barbatum (Bosch) Baker

Hymenophyllum pallidum (Blume) Ebihara & K. Iwats. 毛叶蕨

Hymenophyllum paramnioides (H. G. Zhou & W. M. Chu) X. C. Zhang 羽叶蕗蕨

Hymenophyllum pilosissimum C. Chr. 星毛膜蕨

Hymenophyllum polyanthos (Sw.) Sw. 长柄蕗蕨

Hymenophyllum productum Kunze 吊罗蕗蕨

Hymenophyllum riukiuense Christ 琉球蕗蕨

Hymenophyllum simonsianum Hook. 宽片膜蕨

Hymenophyllum spinosum Ching 刺边膜蕨 = Hymenophyllum barbatum (Bosch) Baker

Hymenophyllum stenocladum (Ching & P. S. Chiu) K. Iwats. 撕苞蕗蕨

Hymenophyllum urofrons Ching & C. F. Zhang 尾叶膜蕨 = Hymenophyllum barbatum (Bosch) Baker

Hymenophyllum whangshanense Ching & P. S. Chiu 黄山膜蕨 = Hymenophyllum barbatum (Bosch) Baker

Hymenophyllum wrightii Bosch 莱氏蕗蕨

Hypodematiaceae 肿足蕨科

Hypodematium Kunze 肿足蕨属
Hypodematium crenatum (Forssk.) Kuhn & Decken 肿足蕨
Hypodematium daochengense K. H. Shing 稻城肿足蕨
Hypodematium fordii (Baker) Ching 福氏肿足蕨
Hypodematium glabrum Ching ex K. H. Shing 无毛肿足蕨
Hypodematium glanduloso-pilosum (Tagawa) Ohwi 球腺肿足蕨
Hypodematium glandulosum Ching ex K. H. Shing 腺毛肿足蕨
Hypodematium gracile Ching 修株肿足蕨
Hypodematium hirsutum (D. Don) Ching 光轴肿足蕨
Hypodematium microlepioides Ching ex K. H. Shing 滇边肿足蕨 = Hypodematium hirsutum (D. Don) Ching
Hypodematium sinense K. Iwats. 山东肿足蕨
Hypodematium squamuloso-pilosum Ching 鳞毛肿足蕨
Hypodematium taiwanense Ching ex K. H. Shing 台湾肿足蕨
Hypodematium villosum F. G. Wang & F. W. Xing 毛叶肿足蕨

Hypolepis Bernh 姬蕨属
Hypolepis alpina (Blume) Hook. 台湾姬蕨
Hypolepis alte-gracillima Hayata 台湾姬蕨 = Hypolepis alpina (Blume) Hook.
Hypolepis gigantea Ching 大姬蕨 = Hypolepis tenuifolia (G. Forst.) Bernh.
Hypolepis glabrescens Ching 亚光姬蕨
Hypolepis pallida (Blume) Hook. 灰姬蕨
Hypolepis polypodioides (Blume) Hook. 无腺姬蕨
Hypolepis punctata (Thunb.) Mett. 姬蕨
Hypolepis resistens (Kunze) Hook. 密毛姬蕨
Hypolepis tenera Ching 狭叶姬蕨
Hypolepis tenuifolia (G. Forst.) Bernh. 细叶姬蕨
Hypolepis yunnanensis Ching 云南姬蕨 = Hypolepis punctata (Thunb.) Mett.

I

Isoëtaceae 水韭科

Isoëtes L. 水韭属
Isoëtes hypsophila Hand. -Mazz. 高寒水韭
Isoëtes orientalis H. Liu & Q. F. Wang. 东方水韭
Isoëtes sinensis Palmer 中华水韭
Isoëtes taiwanensis De Vol 台湾水韭

Isoëtes yunguiensis Q. F. Wang & W. C. Taylor 云贵水韭

K

Kaulinia B. K. Nayar 有翅星蕨属
Kaulinia insignis (Blume) X. C. Zhang 羽裂星蕨
Kaulinia pteropus (Blume) B. K. Nayar 有翅星蕨

Kuniwatsukia Pic. Ser. 拟鳞毛蕨属 = Anisocampium C. Presl 安蕨属
Kuniwatsukia cuspidata (Bedd.) Pic. Ser. 拟鳞毛蕨 = Anisocampium cuspidatum (Bedd.) Yea C. Liu, W. L. Chiou & M. Kato

L

Lastrea Bory 假鳞毛蕨属 = Oreopteris Holub 假鳞毛蕨属
Lastrea elwesii (Hook. & Baker) Bedd. 锡金假鳞毛蕨 = Oreopteris elwesii (Hook. & Baker) Holttum
Lastrea quelpaertensis (Christ) Copel. 亚洲假鳞毛蕨 = Oreopteris quelpaertensis (Christ) Holub

Lastreopsis Ching 节毛蕨属
Lastreopsis microlepioides (Ching) W. M. Chu & Z. R. He 云南节毛蕨 = Trichoneuron microlepioides Ching
Lastreopsis subrecedens Ching 海南节毛蕨
Lastreopsis tenera (R. Br.) Tindale 台湾节毛蕨

Lemmaphyllum C. Presl 伏石蕨属
Lepidogrammitis Ching 骨牌蕨属 = Lemmaphyllum C. Presl 伏石蕨属
Lemmaphyllum carnosum (Wall. ex J. Sm.) C. Presl 肉质伏石蕨
Lemmaphyllum carnosum var. **drymoglossoides** (Baker) X. P. Wei 抱石莲
Lemmaphyllum carnosum var. **microphyllum** (C. Presl) X. P. Wei 伏石蕨
Lemmaphyllum intermedium (Ching) Li Wang 中间骨牌蕨 = Lemmaphyllum carnosum var. drymoglossoides (Baker) X. P. Wei
Lemmaphyllum microphyllum C. Presl 伏石蕨 = Lemmaphyllum carnosum var. microphyllum (C. Presl) X. P. Wei
Lemmaphyllum microphyllum var. *obovatum* (Harr.) C. Chr. 倒卵伏石蕨 = Lemmaphyllum carnosum var. microphyllum (C. Presl) X. P. Wei
Lemmaphyllum minimum Fu 小伏石蕨 = Lemmaphyllum carnosum var. microphyllum (C. Presl) X. P. Wei
Lemmaphyllum pyriforme (Ching) Ching 梨叶骨牌蕨

Lemmaphyllum rostratum (Bedd.) Tagawa 骨牌蕨

Lemmaphyllum squamatum (A. R. Smith & X. C. Zhang) Li Wang 高平蕨

Lepidogrammitis adnascens (Ching) Ching 贴生骨牌蕨 = Lemmaphyllum pyriforme (Ching) Ching

Lepidogrammitis diversa (Rosenst.) Ching 披针骨牌蕨 = Lemmaphyllum rostratum (Bedd.) Tagawa

Lepidogrammitis drymoglossoides (Baker) Ching 抱石莲 = Lemmaphyllum carnosum var. drymoglossoides (Baker) X. P. Wei

Lepidogrammitis elongata Ching 长叶骨牌蕨 = Lemmaphyllum pyriforme (Ching) Ching

Lepidogrammitis intermedia Ching 中间骨牌蕨 = Lemmaphyllum carnosum var. drymoglossoides (Baker) X. P. Wei

Lepidogrammitis kansuensis Ching 甘肃骨牌蕨 = Lemmaphyllum pyriforme (Ching) Ching

Lepidogrammitis pyriformis (Ching) Ching 梨叶骨牌蕨 = Lemmaphyllum pyriforme (Ching) Ching

Lepidogrammitis rostrata (Bedd.) Ching 骨牌蕨 = Lemmaphyllum rostratum (Bedd.) Tagawa

Lepidomicrosorium Ching & K. H. Shing 鳞果星蕨属

Lepidomicrosorium superficiale (Blume) Li Wang 表面星蕨

Lepidomicrosorium angustifolium Ching & K. H. Shing 狭叶鳞果星蕨 = Lepidomicrosorium buergerianum (Miq.) Ching & K. H. Shing

Lepidomicrosorium asarifolium Ching & K. H. Shing 细辛鳞果星蕨 = Lepidomicrosorium buergerianum (Miq.) Ching & K. H. Shing

Lepidomicrosorium brevipes Ching & K. H. Shing 短柄鳞果星蕨 = Lepidomicrosorium buergerianum (Miq.) Ching & K. H. Shing

Lepidomicrosorium buergerianum (Miq.) Ching & K. H. Shing ex S. X. Xu 鳞果星蕨

Lepidomicrosorium caudifrons Ching & M. W. Chu 尾叶鳞果星蕨 = Lepidomicrosorium subhemionitideum (Christ) P. S. Wang

Lepidomicrosorium crenatum Ching & K. H. Shing 圆齿鳞果星蕨 = Lepidomicrosorium subhemionitideum (Christ) P. S. Wang

Lepidomicrosorium emeiense Ching & K. H. Shing 峨眉鳞果星蕨 = Lepidomicrosorium subhemionitideum (Christ) P. S. Wang

Lepidomicrosorium hederaceum (Christ) Ching 常春藤鳞果星蕨 = Lepidomicrosorium buergerianum (Miq.) Ching & K. H. Shing

Lepidomicrosorium hunanense Ching & K. H. Shing 湖南鳞果星蕨 = Lepidomicrosorium subhemionitideum (Christ) P. S. Wang

Lepidomicrosorium hymenodes (Kunze) L. Shi & X. C. Zhang 云南鳞果星蕨 = Lepidomicrosorium subhemionitideum (Christ) P. S. Wang

Lepidomicrosorium lanceolatum Ching & P. S. Wang 披针鳞果星蕨 = Lepidomicrosorium buergerianum (Miq.) Ching & K. H. Shing

Lepidomicrosorium laojunense Ching & K. H. Shing 老君鳞果星蕨 = Lepidomicrosorium subhemionitideum (Christ) P. S. Wang

Lepidomicrosorium latibasis Ching & K. H. Shing 阔基鳞果星蕨 = Lepidomicrosorium buergerianum (Miq.) Ching & K. H. Shing

Lepidomicrosorium lineare Ching & K. H. Shing 线叶鳞果星蕨 = Lepidomicrosorium subhemionitideum (Christ) P. S. Wang

Lepidomicrosorium microsorioides (W. M. Chu) Ching & W. M. Chu 小果鳞果星蕨 = Lepidomicrosorium buergerianum (Miq.) Ching & K. H. Shing

Lepidomicrosorium nanchuanense Ching & Z. Y. Liu 南川鳞果星蕨 = Lepidomicrosorium subhemionitideum (Christ) P. S. Wang

Lepidomicrosorium sichuanense Ching & K. H. Shing 四川鳞果星蕨 = Lepidomicrosorium buergerianum (Miq.) Ching & K. H. Shing

Lepidomicrosorium subhemionitideum (Christ) P. S. Wang 云南鳞果星蕨

Lepidomicrosorium subsessile Ching & K. H. Shing 近无柄鳞果星蕨 = Lepidomicrosorium buergerianum (Miq.) Ching & K. H. Shing

Lepidomicrosorium suijiangense Ching & W. M. Chu 绥江鳞果星蕨 = Lepidomicrosorium buergerianum (Miq.) Ching & K. H. Shing

Lepisorus (J. Sm.) Ching 瓦韦属

Lepisorus affinis Ching 海南瓦韦

Lepisorus albertii (Regel) Ching 天山瓦韦

Lepisorus angustus Ching 狭叶瓦韦

Lepisorus annamensis (C. Chr.) Li Wang 显脉尖嘴蕨

Lepisorus asterolepis (Baker) Ching ex S. X. Xu 星鳞瓦韦　黄瓦韦

Lepisorus bicolor (Takeda) Ching 二色瓦韦　两色瓦韦

Lepisorus cespitosus Y. X. Lin 丛生瓦韦

Lepisorus clathratus (C. B. Clarke) Ching 网眼瓦韦

Lepisorus coaetaneus Ching & Y. X. Lin 金顶瓦韦 = Lepisorus likiangensis Ching & S. K. Wu

Lepisorus confluens W. M. Chu 汇生瓦韦

Lepisorus contortus (Christ) Ching 扭瓦韦

Lepisorus crassipes Ching & Y. X. Lin 粗柄瓦韦

Lepisorus eilophyllus (Diels) Ching 高山瓦韦

Lepisorus elegans Ching & W. M. Chu 片马瓦韦

Lepisorus gyirongensis Ching & S. K. Wu 吉隆瓦韦 = Lepisorus nudus (Hook.) Ching

Lepisorus henanensis Ching & S. K. Wu 河南瓦韦 = Lepisorus thaipaiensis Ching & S. K. Wu

Lepisorus henryi (Hieron. ex C. Chr.) Li Wang 隐柄尖嘴蕨

Lepisorus heterolepis (Rosenst.) Ching 异叶瓦韦

Lepisorus hsiawutaiensis Ching & S. K. Wu 小五台瓦韦 = Lepisorus crassipes Ching & Y. X. Lin

Lepisorus iridescens Ching & Y. X. Lin 彩虹瓦韦 = Lepisorus confluens W. M. Chu

Lepisorus kansuensis Ching & Y. X. Lin 甘肃瓦韦 = Lepisorus crassipes Ching & Y. X. Lin

Lepisorus kawakamii (Hayata) Tagawa 鳞瓦韦

Lepisorus kuchenensis (Y. C. Wu) Ching 瑶山瓦韦

Lepisorus lancifolius Ching 披针叶瓦韦 = Lepisorus sublinearis (Baker ex Takeda) Ching

Lepisorus lewisii (Baker) Ching 庐山瓦韦

Lepisorus ligulatus Ching & S. K. Wu 舌叶瓦韦 = Lepisorus crassipes Ching & Y. X. Lin

Lepisorus likiangensis Ching & S. K. Wu 丽江瓦韦

Lepisorus lineariformis Ching & S. K. Wu 线叶瓦韦

Lepisorus longus Ching 长叶瓦韦 = Lepisorus affinis Ching

Lepisorus loriformis (Wall. ex Mett.) Ching 带叶瓦韦

Lepisorus loriformis var. **steniste** (C. B. Clarke) Ching 舌叶瓦韦

Lepisorus luchunensis Y. X. Lin 绿春瓦韦

Lepisorus macrosphaerus (Baker) Ching 大瓦韦

Lepisorus macrosphaerus f. *maximus* (Ching) Y. X. Lin 大叶瓦韦 = Lepisorus macrosphaerus (Baker) Ching

Lepisorus macrosphaerus f. *minimus* (Ching) Y. X. Lin 小叶瓦韦 = Lepisorus macrosphaerus (Baker) Ching

Lepisorus maowenensis Ching & S. K. Wu 茂汶瓦韦 = Lepisorus crassipes Ching & Y. X. Lin

Lepisorus marginatus Ching 有边瓦韦

Lepisorus medogensis Ching & Y. X. Lin 墨脱瓦韦

Lepisorus megasorus (C. Chr.) Ching 长柄瓦韦

Lepisorus miyoshianus (Makino) Fraser-Jenk. & Subh. Chandra 丝带蕨

Lepisorus monilisorus (Hayata) Tagawa 拟芨瓦韦

Lepisorus morrisonensis (Hayata) H. Itô 白边瓦韦

Lepisorus mucronatus (Fée) Li Wang 尖嘴蕨

Lepisorus nudus (Hook.) Ching 裸叶瓦韦

Lepisorus nylamensis Ching & S. K. Wu 聂拉木瓦韦 = Lepisorus lineariformis Ching & S. K. Wu

Lepisorus obscurevenulosus (Hayata) Ching 粤瓦韦

Lepisorus oligolepidus (Baker) Ching 稀鳞瓦韦　鳞瓦韦

Lepisorus paleparaphysus Y. X. Lin 淡丝瓦韦 = Lepisorus scolopendrium (Buch. -Ham. ex Ching) Mehra & Bir

Lepisorus paohuashanensis Ching 百花山瓦韦 = Lepisorus tosaensis (Makino) H. Itô

Lepisorus papakensis (Masam.) Ching et. Y. X. Lin 台湾瓦韦 = Lepisorus albertii (Regel) Ching

Lepisorus patungensis Ching & S. K. Wu 神农架瓦韦 = Lepisorus crassipes Ching & Y. X. Lin

Lepisorus petiolatus Ching & Y. X. Lin 长柄瓦韦 = Lepisorus clathratus (C. B. Clarke) Ching

Lepisorus pseudoclathratus Ching & S. K. Wu 假网眼瓦韦 = Lepisorus clathratus (C. B. Clarke) Ching

Lepisorus pseudonudus Ching 长瓦韦

Lepisorus pseudoussuriensis Tagawa 拟乌苏里瓦韦

Lepisorus scolopendrium (Buch. -Ham. ex Ching) Mehra & Bir 棕鳞瓦韦

Lepisorus shansiensis Ching & Y. X. Lin 山西瓦韦 = Lepisorus likiangensis Ching & S. K. Wu

Lepisorus shensiensis Ching & S. K. Wu 陕西瓦韦 = Lepisorus likiangensis Ching & S. K. Wu

Lepisorus sinensis (Christ) Ching 中华瓦韦

Lepisorus sinuatus (Ching & S. K. Wu) Y. X. Lin 圆齿瓦韦 = Lepisorus waltonii (Ching) S. L. Yu

Lepisorus sordidus (C. Chr.) Ching 黑鳞瓦韦

Lepisorus soulieanus (Christ) Ching & S. K. Wu 川西瓦韦 = Lepisorus clathratus (C. B. Clarke) Ching

Lepisorus steniste (C. B. Clarke) Y. X. Lin 狭带瓦韦 = Lepisorus loriformis var. steniste (C. B. Clarke) Ching

Lepisorus subconfluens Ching 连珠瓦韦

Lepisorus sublinearis (Baker ex Takeda) Ching 滇瓦韦

Lepisorus suboligolepidus Ching 拟鳞瓦韦

Lepisorus subsessilis Ching & Y. X. Lin 短柄瓦韦

Lepisorus thaipaiensis Ching & S. K. Wu 太白瓦韦

Lepisorus thunbergianus (Kaulf.) Ching 瓦韦

Lepisorus tibeticus Ching & S. K. Wu 西藏瓦韦

Lepisorus tosaensis (Makino) H. Itô 阔叶瓦韦

Lepisorus tricholepis K. H. Shing & Y. X. Lin 软毛瓦韦

Lepisorus ussuriensis (Regel & Maack) Ching 乌苏里瓦韦

Lepisorus ussuriensis var. **distans** (Makino) Tagawa 远叶瓦韦

Lepisorus variabilis Ching & S. K. Wu 多变瓦韦 = Lepisorus clathratus (C. B. Clarke) Ching

Lepisorus venosus Ching & S. K. Wu 显脉瓦韦 = Lepisorus thaipaiensis Ching & S. K. Wu

Lepisorus virescens Ching & S. K. Wu 绿色瓦韦 = Lepisorus scolopendrium (Buch. -Ham. ex Ching) Mehra & Bir

Lepisorus vittaroides Ching 线囊群瓦韦 = Lepisorus sinensis (Christ) Ching

Lepisorus waltonii (Ching) S. L. Yu 宽带蕨　戟形扇蕨　掌状扇蕨

Lepisorus xiphiopteris (Baker) W. M. Chu ex Y. X. Lin 云南瓦韦 = Lepisorus loriformis (Wall. ex Mett.) Ching

Leptochilus Kaulf. 薄唇蕨属

Leptochilus axillaris (Cav.) Kaulf. 薄唇蕨

Leptochilus cantoniensis (Baker) Ching 心叶薄唇蕨

Leptochilus decurrens Blume 似薄唇蕨

Leptochilus digitatus (Baker) Noot. 掌叶线蕨

Leptochilus ellipticus (Thunb.) Noot. 线蕨

Leptochilus ellipticus var. **flexilobus** (Christ) X. C. Zhang 曲边线蕨
Leptochilus ellipticus var. **longipes** (Ching) Noot. 长柄线蕨
Leptochilus ellipticus var. **pentaphyllus** (Baker) X. C. Zhang & Noot. 滇线蕨
Leptochilus ellipticus var. **pothifolius** (Buch. -Ham. ex D. Don) X. C. Zhang 宽羽线蕨
Leptochilus hemionitideus (C. Presl) Noot. 断线蕨
Leptochilus henryi (Baker) X. C. Zhang 矩圆线蕨
Leptochilus leveillei (Christ) X. C. Zhang & Noot. 绿叶线蕨
Leptochilus pedunculatus (Hook. & Grev.) Fraser-Jenk. 具柄线蕨
Leptochilus wrightii (Hook. & Baker) X. C. Zhang 褐叶线蕨
Leptochilus × **beddomei** (Manickam & Irudayaraj) X. C. Zhang & Noot. 异叶线蕨
Leptochilus × **hemitomus** (Hance) Noot. 胄叶线蕨
Leptochilus × **shintenensis** (Hayata) X. C. Zhang & Noot. 新店线蕨

Leptogramma J. Sm. 茯蕨属 = Stegnogramma Blume 溪边蕨属
Leptogramma centrochinensis Ching ex Y. X. Lin 华中茯蕨 = Stegnogramma scallanii (Christ) K. Iwats.
Leptogramma himalaica Ching 喜马拉雅茯蕨 = Stegnogramma himalaica (Ching) K. Iwats.
Leptogramma huishuiensis Ching ex Y. X. Lin 惠水茯蕨 (存疑)
Leptogramma intermedia Ching 中间茯蕨 = Stegnogramma tottoides (H. Itô) K. Iwats.
Leptogramma jinfoshanensis Ching & Z. Y. Liu 金佛山茯蕨 = Stegnogramma tottoides (H. Itô) K. Iwats.
*Leptogramma pozoi*auct. non (Lag.) Heywood 毛叶茯蕨 = Stegnogramma mollissima (Kunze) Fraser-Jenk.
Leptogramma scallanii (Christ) Ching 峨眉茯蕨 = Stegnogramma scallanii (Christ) K. Iwats.
Leptogramma sinica Ching ex Y. X. Lin 中华茯蕨 = Stegnogramma scallanii (Christ) K. Iwats.
Leptogramma tottoides H. Itô 小叶茯蕨 = Stegnogramma tottoides (H. Itô) K. Iwats.
Leptogramma yahanensis Ching ex Y. X. Lin 雅安茯蕨 = Stegnogramma scallanii (Christ) K. Iwats.

Leptolepidium K. H. Shing & S. K. Wu 薄鳞蕨属 = Aleuritopteris Fée 粉背蕨属
Leptolepidium caesium (Christ) K. H. Shing & S. K. Wu 华西薄鳞蕨 = Aleuritopteris kuhnii (Milde) Ching
Leptolepidium dalhousiae (Hook.) K. H. Shing & S. K. Wu 薄鳞蕨 = Aleuritopteris leptolepis (Fraser-Jenk.) Fraser-Jenk.
Leptolepidium duthiei (Baker) X. C. Zhang & G. M. Zhang 杜氏薄鳞蕨 = Aleuritopteris duthiei (Baker) Ching
Leptolepidium kuhnii (Milde) K. H. Shing & S. K. Wu 华北薄鳞蕨 = Aleuritopteris kuhnii (Milde) Ching
Leptolepidium kuhnii var. *brandtii* (Franch. & Sav.) K. H. Shing & S. K. Wu 宽叶薄鳞蕨 = Aleuritopteris kuhnii (Milde) Ching

Leptolepidium subvillosum (Hook.) K. H. Shing & S. K. Wu 绒毛薄鳞蕨 = Aleuritopteris subvillosa (Hook.) Ching

Leptolepidium subvillosum var. *dilataum* (Brause) K. H. Shing & S. K. Wu 大叶薄鳞蕨 = Aleuritopteris subvillosa (Hook.) Ching

Leptolepidium subvillosum var. *tibeticum* Ching & S. K. Wu 西藏薄鳞蕨 = Aleuritopteris subvillosa var. tibetica (Ching & S. K. Wu) H. S. Kung

Leptolepidium tenellum Ching & S. K. Wu 察隅薄鳞蕨 = Aleuritopteris kuhnii (Milde) Ching

Leptorumohra H. Itô 毛枝蕨属 = Arachniodes Blume 复叶耳蕨属

Leptorumohra miqueliana (Maxim.) H. Itô 毛枝蕨 = Arachniodes miqueliana (Maxim. ex Franch. & Sav.) Ohwi

Leptorumohra quadripinnata (Hayata) H. Itô 四回毛枝蕨 = Arachniodes quadripinnata (Hayata) Seriz.

Leptorumohra sinomiqueliana (Ching) Tagawa 无鳞毛枝蕨 = Arachniodes sinomiqueliana (Ching) Ohwi

Leucostegia C. Presl 大膜盖蕨属

Leucostegia immersa C. Presl 大膜盖蕨

Lindsaeaceae 鳞始蕨科　陵齿蕨科

Lindsaea Dryand. ex Sm. 鳞始蕨属　陵齿蕨属

Lindsaea austrosinica Ching 华南鳞始蕨　华南陵齿蕨

Lindsaea changii C. Chr. 狭叶陵齿蕨 = Lindsaea lucida Blume

Lindsaea chienii Ching 钱氏鳞始蕨　钱氏陵齿蕨

Lindsaea chingii C. Chr. 碎叶鳞始蕨　碎叶陵齿蕨

Lindsaea commixta Tagawa 海岛陵齿蕨 = Lindsaea orbiculata (Lam.) Mett. ex Kuhn

Lindsaea concinna J. Sm. 假陵齿蕨 = Lindsaea lucida Blume

Lindsaea conformis Ching 蚀陵齿蕨 = Lindsaea chienii Ching

Lindsaea cultrata (Willd.) Sw. 网脉鳞始蕨　陵齿蕨

Lindsaea eberhardtii (Christ) K. U. Kramer 线片鳞始蕨

Lindsaea ensifolia Sw. 剑叶鳞始蕨　双唇蕨

Lindsaea hainanensis Ching 海南陵齿蕨 = Lindsaea orbiculata (Lam.) Mett. ex Kuhn

Lindsaea hainaniana (K. U. Kramer) Lehtonen & Tuomisto 向日鳞始蕨

Lindsaea heterophylla Dryand. 异叶鳞始蕨　异叶双唇蕨

Lindsaea japonica (Baker) Diels 日本陵齿蕨 = Osmolindsaea japonica (Baker) Lehtonen & Christenh.

Lindsaea javanensis Blume 爪哇鳞始蕨

Lindsaea kawabatae Sa. Kurata 细叶鳞始蕨 (存疑)

Lindsaea kusukusensis Hayata 方柄陵齿蕨 = Lindsaea lucida Blume

Lindsaea liankwangensis Ching 两广鳞始蕨　两广陵齿蕨 = Lindsaea javanensis Blume

Lindsaea lobata var. *hainaniana* K. U. Kramer 海南深裂鳞始蕨 = Lindsaea hainaniana (K. U. Kramer) Lehtonen & Tuomisto

Lindsaea longipetiolata Ching 长柄鳞始蕨　长柄陵齿蕨 = Lindsaea javanensis Blume

Lindsaea lucida Blume 亮叶鳞始蕨　亮叶陵齿蕨

Lindsaea macraeana (Hook. & Arn.) Copel. 攀援陵齿蕨 = Lindsaea merrillii Copel. subsp. yaeyamensis (Tagawa) K. U. Kramer

Lindsaea merrillii Copel. 蔓生鳞始蕨　蔓生陵齿蕨

Lindsaea merrillii subsp. **yaeyamensis** (Tagawa) K. U. Kramer 攀缘鳞始蕨

Lindsaea merrillii var. *yaeyamensis* (Tagawa) W. C. Shieh 攀援鳞始蕨 = Lindsaea merrillii Copel. subsp. yaeyamensis (Tagawa) K. U. Kramer

Lindsaea neocultrata Ching & Chu H. Wang 长片陵齿蕨 = Osmolindsaea japonica (Baker) Lehtonen & Christenh.

Lindsaea obtusa J. Sm. 钝齿鳞始蕨

Lindsaea odorata Roxb. 鳞始蕨 = Osmolindsaea odorata (Roxb.) Lehtonen & Christenh.

Lindsaea odorata var. *japonica* (Baker) K. U. Kramer 日本鳞始蕨 = Osmolindsaea japonica (Baker) Lehtonen & Christenh.

Lindsaea orbiculata (Lam.) Mett. ex Kuhn 团叶鳞始蕨　团叶陵齿蕨

Lindsaea orbiculata var. *recedens* (Ching) W. C. Shieh 阔片鳞始蕨 = Lindsaea chienii Ching

Lindsaea recedens Ching 阔边陵齿蕨 = Lindsaea chienii Ching

Lindsaea securifolia var. *kusukusensis* (Hayata) W. C. Shieh 方柄鳞始蕨 = Lindsaea lucida Blume

Lindsaea simulans Ching 假团叶陵齿蕨 = Lindsaea orbiculata (Lam.) Mett. ex Kuhn

Lindsaea taiwaniana Ching 台湾陵齿蕨 = Lindsaea orbiculata (Lam.) Mett. ex Kuhn

Lindsaea yunnanensis Ching 云南陵齿蕨 = Lindsaea javanensis Blume

Lithostegia Ching 石盖蕨属 = Arachniodes Blume 复叶耳蕨属

Lithostegia foeniculacea (Hook.) Ching 石盖蕨 = Arachniodes superba Fraser-Jenk.

Lomagramma J. Sm 网藤蕨属

Lomagramma grosseserrata Holttum 粗齿网藤蕨 (存疑)

Lomagramma matthewii (Ching) Holttum 网藤蕨

Lomagramma yunnanensis Ching 云南网藤蕨 = Lomagramma matthewii (Ching) Holttum

Lomagramma medogensis Ching & Y. X. Lin 墨脱网藤蕨 (存疑)

Lomariopsidaceae 藤蕨科

Lomariopsis Fée 藤蕨属

Lomariopsis chinensis Ching 中华藤蕨

Lomariopsis cochinchinensis Fée 藤蕨

Lomariopsis spectabilis (Kunze) Mett. 美丽藤蕨

Loxogrammaceae 剑蕨科

Loxogrammoideae 剑蕨亚科
Loxogramme (Blume) C. Presl 剑蕨属
Loxogrammeacroscopa (Christ) C. Chr. 顶生剑蕨
Loxogramme assimilis Ching 黑鳞剑蕨
Loxogramme avenia (Blume) C. Presl 剑蕨
Loxogramme chinensis Ching 中华剑蕨
Loxogramme cuspidata (Zenker) M. G. Price 西藏剑蕨
Loxogramme duclouxii Chirst 褐柄剑蕨
Loxogramme formosana Nakai 台湾剑蕨
Loxogramme grammitoides (Baker) C. Chr. 匙叶剑蕨
Loxogramme involuta (D. Don) C. Presl 内卷剑蕨
Loxogramme lankokiensis (Rosenst.) C. Chr. 老街剑蕨
Loxogramme porcata M. G. Price 拟内卷剑蕨
Loxogramme salicifolia (Makino) Makino 柳叶剑蕨

Lunathyrium Koidz. 蛾眉蕨属 = Deparia Hook. & Grev. 对囊蕨属
Lunathyrium acutum Ching 尖片蛾眉蕨 = Deparia acuta (Ching) Fraser-Jenk.
Lunathyrium acutum var. *bagaense* (Ching & S. K. Wu) Z. R. Wang 巴嘎蛾眉蕨 = Deparia acuta var. bagaensis (Ching & S. K. Wu) Z. R. Wang
Lunathyrium acutum var. *liubaense* (Z. R. Wang) Z. R. Wang 六巴蛾眉蕨 = Deparia acuta var. liubaensis (Z. R. Wang) Z. R. Wang
Lunathyrium auriculatum var. *zhongdianense* Z. R. Wang 中甸蛾眉蕨 = Deparia auriculata var. zhongdianensis (Z. R. Wang) Z. R. Wang
Lunathyrium auriculatum W. M. Chu & Z. R. Wang 大耳蛾眉蕨 = Deparia auriculata (W. M. Chu & Z. R. Wang) Z. R. Wang
Lunathyrium brevipinnum Ching & K. H. Shing ex Z. R. Wang 短羽蛾眉蕨 = Deparia brevipinna (Ching & K. H. Shing ex Z. R. Wang) Z. R. Wang
Lunathyrium dolosum (Christ) Ching 昆明蛾眉蕨 = Deparia dolosa (Christ) M. Kato
Lunathyrium dolosum var. *chinense* Z. R. Wang 中华蛾眉蕨 = Deparia dolosa var. chinensis (Z. R. Wang) Z. R. Wang
Lunathyrium emeiense Z. R. Wang 棒孢蛾眉蕨 = Deparia emeiensis (Z. R. Wang) Z. R. Wang
Lunathyrium giraldii (Christ) Ching 陕西蛾眉蕨 = Deparia giraldii (Christ) X. C. Zhang
Lunathyrium hirtirachis Ching ex Z. R. Wang 毛轴蛾眉蕨 = Deparia hirtirachis (Ching ex Z. R. Wang) Z. R. Wang

Lunathyrium liangshanense Ching ex Z. R. Wang 凉山蛾眉蕨 = Deparia liangshanensis (Ching ex Z. R. Wang) Z. R. Wang

Lunathyrium liangshanense var. *sericeum* Ching & Z. R. Wang 绢毛蛾眉蕨 = Deparia liangshanensis var. sericea (Ching & Z. R. Wang) Z. R. Wang

Lunathyrium ludingense Z. R. Wang & Li Bing Zhang 泸定蛾眉蕨 = Deparia ludingensis (Z. R. Wang & Li Bing Zhang) Z. R. Wang

Lunathyrium medogense Ching & S. K. Wu 墨脱蛾眉蕨 = Deparia medogensis (Ching & S. K. Wu) Z. R. Wang

Lunathyrium medogense var. *glanduliferum* W. M. Chu 粒腺蛾眉蕨 = Deparia medogensis var. glandulifera (W. M. Chu) Z. R. Wang

Lunathyrium medogense var. *weimingii* Z. R. Wang 维明蛾眉蕨 = Deparia medogensis (Ching & S. K. Wu) Z. R. Wang

Lunathyrium orientale Z. R. Wang & J. J. Chien 东亚蛾眉蕨 = Deparia jiulungensis var. albosquamata (M. Kato) Z. R. Wang

Lunathyrium orientale var. *huangshanens* Z. R. Wang 黄山蛾眉蕨 = Deparia jiulungensis (Ching) Z. R. Wang

Lunathyrium orientale var. *jiulungense* (Ching) Z. R. Wang 九龙蛾眉蕨 = Deparia jiulungensis (Ching) Z. R. Wang

Lunathyrium pycnosorum (Christ) Koidz. 东北蛾眉蕨 = Deparia pycnosora (Christ) M. Kato

Lunathyrium pycnosorum var. *longidens* Z. R. Wang 长齿蛾眉蕨 = Deparia pycnosora var. longidens (Z. R. Wang) Z. R. Wang

Lunathyrium shennongense Ching, Boufford & K. H. Shing 华中蛾眉蕨 = Deparia shennongensis (Ching, Boufford & K. H. Shing) X. C. Zhang

Lunathyrium sichuanense var. *gongshanense* Z. R. Wang 贡山蛾眉蕨 = Deparia sichuanensis var. gongshanensis (Z. R. Wang) Z. R. Wang

Lunathyrium sichuanense var. *jinfoshanense* Z. R. Wang 金佛山蛾眉蕨 = Deparia sichuanensis var. jinfoshanensis (Z. R. Wang) Z. R. Wang

Lunathyrium sichuanense Z. R. Wang 四川蛾眉蕨 = Deparia sichuanensis (Z. R. Wang) Z. R. Wang

Lunathyrium sikkimense Ching 锡金蛾眉蕨 = Deparia sikkimensis (Ching) Nakaike & S. Malik

Lunathyrium truncatum Ching 截头蛾眉蕨 = Deparia truncata (Ching ex Z. R. Wang) Z. R. Wang

Lunathyrium vegetius (Kitagawa) Ching 河北蛾眉蕨 = Deparia vegetior (Kitag.) X. C. Zhang

Lunathyrium vegetius var. *miyunense* Ching & Z. R. Wang 密云蛾眉蕨 = Deparia vegetior var. miyunensis (Ching & Z. R. Wang) Z. R. Wang

Lunathyrium vegetius var. *turgidum* Ching & Z. R. Wang 壳盖蛾眉蕨 = Deparia vegetior var. turgida (Ching & Z. R. Wang) Z. R. Wang

Lunathyrium vermiforme Ching 湖北蛾眉蕨 = Deparia vermiformis (Ching, Boufford & K. H. Shing) Z. R. Wang

Lunathyrium wilsonii (Christ) Ching 峨山蛾眉蕨 = Deparia wilsonii (Christ) X. C. Zhang

Lunathyrium wilsonii var. *habaense* Ching & Z. R. Wang 哈巴蛾眉蕨 = Deparia wilsonii var. habaensis (Ching & Z. R. Wang) Z. R. Wang

Lunathyrium wilsonii var. *incisoserratum* Ching & Z. R. Wang 锐裂蛾眉蕨 = Deparia wilsonii var. incisoserrata (Ching & Z. R. Wang) Z. R. Wang

Lunathyrium wilsonii var. *maximum* Ching & Z. R. Wang 大蛾眉蕨 = Deparia wilsonii var. maxima (Ching & Z. R. Wang) Z. R. Wang

Lunathyrium wilsonii var. *muliense* Z. R. Wang 木里蛾眉蕨 = Deparia wilsonii var. muliensis (Z. R. Wang) Z. R. Wang

Lunathyrium × *kanghsienense* Ching & Y. P. Hsu 康县蛾眉蕨 = Deparia × kanghsienense (Ching & Y. P. Hsu) Z. R. He

Lunathyrium × *nanchuanense* Ching & Z. Y. Liu 南川蛾眉蕨 = Deparia × nanchuanense (Ching & Z. Y. Liu) Z. R. He

Lycopodiaceae 石松科

Lycopodiastrun Holub ex Dixit 藤石松属 = Lycopodium L. 石松属

Lycopodiastrun casuarinoides (Spring) Holub ex R. D. Dixit 藤石松 = Lycopodium casuarinoides Spring

Lycopodiella Holub 小石松属

Lycopodiella caroliniana (L.) Pic. Serm. 卡罗利拟小石松

Lycopodiella cernua (L.) Pic. Serm. 垂穗石松　灯笼草

Lycopodiella inundata (L.) Holub 小石松

Lycopodium L. 石松属

Lycopodium alpinum L. 高山扁枝石松

Lycopodium annotinum L. 多穗石松

Lycopodium casuarinoides Spring 藤石松

Lycopodium cernuum L. 垂穗石松 = Lycopodiella cernua (L.) Pic. Serm.

Lycopodium clavatum L. 东北石松

Lycopodium complanatum L. 扁枝石松

Lycopodium hainanense (C. Y. Yang) Li Bing Zhang 海南垂穗石松 = Lycopodiella cernua (L.) Pic. Serm.

Lycopodium japonicum Thunb. 石松

Lycopodium multispicatum J. H. Wilce 灰白扁枝石松

Lycopodium neopungens H. S. Kung & Li Bing Zhang 新锐叶石松

Lycopodium obscurum L. 玉柏

Lycopodium obscurum f. *strictum* (Milde) Nakai ex Hara 笔直石松 = Lycopodium obscurum L.

Lycopodium veitchii Christ 矮小扁枝石松
Lycopodium verticale Li Bing Zhang 笔直石松 = Lycopodium obscurum L.
Lycopodium wilceae (Ivanenko) X. C. Zhang 绿色扁枝石松
Lycopodium yueshanense C. M. Kuo 玉山扁枝石松
Lycopodium zonatum Ching 成层石松

Lygodiaceae 海金沙科

Lygodium Sw. 海金沙属
Lygodium circinnatum (Burm. *f.*) Sw. 海南海金沙
Lygodium conforme C. Chr. 海南海金沙 = Lygodium circinnatum (Burm. *f.*) Sw.
Lygodium digitatum C. Presl 掌叶海金沙 = Lygodium longifolium (Willd.) Sw.
Lygodium flexuosum (L.) Sw. 曲轴海金沙
Lygodium japonicum (Thunb.) Sw. 海金沙
Lygodium longifolium (Willd.) Sw. 掌叶海金沙
Lygodium merrillii Copel. 网脉海金沙
Lygodium microphyllum (Cav.) R. Br. 小叶海金沙
Lygodium microstachyum Desv. 狭叶海金沙 = Lygodium japonicum (Thunb.) Sw.
Lygodium polystachyum Wall. ex T. Moore 羽裂海金沙
Lygodium salicifolium C. Presl 柳叶海金沙
Lygodium scandens (L.) Sw. 小叶海金沙 = Lygodium circinnatum (Burm. *f.*) Sw.
Lygodium subareolatum Christ 网脉海金沙 = Lygodium merrillii Copel.
Lygodium yunnanense Ching 云南海金沙

M

Macrothelypteris (H. Itô) Ching 针毛蕨属
Macrothelypteris contingens Ching 细裂针毛蕨
Macrothelypteris oligophlebia (Baker) Ching 针毛蕨
Macrothelypteris oligophlebia var. *changshaensis* (Ching) K. H. Shing 长沙针毛蕨 = Macrothelypteris oligophlebia var. elegans (Koidz.) Ching
Macrothelypteris oligophlebia var. **elegans** (Koidz.) Ching 雅致针毛蕨
Macrothelypteris ornata (Wall. ex J. Sm.) Ching 树形针毛蕨
Macrothelypteris polypodioides (Hook.) Holttum 桫椤针毛蕨
Macrothelypteris setigera (Blume) Ching 刚鳞针毛蕨
Macrothelypteris torresiana (Gaudich.) Ching 普通针毛蕨
Macrothelypteris viridifrons (Tagawa) Ching 翠绿针毛蕨

Marattiaceae 合囊蕨科

Marattia Sw. 合囊蕨属 = Ptisana Murdock 合囊蕨属
Marattia pellucida C. Presl 合囊蕨 = Ptisana pellucida (C. Presl) Murdock

Marsilea L. 蘋属　苹属
Marsilea aegyptiaca Wild. 埃及蘋　埃及苹
Marsilea crenata C. Presl 南国田字草 = Marsilea minuta L.
Marsilea minuta L. 南国田字草
Marsilea quadrifolia L. 蘋　苹

Marsileaceae 蘋科　苹科

Matteuccia Todaro 荚果蕨属
Matteuccia intermedia C. Chr. 中华东方荚果蕨 = Pentarhizidium intermedium (C. Chr.) Hayata
Matteuccia orientalis (Hook.) Trev. 东方荚果蕨 = Pentarhizidium orientale (Hook.) Hayata
Matteuccia struthiopteris (L.) Todaro 荚果蕨
Matteuccia struthiopteris var. *acutiloba* Ching 尖裂荚果蕨 = Matteuccia struthiopteris (L.) Todaro

Mecodium C. Presl 蕗蕨属 = Hymenophyllum J. Sm. 膜蕨属
Mecodium acrocarpum (Christ) Ching 顶果蕗蕨 = Hymenophyllum polyanthos (Sw.) Sw.
Mecodium badium (Hook. & Grev.) Copel. 蕗蕨 = Hymenophyllum badium Hook. & Grev.
Mecodium corrugatum (Christ) Copel. 皱叶蕗蕨 = Hymenophyllum corrugatum Christ
Mecodium crispatum (Wall. ex Hook. & Grev.) Copel. 波纹蕗蕨 = Hymenophyllum badium Hook. & Grev.
Mecodium exsertum (Wall.) Copel. 毛蕗蕨 = Hymenophyllum exsertum Wall. ex Hook.
Mecodium hainanense Ching 海南蕗蕨 = Hymenophyllum polyanthos (Sw.) Sw.
Mecodium javanicum (Spreng.) Copel. 爪哇蕗蕨 = Hymenophyllum javanicum Spreng.
Mecodium jinfoshanense Ching & Z. Y. Liu 金佛山蕗蕨 = Hymenophyllum polyanthos (Sw.) Sw.
Mecodium levingei (C. B. Clarke) Copel. 鳞蕗蕨 = Hymenophyllum levingei C. B. Clarke
Mecodium likiangense Ching & P. S. Chiu 丽江蕗蕨 = Hymenophyllum polyanthos (Sw.) Sw.
Mecodium lineatum Ching & P. S. Chiu 线叶蕗蕨 = Hymenophyllum longissimum (Ching & P. S. Chiu) K. Iwats.
Mecodium lofoushanense Ching & P. S. Chiu 罗浮蕗蕨 = Hymenophyllum polyanthos (Sw.) Sw.
Mecodium longissimum Ching & P. S. Chiu 长叶蕗蕨 = Hymenophyllum longissimum (Ching & P. S. Chiu) K. Iwats.
Mecodium lushanense Ching & P. S. Chiu 庐山蕗蕨 = Hymenophyllum polyanthos (Sw.) Sw.
Mecodium microsorum (Bosch) Ching 小果蕗蕨 = Hymenophyllum polyanthos (Sw.) Sw.
Mecodium oligosorum (Makino) H. Itô 长毛蕗蕨 = Hymenophyllum oligosorum Makino
Mecodium osmundoides (Bosch) Ching 长柄蕗蕨 = Hymenophyllum polyanthos (Sw.) Sw.

Mecodium ovalifolium Ching & P. S. Chiu 卵圆蕗蕨 = Hymenophyllum polyanthos (Sw.) Sw.
Mecodium paniculiflorum (C. Presl) Copel. 扁苞蕗蕨 = Hymenophyllum polyanthos (Sw.) Sw.
Mecodium paramnioides H. G. Zhou & W. M. Chu 羽叶蕗蕨 = Hymenophyllum paramnioides (H. G. Zhou & W. M. Chu) X. C. Zhang
Mecodium productum (Kunze) Copel. 吊罗蕗蕨 = Hymenophyllum productum Kunze
Mecodium propinquum Ching & P. S. Chiu 齿苞蕗蕨 = Hymenophyllum badium Hook. & Grev.
Mecodium riukiuense (Christ) Copel. 琉球蕗蕨 = Hymenophyllum riukiuense Christ
Mecodium stenochladum Ching & P. S. Chiu 撕苞蕗蕨 = Hymenophyllum stenocladum (Ching & P. S. Chiu) K. Iwats.
Mecodium szechuanense Ching & P. S. Chiu 四川蕗蕨 = Hymenophyllum polyanthos (Sw.) Sw.
Mecodium tenuifrons Ching 全苞蕗蕨 = Hymenophyllum badium Hook. & Grev.
Mecodium wangii Ching & P. S. Chiu 王氏蕗蕨 = Hymenophyllum polyanthos (Sw.) Sw.

Meringium C. Presl 厚壁蕨属 = Hymenophyllum Sm. 膜蕨属
Meringium acanthoides (Bosch) Copel. (存疑)
Meringium denticulatum (Sw.) Copel. 厚壁蕨 = Hymenophyllum denticulatum Sw.
Meringium holochilum (Bosch) Copel. 南洋厚壁蕨 = Hymenophyllum holochilum (Bosch) C. Chr.

Mesopteris Ching 龙津蕨属 = Cyclosorus Link 毛蕨属
Mesopteris tonkinensis (C. Chr.) Ching 龙津蕨 = Cyclosorus tonkinensis (C. Chr.) L. J. He & X. C. Zhang

Metapolypodium Ching 篦齿蕨属 = Goniophlebium (Blume) C. Presl 棱脉蕨属
Metapolypodium manmeiense (Christ) Ching 篦齿蕨 = Goniophlebium manmeiense (Christ) Rödl-Linder
Metapolypodium microrhizoma (C. B. Clarke ex Baker) S. G. Lu & L. H. Yang 栗柄篦齿蕨 = Goniophlebium microrhizoma (C. B. Clarke ex Baker) Bedd.

Metathelypteris (H. Itô) Ching 凸轴蕨属 = Parathelypteris (H. Itô) Ching
Metathelypteris adscendens (Ching) Ching 微毛凸轴蕨 = Parathelypteris adscendens (Ching) X. C. Zhang & L. J. He
Metathelypteris decipiens (C. B. Clarke) Ching 迷人凸轴蕨 = Parathelypteris flaccida (Blume) X. C. Zhang & L. J. He
Metathelypteris deltoideofrons Ching ex W. M. Chu & S. G. Lu 三角叶凸轴蕨 = Parathelypteris deltoideofrons (Ching ex W. M. Chu & S. G. Lu) X. C. Zhang & L. J. He
Metathelypteris flaccida (Blume) Ching 薄叶凸轴蕨 = Parathelypteris flaccida (Blume) X. C. Zhang & L. J. He
Metathelypteris glandulifera Ching ex K. H. Shing 有腺凸轴蕨 = Parathelypteris glandulifera (Ching ex

K. H. Shing) X. C. Zhang & L. J. He

Metathelypteris glandulosa H. G. Zhou & Hua Li 具腺凸轴蕨 = Parathelypteris glandulosa (H. G. Zhou & Hua Li) L. H. He & X. C. Zhang

Metathelypteris gracilescens (Blume) Ching 凸轴蕨 = Parathelypteris gracilescens (Blume) X. C. Zhang & L. J. He

Metathelypteris hattorii (H. Itô) Ching 林下凸轴蕨 = Parathelypteris hattorii (H. Itô) X. C. Zhang & L. J. He

Metathelypteris laxa (Franch. & Sav.) Ching 疏羽凸轴蕨 = Parathelypteris laxa (Franch. & Sav.) X. C. Zhang & L. J. He

Metathelypteris petiolulata Ching ex K. H. Shing 有柄凸轴蕨 = Parathelypteris petiolulata (Ching ex K. H. Shing) X. C. Zhang & L. J. He

Metathelypteris singalanensis (Baker) Ching 鲜绿凸轴蕨 = Parathelypteris singalanensis (Baker) X. C. Zhang & L. J. He

Metathelypteris uraiensis (Rosenst.) Ching 乌来凸轴蕨 = Parathelypteris uraiensis (Rosenst.)X. C. Zhang & L. J. He

Metathelypteris uraiensis var. *tibetica* (Ching & S. K. Wu) K. H. Shing 西藏凸轴蕨 = Parathelypteris uraiensis var. tibetica (Ching & S. K. Wu) X. C. Zhang & L. J. He

Metathelypteris wuyishanica Ching 武夷山凸轴蕨 = Parathelypteris wuyishanica (Ching) X. C. Zhang & L. J. He

Microgonium C. Presl 单叶假脈蕨属 = Didymoglossum Desv. 毛边蕨属

Microgonium beccarianum (Cesati) Copel. 短柄单叶假脉蕨 = Didymoglossum motleyi (Bosch) Ebihara & K. Iwats.

Microgonium bimarginatum Bosch 叉脉单叶假脉蕨 = Didymoglossum bimarginatum (Bosch) Ebihara & K. Iwats.

Microgonium motley Bosch 短柄单叶假脉蕨 = Didymoglossum motleyi (Bosch) Ebihara & K. Iwats.

Microgonium omphalodes Vieillard ex Fournier 盾形单叶假脉蕨 = Didymoglossum tahitense (Nadeaud) Ebihara & K. Iwats.

Microgonium sublimbatum (Müller Berol.) Bosch 单叶假脉蕨 = Didymoglossum sublimbatum (Müller Berol.) Ebihara & K. Iwats.

Microgonium tahitense (Nadealld) Tindale 盾形单叶假脉蕨 = Didymoglossum tahitense (Nadeaud) Ebihara & K. Iwats.

Microlepia C. Presl 鳞盖蕨属

Microlepia ampla Ching 浅杯鳞盖蕨 = Microlepia obtusiloba Hayata

Microlepia angustipinna Ching 狭羽鳞盖蕨 = Microlepia khasiyana (Hook.) C. Presl

Microlepia attenuata Ching 渐狭鳞盖蕨

Microlepia bipinnata Hayata 二羽鳞盖蕨 = Microlepia marginata var. bipinnata Makino
Microlepia boluoensis Y. Yuan & L. Fu 博罗鳞盖蕨 (存疑)
Microlepia calvescens (Wall. ex Hook.) C. Presl 光叶鳞盖蕨 = Microlepia marginata var. calvescens (Wall. ex Hook.) C. Chr.
Microlepia caudifolia Ching 尾头鳞盖蕨 = Microlepia pseudostrigosa Makino
Microlepia caudiformis Ching 尾叶鳞盖蕨 = Microlepia hancei Prantl
Microlepia chingii B. S. Wang 秦氏鳞盖蕨 = Microlepia hancei Prantl
Microlepia chishuiensis P. S. Wang 赤水鳞盖蕨 = Microlepia obtusiloba Hayata
Microlepia chrysocarpa Ching 金果鳞盖蕨
Microlepia communis Ching 疏毛鳞盖蕨 = Microlepia rhomboidea (Wall. ex Kunze) Prantl
Microlepia crassa Ching 革质鳞盖蕨
Microlepia crenata Ching 圆齿鳞盖蕨 = Microlepia todayensis Christ
Microlepia crenatoserrata Ching 隆脉鳞盖蕨 = Microlepia todayensis Christ
Microlepia critica Ching 正鳞盖蕨 = Microlepia pseudostrigosa Makino
Microlepia firma Mett. ex Kuhn 长托鳞盖蕨
Microlepia formosana Ching 线羽鳞盖蕨 = Microlepia strigosa (Thunb.) C. Presl
Microlepia fujianensis Ching 福建鳞盖蕨
Microlepia ganlanbaensis Ching 阴脉鳞盖蕨 = Microlepia speluncae (L.) T. Moore
Microlepia gigantea Ching 乔大鳞盖蕨 = Microlepia todayensis Christ
Microlepia glabra Ching 光盖鳞盖蕨 = Microlepia pseudostrigosa Makino
Microlepia hainanensis Ching 海南鳞盖蕨 = Microlepia obtusiloba Hayata
Microlepia hancei Prantl 华南鳞盖蕨
Microlepia herbacea Ching & C. Chr. 草叶鳞盖蕨 = Microlepia matthewii Christ
Microlepia hispida C. Chr. 刚毛鳞盖蕨 = Microlepia trichocarpa Hayata
Microlepia hookeriana (Wall. ex Hook) C. Presl 虎克鳞盖蕨
Microlepia intermedia Ching 中型鳞盖蕨 = Microlepia speluncae (L.) T. Moore
Microlepia khasiyana (Hook.) C. Presl 西南鳞盖蕨
Microlepia krameri C. M. Kuo 克氏鳞盖蕨
Microlepia kurzii (C. B. Clarke) Bedd. 毛阔鳞盖蕨
Microlepia lipingensis P. S. Wang 黎平鳞盖蕨 = Dennstaedtia hirsuta (Sw.) Mett. ex Miq.
Microlepia lofoushanensis Ching 罗浮鳞盖蕨 = Microlepia rhomboidea (Wall. ex Kunze) Prantl
Microlepia longipilosa Ching 长毛鳞盖蕨 = Microlepia kurzii (C. B. Clarke) Bedd.
Microlepia marginata (Panz.) C. Chr. 边缘鳞盖蕨
Microlepia marginata var. **bipinnata** Makino 二回边缘鳞盖蕨　二回羽状
Microlepia marginata var. **calvescens** (Wall. ex Hook.) C. Chr. 光叶鳞盖蕨
Microlepia marginata var. **intramarginalis** (Tagawa) Y. H. Yan 羽叶鳞盖蕨
Microlepia marginata var. **villosa** (C. Presl) Wu 毛叶鳞盖蕨

Microlepia matthewii Christ 岭南鳞盖蕨

Microlepia medogensis Ching & Y. X. Lin 墨脱鳞盖蕨 = Microlepia khasiyana (Hook.) C. Presl

Microlepia membranacea B. S. Wang 膜质鳞盖蕨

Microlepia modesta Ching 皖南鳞盖蕨

Microlepia neostrigosa Ching 新粗毛鳞盖蕨 = Microlepia strigosa (Thunb.) C. Presl

Microlepia obtusiloba Hayata 团羽鳞盖蕨

Microlepia omeiensis Ching 峨眉鳞盖蕨 = Microlepia pseudostrigosa Makino

Microlepia pallida Ching 淡秆鳞盖蕨 = Microlepia rhomboidea (Wall. ex Kunze) Prantl

Microlepia pilosissima Ching 多毛鳞盖蕨 = Microlepia speluncae (L.) T. Moore

Microlepia pilosula (Wall.) C. Presl 褐毛鳞盖蕨 = Microlepia speluncae (L.) T. Moore

Microlepia pingpienensis Ching 屏边鳞盖蕨 = Microlepia speluncae (L.) T. Moore

Microlepia platyphylla (D. Don) J. Sm. 阔叶鳞盖蕨

Microlepia pseudostrigosa Makino 假粗毛鳞盖蕨

Microlepia rhomboidea (Wall. ex Kunze) Prantl 斜方鳞盖蕨

Microlepia scyphoformis Ching & Chu H. Wang 深杯鳞盖蕨 = Microlepia rhomboidea (Wall. ex Kunze) Prantl

Microlepia singpienensis Ching 新平鳞盖蕨 = Microlepia tenella Ching

Microlepia sinostrigosa Ching 中华鳞盖蕨 = Microlepia pseudostrigosa Makino

Microlepia speluncae (L.) T. Moore 热带鳞盖蕨

Microlepia straminea Ching 广西鳞盖蕨

Microlepia strigosa (Thunb.) C. Presl 粗毛鳞盖蕨

Microlepia subrhomboidea Ching 短毛鳞盖蕨 = Microlepia speluncae (L.) T. Moore

Microlepia subspeluncae Ching 滇西鳞盖蕨 = Microlepia speluncae (L.) T. Moore

Microlepia substrigosa Tagawa 亚粗毛鳞盖蕨

Microlepia subtrichosticha Ching 尖山鳞盖蕨

Microlepia szechuanica Ching 四川鳞盖蕨 = Microlepia khasiyana (Hook.) C. Presl

Microlepia tenella Ching 膜叶鳞盖蕨 (存疑)

Microlepia tenera Christ 薄叶鳞盖蕨

Microlepia todayensis Christ 乔大鳞盖蕨

Microlepia trapeziformis (Roxb.) Kuhn 针毛鳞盖蕨

Microlepia trichocarpa Hayata 毛果鳞盖蕨

Microlepia trichoclada Ching 亮毛鳞盖蕨 = Microlepia trapeziformis (Roxb.) Kuhn

Microlepia trichosora Ching 毛囊鳞盖蕨 = Microlepia trichocarpa Hayata

Microlepia tripinnata Ching 浓毛鳞盖蕨

Microlepia villosa (D. Don) Ching 密毛鳞盖蕨 = Microlepia speluncae (L.) T. Moore

Microlepia wentongensis B. S. Wang 温塘鳞盖蕨 = Microlepia pseudostrigosa Makino

Microlepia yunnanensis Ching 云南鳞盖蕨 = Microlepia trapeziformis (Roxb.) Kuhn

Microlepia × hirtiindusiata P. S. Wang 毛盖鳞盖蕨

Micropolypodium Hayata 锯蕨属
Micropolypodium cornigerum (Baker) X. C. Zhang 叉毛锯蕨
Micropolypodium okuboi (Yatabe) Hayata 锯蕨
Micropolypodium sikkimense (Hieron.) X. C. Zhang 锡金锯蕨

Microsoroideae 星蕨亚科

Microsorum Link 星蕨属
Microsorum fortunei (T. Moore) Ching 江南星蕨 = Neolepisorus fortunei (T. Moore) Li Wang
Microsorum insigne (Blume) Copel. 羽裂星蕨 = Kaulinia insignis (Blume) X. C. Zhang
Microsorum membranaceum (D. Don) Ching 膜叶星蕨
Microsorum membranaceum var. *carinatum* W. M. Chu & Z. R. He 龙骨星蕨 = Microsorum membranaceum (D. Don) Ching
Microsorum pteropus (Blume) Copel. 有翅星蕨 = Kaulinia pteropus (Blume) B. K. Nayar
Microsorum punctatum (L.) Copel. 星蕨
Microsorum reticulatum Ching ex L. Shi 网脉星蕨
Microsorum steerei (Harr.) Ching 广叶星蕨
Microsorum superficiale (Blume) Ching 表面星蕨 = Lepidomicrosorium superficiale (Blume) Li Wang
Microsorum zippelii (Blume) Ching 显脉星蕨 = Neolepisorus zippelii (Blume) Li Wang
Microtrichomanes (Mett.) Copel. 细口团扇蕨属 = Hymenophyllum Sm. 膜蕨属
Microtrichomanes digitatum (Sw.) Copel. 指状细口团扇蕨 = Hymenophyllum digitatum (Sw.) Fosberg
Microtrichomanes nitidulum (Bosch) Prantl 细口团扇蕨 = Hymenophyllum nitidulum (Bosch) Ebihara & K. Iwats.

Monachosoraceae 稀子蕨科 = Dennstaedtiaceae 碗蕨科

Monachosorum Kunze 稀子蕨属
Monachosorum davallioides Kunze 大叶稀子蕨 = Monachosorum henryi Christ
Monachosorum elegans Ching 傜山稀子蕨 = Monachosorum henryi Christ
Monachosorum flagellare (Maxim. ex Makino) Hayata 尾叶稀子蕨
Monachosorum flagellare var. *nipponicum* (Makino) Tagawa 华中稀子蕨 = Monachosorum flagellare (Maxim. ex Makino) Hayata
Monachosorum henryi Christ 稀子蕨
Monachosorum maximowiczii (Baker) Hayata 岩穴蕨　穴子蕨

Monogramma Comm. ex Schkuhr 一条线蕨属
Monogramma paradoxa (Fée) Bedd. 连孢一条线蕨

Monogramma trichoidea (Fée) Hook. 针叶蕨

Monomelangium Hayata 毛轴线盖蕨属 = Diplazium Sw. 双盖蕨属
Monomelangium dinghushanicum Ching & S. H. Wu 鼎湖山毛轴线盖蕨 = Diplazium dinghushanicum (Ching & S. H. Wu) Z. R. He
Monomelangium pullingeri (Baker) Tagawa 毛轴线盖蕨 = Diplazium pullingeri (Baker) J. Sm.
Monomelangium pullingeri var. *daweishanicolum* W. M. Chu & Z. R. He 大围山毛轴线盖蕨 = Diplazium pullingeri var. daweishanicola (W. M. Chu & Z. R. He) Z. R. He

N

Neoathyrium Ching & Z. R. Wang 新蹄盖蕨属 = Cornopteris Nakai 角蕨属
Neoathyrium crenulatoserrulatum (Makino) Ching & Z. R. Wang 新蹄盖蕨 = Cornopteris crenulatoserrulata (Makino) Nakai

Neocheiropteris Christ 扇蕨属
Neocheiropteris palmatopedata (Baker) Christ 扇蕨
Neocheiropteris triglossa (Baker) Ching 三叉扇蕨
Neocheiropteris waltonii Ching 戟形扇蕨 = Lepisorus waltonii (Ching) S. L. Yu

Neolepisorus Ching 盾蕨属
Neolepisorus dengii Ching & P. S. Wang 世纬盾蕨 = Neolepisorus ovatus (Wall. ex Bedd.) Ching
Neolepisorus dengii f. *hastatus* Ching & P. S. Wang 戟叶盾蕨 = Neolepisorus ovatus f. deltoideus (Baker) Ching
Neolepisorus emeiensis Ching & K. H. Shing 峨眉盾蕨 = Neolepisorus ovatus (Wall. ex Bedd.) Ching
Neolepisorus emeiensis f. *dissectus* Ching & K. H. Shing 深裂盾蕨 = Neolepisorus ovatus f. deltoideus (Baker) Ching
Neolepisorus ensatus (Thunb.) Ching 剑叶盾蕨
Neolepisorus ensatus f. *monstriferus* Tagawa 畸变剑叶盾蕨 = Neolepisorus ensatus (Thunb.) Ching
Neolepisorus ensatus f. *platyphllus* (Tagawa) Ching & K. H. Shing 宽剑叶盾蕨 = Neolepisorus ensatus (Thunb.) Ching
Neolepisorus fortunei (T. Moore) Li Wang 江南星蕨
Neolepisorus lancifolius Ching & K. H. Shing 梵净山盾蕨 = Neolepisorus ovatus (Wall. ex Bedd.) Ching
Neolepisorus minor W. M. Chu 小盾蕨
Neolepisorus ovatus (Wall. ex Bedd.) Ching 盾蕨
Neolepisorus ovatus f. **deltoideus** (Baker) Ching 三角叶盾蕨
Neolepisorus ovatus f. **doryopteris** (Christ) Ching 蟹爪盾蕨
Neolepisorus ovatus f. gracilis Ching & K. H. Shing 卵圆盾蕨 (存疑)

Neolepisorus ovatus f. *monstrosus* Ching & K. H. Shing 畸裂盾蕨 = Neolepisorus ovatus f. deltoideus (Baker) Ching

Neolepisorus ovatus f. **truncatus** (Ching & P. S. Wang) L. Shi & X. C. Zhang 截基盾蕨

Neolepisorus sinensis Ching 中华盾蕨 = Neolepisorus ovatus f. doryopteris (Christ) Ching

Neolepisorus tenuipes Ching & K. H. Shing 细足盾蕨 = Neolepisorus ovatus f. doryopteris (Christ) Ching

Neolepisorus truncatus Ching & P. S. Wang 截基盾蕨 = Neolepisorus ovatus f. doryopteris (Christ) Ching

Neolepisorus truncatus f. *laciatus* Ching & K. H. Shing 撕裂盾蕨 = Neolepisorus ovatus f. truncatus (Ching & P. S. Wang) L. Shi & X. C. Zhang

Neolepisorus tsaii Ching & K. H. Shing 希陶盾蕨 = Neolepisorus ovatus f. doryopteris (Christ) Ching

Neolepisorus zippelii (Blume) Li Wang 显脉星蕨

Neottopteris J. Sm. 巢蕨属 = Asplenium L. 铁角蕨属

Neottopteris antiqua (Makino) Masam. 大鳞巢蕨 = Asplenium antiquum Makino

Neottopteris antrophyoides (Christ) Ching 狭翅巢蕨 = Asplenium antrophyoides Christ

Neottopteris antrophyoides var. *cristata* Ching & S. H. Wu 鸡冠巢蕨 = Asplenium antrophyoides Christ

Neottopteris humbertii (Tardieu) Tagawa 扁柄巢蕨 = Asplenium humbertii Tardieu

Neottopteris latibasis Ching 阔足巢蕨 = Asplenium oblanceolatum Copel.

Neottopteris latipes Ching ex S. H. Wu 阔翅巢蕨 = Asplenium antrophyoides Christ

Neottopteris longistipes Ching ex S. H. Wu 长柄巢蕨 = Asplenium humbertii Tardieu

Neottopteris nidus (L.) J. Sm. 巢蕨 = Asplenium nidus L.

Neottopteris salwinensis Ching 尖头巢蕨 = Asplenium nidus L.

Neottopteris subantiqua Ching ex S. H. Wu 黑鳞巢蕨 = Asplenium oblanceolatum Copel.

Nephrolepidaceae 肾蕨科

Nephrolepis Schott 肾蕨属

Nephrolepis auriculata (L.) Trimen 肾蕨 = Nephrolepis cordifolia (L.) C. Presl

Nephrolepis biserrata (Sw.) Schott 长叶肾蕨

Nephrolepis biserrata var. **auriculata** Ching 耳叶肾蕨

Nephrolepis brownii (Desv.) Hovenkamp & Miyam. 毛叶肾蕨

Nephrolepis cordifolia (L.) C. Presl 肾蕨

Nephrolepis delicatula (Decne.) Pichi-Serm. 薄叶肾蕨 = Nephrolepis cordifolia (L.) C. Presl

Nephrolepis duffii T. Moore 圆叶肾蕨

Nephrolepis falcata (Cav.) C. Chr. 镰叶肾蕨 = Nephrolepis falciformis J. Sm.

Nephrolepis falciformis J. Sm. 镰叶肾蕨

Nephrolepis hirsutula (G. Forst.) C. Presl 毛叶肾蕨 = Nephrolepis biserrata (Sw.) Schott

Nesopteris Copel. 球杆毛蕨属

Nesopteris grandis Copel. 大球杆毛蕨
Nesopteris thysanostoma (Mak.) Copel. 球杆毛蕨

Notholaena R. Br. 隐囊蕨属 = Cheilanthes Sw. 碎米蕨属
Notholaena chinensis Baker 中华隐囊蕨 = Cheilanthes chinensis (Baker) Domin
Notholaena hirsuta (Poir.) Desv. 隐囊蕨 = Cheilanthes nudiuscula (R. Brown) T. Moore

Nothoperanema (Tagawa) Ching 肉刺蕨属 = Dryopteris Adanson 鳞毛蕨属
Nothoperanema diacalpioides Ching 棕鳞肉刺蕨 = Dryopteris diacalpioides (Ching) Li Bing Zhang
Nothoperanema giganteum Ching 大叶肉刺蕨 = Dryopteris grandifrons Li Bing Zhang
Nothoperanema hendersonii (Bedd.) Ching 有盖肉刺蕨 = Dryopteris hendersonii (Bedd.) C. Chr.
Nothoperanema shikokianum (Makino) Ching 无盖肉刺蕨 = Dryopteris shikokiana (Makino) C. Chr.
Nothoperanema squamisetum (Hook.) Ching 肉刺蕨 = Dryopteris squamiseta (Hook.) Kuntze

Odontosoria Fée 乌蕨属
Odontosoria biflora (Kaulf.) C. Chr. 阔片乌蕨
Odontosoria chinensis (L.) J. Sm. 乌蕨

Oleandraceae 蓧蕨科　条蕨科

Oleandra Cav. 蓧蕨属　条蕨属
Oleandra cantonensis Ching 广州蓧蕨　广州条蕨 = Oleandra cumingii J. Sm.
Oleandra cumingii J. Sm. 华南蓧蕨　华南条蕨
Oleandra hainanensis Ching 海南蓧蕨　海南条蕨 = Oleandra musifolia (Blume) C. Presl
Oleandra intermedia Ching 圆基蓧蕨　圆基条蕨 = Oleandra cumingii J. Sm.
Oleandra musifolia (Blume) C. Presl 光叶蓧蕨　光叶条蕨
Oleandra neriiformis Cav. 轮叶蓧蕨　轮叶条蕨
Oleandra pistillaris (Sw.) C. Chr. 攀援蓧蕨　攀援条蕨 = Oleandra neriiformis Cav.
Oleandra undulata (Willd.) Ching 波边蓧蕨　波边条蕨
Oleandra wallichii (Hook.) C. Presl 高山蓧蕨　高山条蕨
Oleandra yunnanensis Ching 云南蓧蕨　云南条蕨 = Oleandra cumingii J. Sm.

Onocleaceae 球子蕨科

Onoclea L. 球子蕨属
Onoclea interrupta (Maxim.) Ching & P. S. Chiu 球子蕨
Onoclea sensibilis var. *interrupta* Maxim. 球子蕨 = Onoclea interrupta (Maxim.) Ching & P. S. Chiu

Onychium Kaulf. 金粉蕨属
Onychium angustifrons K. H. Shing 狭叶金粉蕨
Onychium contiguum C. Hope 黑足金粉蕨 = Onychium lucidum (D. Don) Spreng.
Onychium cryptogrammoides Christ 黑足金粉蕨
Onychium japonicum (Thunb.) Kunze 野雉尾金粉蕨
Onychium japonicum var. *lucidum* (D. Don) Christ 栗柄金粉蕨 = Onychium lucidum (D. Don) Spreng.
Onychium lucidum (D. Don) Spreng. 栗柄金粉蕨
Onychium moupinense Ching 木坪金粉蕨
Onychium moupinense var. **ipii** (Ching) K. H. Shing 湖北金粉蕨
Onychium plumosum Ching 繁羽金粉蕨
Onychium siliculosum (Desv.) C. Chr. 金粉蕨
Onychium tenuifrons Ching 蚀盖金粉蕨
Onychium tibeticum Ching & S. K. Wu 西藏金粉蕨

Ophioglossaceae 瓶尔小草科

Ophioderma Endl. 带状瓶尔小草属 = Ophioglossum L. 瓶尔小草属
Ophioderma pendulum C. Presl 带状瓶尔小草 = Ophioglossum pendulum L.

Ophioglossum L. 瓶尔小草属
Ophioglossum austroasiaticum M. Nishida 高山瓶尔小草
Ophioglossum nudicaule L. f. 裸茎瓶尔小草
Ophioglossum oblongum H. G. Zhou & Hua Li 矩圆叶瓶尔小草
Ophioglossum parvifolium Grev. & Hook. 小叶瓶尔小草 = Ophioglossum nudicaule L. f.
Ophioglossum pedunculosum Desv. 尖头瓶尔小草 = Ophioglossum petiolatum Hook.
Ophioglossum pendulum L. 带状瓶尔小草
Ophioglossum petiolatum Hook. 柄叶瓶尔小草　钝头瓶尔小草
Ophioglossum reticulatum L. 心脏瓶尔小草
Ophioglossum thermale Kom. 狭叶瓶尔小草
Ophioglossum vulgatum L. 瓶尔小草
Ophioglossum yongrenense Ching ex Z. R. He & W. M. Chu. 永仁瓶尔小草

Oreogrammitis Copel. 滨禾蕨属
Oreogrammitis adspersa (Blume) Parris 无毛滨禾蕨　无毛禾叶蕨
Oreogrammitis congener (Blume) Parris 南亚滨禾蕨　太武禾叶蕨
Oreogrammitis dorsipila (Christ) Parris 短柄滨禾蕨　短柄禾叶蕨
Oreogrammitis hainanensis Parris 海南滨禾蕨
Oreogrammitis nuda (Tagawa) Parris 长孢滨禾蕨　长孢禾叶蕨

Oreogrammitis reinwardtii (Blume) Parris 毛滨禾蕨　毛禾叶蕨
Oreogrammitis sinohirtella Parris 隐脉滨禾蕨

Oreopteris Holub 假鳞毛蕨属
Oreopteris elwesii (Hook. & Baker) Holttum 锡金假鳞毛蕨
Oreopteris quelpaertensis (Christ) Holub 亚洲假鳞毛蕨

Osmolindsaea (K. U. Kramer) Lehtonen & Christenh. 香鳞始蕨属
Osmolindsaea japonica (Baker) Lehtonen & Christenh. 日本鳞始蕨
Osmolindsaea odorata (Roxb.) Lehtonen & Christenh. 香鳞始蕨

Osmundaceae 紫萁科

Osmunda L. 紫萁属
Osmunda angustifolia Ching 狭叶紫萁
Osmunda banksiifolia (C. Presl) Kuhn 粗齿紫萁
Osmunda cinnamomea auct. non L. 分株紫萁 = Osmundastrum asiaticum (Fernald) X. C. Zhang
Osmunda claytoniana auct. non L. 绒紫萁 = Osmunda pilosa Wall. ex Grev. & Hook.
Osmunda pilosa Wall. ex Grev. & Hook. 绒紫萁
Osmunda japonica Thunb. 紫萁
Osmunda javanica Blume 宽叶紫萁
Osmunda vachellii Hook. 华南紫萁
Osmunda × mildei C. Chr. 粤紫萁

Osmundastrum C. Presl 桂皮紫萁属
Osmundastrum asiaticum (Fernald) X. C. Zhang 亚洲桂皮紫萁
Osmundastrum cinnamomeum auct. non (L.) C. Presl 桂皮紫萁 = Osmundastrum asiaticum (Fernald) X. C. Zhang

P

Paesia St. Hilaire 曲轴蕨属
Paesia taiwanensis W. C. Shieh 台湾曲轴蕨

Palhinhaea Franco & Vasc. ex Vasc. & Franco. 垂穗石松属 = Lycopodiella Holub 小石松属
Palhinhaea cernua (L.) Vasc. & Franco 垂穗石松 = Lycopodiella cernua (L.) Pic. Serm.
Palhinhaea cernua f. *sikkimensis* (Muellar) H. S. Kung 毛枝垂穗石松 = Lycopodiella cernua (L.) Pic. Serm.
Palhinhaea hainanensis C. Y. Yang 海南垂穗石松 = Lycopodiella cernua (L.) Pic. Serm.

Palhinhaea hainanensis f. *glabra* H. S. Kung & Li Bing Zhang 光枝海南垂穗石松 = Lycopodiella cernua (L.) Pic. Serm.

Paradavallodes Ching 假钻毛蕨属
Paradavallodes chingiae (Ching) Ching 秦氏假钻毛蕨
Paradavallodes kansuense Ching 甘肃假钻毛蕨 = Paradavallodes multidentata (Hook.) Ching
Paradavallodes membranulosa (Wall. ex Hook.) Ching 膜叶假钻毛蕨
Paradavallodes multidentata (Hook.) Ching 假钻毛蕨

Paragymnopteris K. H. Shing 金毛裸蕨属
Paragymnopteris bipinnata (Christ) K. H. Shing 川西金毛裸蕨
Paragymnopteris bipinnata var. **auriculata** (Franch.) K. H. Shing 耳羽金毛裸蕨
Paragymnopteris delavayi (Baker) K. H. Shing 滇西金毛裸蕨
Paragymnopteris marantae (L.) K. H. Shing 欧洲金毛裸蕨
Paragymnopteris sargentii (Christ) K. H. Shing 三角金毛裸蕨
Paragymnopteris vestita (Hook.) K. H. Shing 金毛裸蕨

Parahemionitis Panigrahi 泽泻蕨属
Parahemionitis cordata (Roxb. ex Hook. & Grev.) Fraser-Jenk. 泽泻蕨

Parathelypteris (H. Itô) Ching 金星蕨属
Parathelypteris adscendens (Ching) X. C. Zhang & L. J. He 微毛凸轴蕨
Parathelypteris angulariloba (Ching) Ching 钝角金星蕨
Parathelypteris angustifrons (Miq.) Ching 狭叶金星蕨
Parathelypteris beddomei (Baker) Ching 长根金星蕨
Parathelypteris borealis (H. Hara) K. H. Shing 狭脚金星蕨
Parathelypteris caoshanensis Ching ex K. H. Shing 草山金星蕨
Parathelypteris castanea (Tagawa) Ching 台湾金星蕨
Parathelypteris caudata Ching ex K. H. Shing 尾羽金星蕨
Parathelypteris changbaishanensis Ching ex K. H. Shing 长白山金星蕨
Parathelypteris chinensis (Ching) Ching 中华金星蕨
Parathelypteris chinensis var. **trichocarpa** Ching ex K. H. Shing & J. F. Cheng 毛果金星蕨
Parathelypteris chingii K. H. Shing & J. F. Cheng 秦氏金星蕨
Parathelypteris chingii var. **major** (Ching) K. H. Shing 大羽金星蕨
Parathelypteris cystopteroides (D. C. Eaton) Ching 马蹄金星蕨
Parathelypteris deltoideofrons (Ching ex W. M. Chu & S. G. Lu) X. C. Zhang & L. J. He 三角叶凸轴蕨

Parathelypteris flaccida (Blume) X. C. Zhang & L. J. He 薄叶凸轴蕨
Parathelypteris glandulifera (Ching ex K. H. Shing) X. C. Zhang & L. J. He 有腺凸轴蕨
Parathelypteris glanduligera (Kunze) Ching 金星蕨
Parathelypteris glanduligera var. **puberula** (Ching) Ching ex K. H. Shing 微毛金星蕨
Parathelypteris glandulosa (H. G. Zhou & Hua Li) X. C. Zhang & L. J. He 具腺凸轴蕨
Parathelypteris gracilescens (Blume) X. C. Zhang & L. J. He 凸轴蕨
Parathelypteris grammitoides (Christ) Ching 矮小金星蕨
Parathelypteris hattorii (H. Itô) X. C. Zhang & L. J. He 林下凸轴蕨
Parathelypteris hirsutipes (C. B. Clarke) Ching 毛脚金星蕨
Parathelypteris indochinensis (Christ) Ching 滇越金星蕨
Parathelypteris japonica (Baker) Ching 光脚金星蕨
Parathelypteris japonica var. **glabrata** (Ching) K. H. Shing 光叶金星蕨
Parathelypteris japonica var. *musashiensis* (Hiyama) Ching 禾秆金星蕨 = Parathelypteris japonica (Baker) Ching
Parathelypteris laxa (Franch. & Sav.) X. C. Zhang & L. J. He 疏羽凸轴蕨
Parathelypteris nigrescens Ching ex K. H. Shing 黑叶金星蕨
Parathelypteris nipponica (Franch. & Sav.) Ching 中日金星蕨
Parathelypteris pauciloba Ching ex K. H. Shing 阔片金星蕨
Parathelypteris petelotii (Ching) Ching 长毛金星蕨
Parathelypteris petiolulata (Ching ex K. H. Shing) X. C. Zhang & L. J. He 有柄凸轴蕨
Parathelypteris qinlingensis Ching ex K. H. Shing 秦岭金星蕨
Parathelypteris serrutula (Ching) Ching 有齿金星蕨
Parathelypteris singalanensis (Baker) X. C. Zhang & L. J. He 鲜绿凸轴蕨
Parathelypteris subimmersa (Ching) Ching 海南金星蕨
Parathelypteris trichochlamys Ching ex K. H. Shing 毛盖金星蕨
Parathelypteris uraiensis (Rosenst.) X. C. Zhang & L. J. He 乌来凸轴蕨
Parathelypteris uraiensis var. **tibetica** (Ching & S. K. Wu) X. C. Zhang & L. J. He 西藏凸轴蕨
Parathelypteris wuyishanica (Ching) X. C. Zhang & L. J. He 武夷山凸轴蕨

Parkeriaceae 水蕨科 = Pteridaceae 凤尾蕨科

Pellaea Link 旱蕨属
Pellaea calomelanos (Sw.) Link 三角羽旱蕨
Pellaea connectens C. Chr. 四川旱蕨 = Argyrochosma connectens (C. Chr.) G. M. Zhang
Pellaea mairei Brause 滇西旱蕨 = Cheilanthes brausei Fraser-Jenk.
Pellaea nitidula (Hook.) Baker 旱蕨 = Cheilanthes nitidula Wall. ex Hook.
Pellaea patula (Baker) Ching 宜昌旱蕨 = Cheilanthes patula Baker

Pellaea paupercula (Christ) Ching 凤尾旱蕨 = Cheilanthes christii Fraser-Jenk. & Yatsk.
Pellaea smithii C. Chr. 西南旱蕨 = Cheilanthes smithii (C. Chr.) R. M. Tryon
Pellaea straminea Ching 禾秆旱蕨 = Cheilanthes tibetica Fraser-Jenk. & Wangdi
Pellaea straminea var. *tibetica* Ching 西藏旱蕨 = Cheilanthes tibetica Fraser-Jenk. & Wangdi
Pellaea trichophylla (Baker) Ching 毛旱蕨 = Cheilanthes trichophylla Baker
Pellaea yunnanensis Ching 云南旱蕨 = Cheilanthes bhutanica Fraser-Jenk. & Wangdi

Pentarhizidium Hayata 东方荚果蕨属
Pentarhizidium intermedium (C. Chr.) Hayata 中华荚果蕨
Pentarhizidium orientale (Hook.) Hayata 东方荚果蕨

Peranemaceae 球盖蕨科 柄盖蕨科 = Dryopteridaceae 鳞毛蕨科

Peranema D. Don 柄盖蕨属 = Dryopteris Adanson 鳞毛蕨属
Peranema cyatheoides D. Don 柄盖蕨 = Dryopteris peranema Li Bing Zhang
Peranema cyatheoides var. *luzonicum* (Copel.) Ching & S. H. Wu 东亚柄盖蕨 = Dryopteris zhuweimingii Li Bing Zhang
Phanerophlebiopsis Ching 黔蕨属 = Arachniodes Blume 复叶耳蕨属
Phanerophlebiopsis blinii (H. Lév.) Ching 粗齿黔蕨 = Arachniodes blinii (H. Lév.) T. Nakaike
Phanerophlebiopsis coadunata Ching 合生黔蕨 = Arachniodes blinii (H. Lév.) T. Nakaike
Phanerophlebiopsis duplicatoserrata Ching 重齿黔蕨 = Arachniodes blinii (H. Lév.) T. Nakaike
Phanerophlebiopsis falcata Ching 镰羽黔蕨 = Arachniodes blinii (H. Lév.) T. Nakaike
Phanerophlebiopsis hunanensis Ching 湖南黔蕨 = Arachniodes blinii (H. Lév.) T. Nakaike
Phanerophlebiopsis intermedia Ching 中间黔蕨 = Arachniodes blinii (H. Lév.) T. Nakaike
Phanerophlebiopsis kweichowensis Ching 大羽黔蕨 = Arachniodes blinii (H. Lév.) T. Nakaike
Phanerophlebiopsis neopodophylla (Ching) Ching ex Y. T. Hsieh 长叶黔蕨 = Arachniodes neopodophylla (Ching) T. Nakaike
Phanerophlebiopsis tsiangiana Ching 黔蕨 = Arachniodes tsiangiana (Ching) T. Nakaike

Phegopteris Fée 卵果蕨属
Phegopteris connectilis (Michx.) Watt 卵果蕨
Phegopteris decursive-pinnata (H. C. Hall) Fée 延羽卵果蕨
Phegopteris tibetica Ching 西藏卵果蕨

Phlegmariurus (Hert.) Holub 马尾杉属 = Huperzia Bernh 石杉属
Phlegmariurus austrosinicus (Ching) Li Bing Zhang 华南马尾杉 = Huperzia austrosinica
Phlegmariurus cancellatus (Spring) Ching 网络马尾杉 = Huperzia cancellata (Spring) Trevisan
Phlegmariurus carinatus (Desv. ex Poir.) Ching 龙骨马尾杉 = Huperzia carinata (Desv. ex Poir.) Trev.

Phlegmariurus changii T. Y. Hsieh 张氏马尾杉 (存疑)

Phlegmariurus cryptomerianus (Maxim.) Ching ex H. S. Kung & Li Bing Zhang 柳杉叶马尾杉 = Huperzia cryptomeriana (Maxim.) R. D. Dixit

Phlegmariurus cunninghamioides (Hayata) Ching 杉形马尾杉 = Huperzia cunninghamioides (Hayata) Holub

Phlegmariurus fargesii (Herter) Ching 金丝条马尾杉 = Huperzia fargesii (Herter) Holub

Phlegmariurus fordii (Baker) Ching 福氏马尾杉 = Huperzia fordii (Baker) R. D. Dixit

Phlegmariurus guangdongensis Ching 广东马尾杉 = Huperzia guangdongensis (Ching) Holub.

Phlegmariurus hamiltonii (Spreng. ex Grev. & Hook.) Li Bing Zhang 喜马拉雅尾杉 = Huperzia hamiltonii (Spreng. ex Grev. & Hook.) Trevis.

Phlegmariurus hamiltonii var. *petiolatus* (C. B. Clarke) Ching 有柄马尾杉 = Huperzia petiolata (C. B. Clarke) R. D. Dixit

Phlegmariurus henryi (Baker) Ching 椭圆马尾杉 = Huperzia henryi (Baker) Holub

Phlegmariurus mingcheensis (Ching) Li Bing Zhang 闽浙马尾杉 = Huperzia mingcheensis (Ching) Holub

Phlegmariurus mingjoui X. C. Zhang 明州马尾杉 = Huperzia mingcheensis (Ching) Holub

Phlegmariurus nylamensis (Ching & S. K. Wu) H. S. Kung & Li Bing Zhang 聂拉木马尾杉 = Huperzia nylamensis Ching & S. K. Wu

Phlegmariurus ovatifolius (Ching) W. M. Chu ex H. S. Kung & Li Bing Zhang 卵叶马尾杉 = Huperzia ovatifolia Ching

Phlegmariurus petiolatus (C. B. Clarke) H. S. Kung & Li Bing Zhang 有柄马尾杉 = Huperzia petiolata (C. B. Clarke) R. D. Dixit

Phlegmariurus phlegmaria (L.) Holub 马尾杉 = Huperzia phlegmaria (L.) Rothm.

Phlegmariurus pulcherrimus (Wall. ex Hook. & Grev.) A. Löve & D. Löve 美丽马尾杉 = Huperzia pulcherrima (Wall. ex Hook. & Grev.) Pic. Serm.

Phlegmariurus salvinioides (Hert.) Ching 柔软马尾杉 = Huperzia salvinioides (Hert.) Holub

Phlegmariurus shangsiensis C. Y. Yang 上思马尾杉 = Huperzia shangsiensis (C. Y. Yang) Holub

Phlegmariurus sieboldii (Miq.) Ching 鳞叶马尾杉 = Huperzia sieboldii (Miq.) Holub

Phlegmariurus squarrosus (G. Forst.) A. Löve & D. Löve 粗糙马尾杉 = Huperzia squarrosa (G. Forst.) Trev.

Phlegmariurus taiwanensis (C. M. Kuo) Li Bing Zhang 台湾马尾杉 = Huperzia taiwanensis (C. M. Kuo) C. M. Kuo

Phlegmariurus yunnanensis Ching 云南马尾杉 = Huperzia yunnanensis (Ching) Holub

Photinopteris J. Sm. 顶育蕨属 = Anlaomorpha Schott 连珠蕨属

Photinopteris acuminata (Willd.) C. V. Morton 顶育蕨 = Aglaomorpha acuminate (Willd.) C. V. Morton 顶育蕨

Phyllitis Hill 对开蕨属 = Asplenium L. 铁角蕨属
Phyllitis japonica Kom. 东北对开蕨 = Asplenium komarovii Akasawa
Phyllitis scolopendrium (L.) Newm. 对开蕨 = Asplenium komarovii Akasawa

Phymatopteris Pic. Serm. 假瘤蕨属 = Selliguea Bory 修蕨属
Phymatopteris albopes (C. Chr. & Ching) Pic. Serm. 灰鳞假瘤蕨 = Selliguea albipes (C. Chr. & Ching) S. G. Lu, Hovenkamp & M. G. Gilbert
Phymatopteris cartilagineoserrata (Ching & S. K. Wu) S. G. Lu 芒刺假瘤蕨 = Selliguea malacodon (Hook.) S. G. Lu, Hovenkamp & M. G. Gilbert
Phymatopteris chenopus (Christ) S. G. Lu 鹅绒假瘤蕨 = Selliguea chenopus (Christ) S. G. Lu, Hovenkamp & M. G. Gilbert
Phymatopteris chrysotricha (C. Chr.) Pic. Serm. 白茎假瘤蕨 = Selliguea chrysotricha (C. Chr.) Fraser-Jenk.
Phymatopteris conjuncta (Ching) Pic. Serm. 交连假瘤蕨 = Selliguea conjuncta (Ching) S. G. Lu, Hovenkamp & M. G. Gilbert
Phymatopteris conmixta (Ching) Pic. Serm. 钝羽假瘤蕨 = Selliguea conmixta (Ching) S. G. Lu, Hovenkamp & M. G. Gilbert
Phymatopteris connexa (Ching) Pic. Serm. 耿马假瘤蕨 = Selliguea connexa (Ching) S. G. Lu, Hovenkamp & M. G. Gilbert
Phymatopteris crenatopinnata (C. B. Clarke) Pic. Serm. 紫柄假瘤蕨 = Selliguea crenatopinnata (C. B. Clarke) S. G. Lu, Hovenkamp & M. G. Gilbert
Phymatopteris cruciformis (Ching) Pic. Serm. 十字假瘤蕨 = Selliguea cruciformis (Ching) Fraser-Jenk.
Phymatopteris dactylina (Christ) Pic. Serm. 指叶假瘤蕨 = Selliguea dactylina (Christ) S. G. Lu, Hovenkamp & M. G. Gilbert
Phymatopteris daweishanensis S. G. Lu 大围山假瘤蕨 = Selliguea daweishanensis (S. G. Lu) S. G. Lu
Phymatopteris digitata (Ching) Pichi Serm. 指叶假瘤蕨 = Selliguea dactylina (Christ) S. G. Lu, Hovenkamp & M. G. Gilbert
Phymatopteris ebenipes (Hook.) Pic. Serm. 黑鳞假瘤蕨 = Selliguea ebenipes (Hook.) S. Linds.
Phymatopteris ebenipes var. *oakesii* (C. B. Clarke) Satija & Bir 毛轴黑鳞假瘤蕨 = Selliguea ebenipes var. oakesii (C. B. Clarke) S. G. Lu, Hovenkamp & M. G. Gilbert
Phymatopteris echinospora (Tagawa) Pic. Serm. 大叶玉山假瘤蕨 = Selliguea echinospora (Tagawa) Fraser-Jenk.
Phymatopteris engleri (Luerss.) Pic. Serm. 恩氏假瘤蕨 = Selliguea engleri (Luerss.) Fraser-Jenk.
Phymatopteris erythrocarpa (Mett. ex Kuhn) Pic. Serm. 锡金假瘤蕨 = Selliguea erythrocarpa (Mett. ex Kuhn) X. C. Zhang & L. J. He
Phymatopteris falcatopinnata (Hayata) S. G. Lu 镰羽假瘤蕨 = Selliguea taeniata (Sw.) Parris
Phymatopteris glaucopsis (Franch.) Pic. Serm. 刺齿假瘤蕨 = Selliguea glaucopsis (Franch.) S. G. Lu,

Hovenkamp & M. G. Gilbert

Phymatopteris griffithiana (Hook.) Pic. Serm. 大果假瘤蕨 = Selliguea griffithiana (Hook.) Fraser-Jenk.

Phymatopteris hainanensis (Ching) Pic. Serm. 海南假瘤蕨 = Selliguea hainanensis (Ching) S. G. Lu, Hovenkamp & M. G. Gilbert

Phymatopteris hastata (Thunb.) Pic. Serm. 金鸡脚假瘤蕨 = Selliguea hastata (Thunb.) Fraser-Jenk.

Phymatopteris hirtella (Ching) Pic. Serm. 昆明假瘤蕨 = Selliguea hirtella (Ching) S. G. Lu, Hovenkamp & M. G. Gilbert

Phymatopteris incisocrenata Ching ex W. M. Chu & S. G. Lu 圆齿假瘤蕨 = Selliguea incisocrenata (Ching ex W. M. Chu & S. G. Lu) S. G. Lu, Hovenkamp & M. G. Gilbert

Phymatopteris kingpingensis (Ching) Pic. Serm. 金平假瘤蕨 = Selliguea kingpingensis (Ching) S. G. Lu, Hovenkamp & M. G. Gilbert

Phymatopteris likiangensis (Ching) Pic. Serm. 丽江假瘤蕨 = Selliguea likiangensis (Ching) S. G. Lu, Hovenkamp & M. G. Gilbert

Phymatopteris majoensis (C. Chr.) Pic. Serm. 宽底假瘤蕨 = Selliguea majoensis (C. Chr.) Fraser-Jenk.

Phymatopteris malacodon (Hook.) Pic. Serm. 弯弓假瘤蕨 = Selliguea albidoglauca (C. Chr.) S. G. Lu, Hovenkamp & M. G. Gilbert

Phymatopteris nigropaleacea (Ching) S. G. Lu 乌鳞假瘤蕨 = Selliguea nigropaleacea (Ching) S. G. Lu, Hovenkamp & M. G. Gilbert

Phymatopteris nigrovenia (Christ) Pic. Serm. 毛叶假瘤蕨 = Selliguea nigrovenia (Christ) S. G. Lu, Hovenkamp & M. G. Gilbert

Phymatopteris oblongifolia (S. K. Wu) W. M. Chu & S. G. Lu 长圆假瘤蕨 = Selliguea oblongifolia (S. K. Wu) S. G. Lu, Hovenkamp & M. G. Gilbert

Phymatopteris obtusa (Ching) Pic. Serm. 圆顶假瘤蕨 = Selliguea obtusa (Ching) S. G. Lu, Hovenkamp & M. G. Gilbert

Phymatopteris omeiensis (Ching) Pic. Serm. 峨眉假瘤蕨 = Selliguea omeiensis (Ching) S. G. Lu, Hovenkamp & M. G. Gilbert

Phymatopteris oxyloba (Wall. ex Kunze) Pic. Serm. 尖裂假瘤蕨 = Selliguea oxyloba (Wall. ex Kunze) Fraser-Jenk.

Phymatopteris pellucidifolia (Hayata) Pic. Serm. 透明假瘤蕨 = Selliguea pellucidifolia (Hayata) S. G. Lu, Hovenkamp & M. G. Gilbert

Phymatopteris pianmaensis W. M. Chu 片马假瘤蕨 = Selliguea pianmaensis (W. M. Chu) S. G. Lu, Hovenkamp & M. G. Gilbert

Phymatopteris quasidivaricata (Hayata) Pic. Serm. 展羽假瘤蕨 = Selliguea quasidivaricata (Hayata) H. Ohashi & K. Ohashi

Phymatopteris rhynchophylla Pic. Serm. 喙叶假瘤蕨 = Selliguea rhynchophylla (Hook.) Fraser-Jenk.

Phymatopteris roseomarginata (Ching) Pic. Serm. 紫边假瘤蕨 = Selliguea roseomarginata (Ching) S. G. Lu, Hovenkamp & M. G. Gilbert

Phymatopteris shensiensis (Christ) Pic. Serm. 陕西假瘤蕨 = Selliguea senanensis (Maxim.) S. G. Lu, Hovenkamp & M. G. Gilbert

Phymatopteris similis (Ching) W. M. Chu 相似假瘤蕨 = Selliguea hastata (Thunb.) Fraser-Jenk.

Phymatopteris stewartii (Bedd.) Pic. Serm. 尾尖假瘤蕨 = Selliguea stewartii (Bedd.) S. G. Lu, Hovenkamp & M. G. Gilbert

Phymatopteris stracheyi (Ching) Pic. Serm. 斜下假瘤蕨 = Selliguea stracheyi (Ching) S. G. Lu, Hovenkamp & M. G. Gilbert

Phymatopteris subebenipes (Ching) Pic. Serm. 苍山假瘤蕨 = Selliguea ebenipes (Hook.) S. Linds.

Phymatopteris taiwanensis (Tagawa) Pic. Serm. 台湾假瘤蕨 = Selliguea taiwanensis (Tagawa) H. Ohashi & K. Ohashi

Phymatopteris tenuipes (Ching) Pic. Serm. 细柄假瘤蕨 = Selliguea tenuipes (Ching) S. G. Lu, Hovenkamp & M. G. Gilbert

Phymatopteris tibetana (Ching & S. K. Wu) W. M. Chu 西藏假瘤蕨 = Selliguea tibetana (Ching & S. K. Wu) S. G. Lu, Hovenkamp & M. G. Gilbert

Phymatopteris triloba (Houtt.) Pic. Serm. 三指假瘤蕨 = Selliguea trilobus (Houtt.) M. G. Price

Phymatopteris trisecta (Baker) Pic. Serm. 三出假瘤蕨 = Selliguea trisecta (Baker) Fraser-Jenk.

Phymatopteris wuliangshanensis W. M. Chu 无量山假瘤蕨 = Selliguea wuliangshanense (W. M. Chu) S. G. Lu, Hovenkamp & M. G. Gilbert

Phymatopteris yakushimensis (Makino) Pic. Serm. 屋久假瘤蕨 = Selliguea yakushimensis (Makino) Fraser-Jenk.

Phymatosorus Pic. Serm. 瘤蕨属

Phymatosorus cuspidatus (D. Don) Pic. Serm. 光亮瘤蕨

Phymatosorus hainanensis (Noot.) S. G. Lu 阔鳞瘤蕨

Phymatosorus lanceus (Ching & Chu H. Wang) S. G. Lu 矛叶瘤蕨

Phymatosorus longissimus (Blume) Pic. Serm. 多羽瘤蕨

Phymatosorus membranifolius (R. Br.) S. G. Lu 显脉瘤蕨

Phymatosorus scolopendria (Burm. *f.*) Pic. Serm. 瘤蕨

Pityrogramma Link 粉叶蕨属

Pityrogramma calomelanos (L.) Link 粉叶蕨

Plagiogyriaceae 瘤足蕨科

Plagiogyria (Kunze) Mett. 瘤足蕨属

Plagiogyria adnata (Blume) Bedd. 瘤足蕨

Plagiogyria angustipinna Ching 狭叶瘤足蕨 = Plagiogyria falcata Copel.

Plagiogyria argutissima Christ 贵州瘤足蕨 = Plagiogyria stenoptera (Hance) Diels

Plagiogyria assurgens Christ 峨眉瘤足蕨

Plagiogyria attenuata Ching 桃叶瘤足蕨 = Plagiogyria euphlebia (Kunze) Mett.
Plagiogyria caudifolia Ching 缙云瘤足蕨 = Plagiogyria japonica Nakai
Plagiogyria chinensis Ching 武夷瘤足蕨 = Plagiogyria euphlebia (Kunze) Mett.
Plagiogyria coerulescens Ching 景东瘤足蕨 = Plagiogyria pycnophylla (Kunze) Mett.
Plagiogyria communis Ching 滇西瘤足蕨 = Plagiogyria pycnophylla (Kunze) Mett.
Plagiogyria decrescens Ching 短叶瘤足蕨 = Plagiogyria pycnophylla (Kunze) Mett.
Plagiogyria distinctissima Ching 镰叶瘤足蕨 = Plagiogyria adnata (Blume) Bedd.
Plagiogyria dunnii Copel. 倒叶瘤足蕨 = Plagiogyria falcata Copel.
Plagiogyria euphlebia (Kunze) Mett. 华中瘤足蕨
Plagiogyria falcata Copel. 镰羽瘤足蕨
Plagiogyria formosana Nakai 台湾瘤足蕨 = Plagiogyria glauca (Blume) Mett.
Plagiogyria gigantea Ching 大叶瘤足蕨 = Plagiogyria pycnophylla (Kunze) Mett.
Plagiogyria glauca (Blume) Mett. 粉背瘤足蕨
Plagiogyria glaucescens Ching 灰背瘤足蕨 = Plagiogyria glauca (Blume) Mett.
Plagiogyria grandis Copel. 尾叶瘤足蕨 = Plagiogyria euphlebia (Kunze) Mett.
Plagiogyria hainanensis Ching 海南瘤足蕨 = Plagiogyria japonica Nakai
Plagiogyria integripinna Ching 全叶瘤足蕨 = Plagiogyria euphlebia (Kunze) Mett.
Plagiogyria japonica Nakai 华东瘤足蕨
Plagiogyria lanuginosa Ching 绒毛瘤足蕨 = Plagiogyria pycnophylla (Kunze) Mett.
Plagiogyria liangkwangensis Ching 两广瘤足蕨 = Plagiogyria japonica Nakai
Plagiogyria lineata Ching 披针瘤足蕨 = Plagiogyria pycnophylla (Kunze) Mett.
Plagiogyria maxima C. Chr. 大瘤足蕨 = Plagiogyria euphlebia (Kunze) Mett.
Plagiogyria media Ching 粉背瘤足蕨 = Plagiogyria glauca (Blume) Mett.
Plagiogyria pycnophylla (Kunze) Mett. 密羽瘤足蕨
Plagiogyria simulans Ching 尖齿瘤足蕨 = Plagiogyria pycnophylla (Kunze) Mett.
Plagiogyria stenoptera (Hance) Diels 耳形瘤足蕨
Plagiogyria subadnata Ching 岭南瘤足蕨 = Plagiogyria adnata (Blume) Bedd.
Plagiogyria taliensis Ching 大理瘤足蕨 = Plagiogyria pycnophylla (Kunze) Mett.
Plagiogyria tenuifolia Copel. 华南瘤足蕨 = Plagiogyria falcata Copel.
Plagiogyria virescens (C. Chr.) Ching 怒江瘤足蕨 = Plagiogyria pycnophylla (Kunze) Mett.
Plagiogyria yunnanensis Ching 小瘤足蕨 = Plagiogyria adnata (Blume) Bedd.

Platycerioideae 鹿角蕨亚科

Platyceriaceae 鹿角蕨科 = Polypodiaceae 水龙骨科

Platycerium Desv. 鹿角蕨属
Platycerium wallichii Hook. 绿孢鹿角蕨　鹿角蕨

Platygyria Ching & S. K. Wu 宽带蕨属 = Lepisorus (J. Sm.) Ching 瓦韦属
Platygyria soulieana (Christ) X. C. Zhang & Q. R. Liu 川西宽带蕨 = Lepisorus clathratus (C. B. Clarke) Ching
Platygyria variabilis Ching & S. K. Wu 多变宽带蕨 = Lepisorus clathratus (C. B. Clarke) Ching
Platygyria waltonii (Ching) Ching & S. K. Wu 宽带蕨 = Lepisorus waltonii (Ching) S. L. Yu
Platygyria × *inaequibasis* Ching & S. K. Wu 耳基宽带蕨 = Lepisorus waltonii (Ching) S. L. Yu

Pleocnemia C. Presl 黄腺羽蕨属
Pleocnemia cumingiana C. Presl 台湾黄腺羽蕨 = Pleocnemia leuzeana (Gaud.) C. Presl
Pleocnemia hamata Ching & Chu H. Wang 钩形黄腺羽蕨 = Pleocnemia winitii Holttum
Pleocnemia kwangsiensis Ching & Chu H. Wang 广西黄腺羽蕨 = Pleocnemia winitii Holttum
Pleocnemia leuzeana (Gaud.) C. Presl 台湾黄腺羽蕨
Pleocnemia winitii Holttum 黄腺羽蕨

Pleuromanes C. Presl 毛叶蕨属 = Hymenophyllum Sw. 膜蕨属
Pleuromanes pallidum (Blume) C. Presl 毛叶蕨 = Hymenophyllum pallidum (Blume) Ebihara & K. Iwats.

Pleurosoriopsidaceae 睫毛蕨科 = Polypodiaceae 水龙骨科

Pleurosoriopsis Fomin 睫毛蕨属
Pleurosoriopsis makinoi (Maxim. ex Makino) Fomin 睫毛蕨

Polypodiaceae 水龙骨科

Polypodiastrum Ching 拟水龙骨属 = Goniophlebium (Blume) C. Presl 棱脉蕨属
Polypodiastrum argutum (Wall. ex Hook.) Ching 尖齿拟水龙骨 = Goniophlebium argutum (Wall. ex Hook.) J. Sm.
Polypodiastrum argutum var. *angustum* Ching & S. K. Wu 狭羽拟水龙骨 = Goniophlebium argutum (Wall. ex Hook.) J. Sm.
Polypodiastrum dielseanum (C. Chr.) Ching 川拟水龙骨 = Goniophlebium dielseanum (C. Chr.) Rödl-Linder
Polypodiastrum mengtzeense (Christ) Ching 蒙自拟水龙骨 = Goniophlebium mengtzeense (Christ) Rödl-Linder

Polypodiodes Ching 水龙骨属 = Goniophlebium (Blume) C. Presl 棱脉蕨属
Polypodiodes amoena (Wall. ex Mett.) Ching 友水龙骨 = Goniophlebium amoenum (Wall. ex Mett.) Bedd.
Polypodiodes amoena var. *duclouxi* (Christ) Ching 红杆水龙骨 = Goniophlebium amoenum (Wall. ex

Mett.) Bedd.

Polypodiodes amoena var. *pilosa* (C. B. Clarke & Baker) Ching 柔毛水龙骨 = Goniophlebium amoenum var. pilosum (C. B. Clarke) X. C. Zhang

Polypodiodes bourretii (C. Chr. & Tardieu) W. M. Chu 滇越水龙骨 = Goniophlebium bourretii (C. Chr. & Tardieu) X. C. Zhang

Polypodiodes chinensis (Christ) S. G. Lu 中华水龙骨 = Goniophlebium chinense (Ching) X. C. Zhang

Polypodiodes falcipinnula S. K. Wu & J. Murata 镰羽水龙骨 (存疑)

Polypodiodes formosana (Baker) Ching 台湾水龙骨 = Goniophlebium formosanum (Baker) Rödl-Linder

Polypodiodes hendersonii (Bedd.) Fraser-Jenk. 喜马拉雅水龙骨 = Goniophlebium hendersonii Bedd.

Polypodiodes hendersonii (Bedd.) S. G. Lu 喜马拉雅水龙骨 = Goniophlebium hendersonii Bedd.

Polypodiodes lachnopus (Wall. ex Hook.) Ching 濑水龙骨 = Goniophlebium lachnopus (Wall. ex Hook.) T. Moore

Polypodiodes microrhizoma (C. B. Clarke ex Baker) Ching 栗柄水龙骨 = Goniophlebium microrhizoma (C. B. Clarke ex Baker) Bedd.

Polypodiodes niponica (Mett.) Ching 日本水龙骨 = Goniophlebium niponicum (Mett.) Bedd.

Polypodiodes niponica var. *glandulosa* P. S. Wang 腺叶水龙骨 = Goniophlebium niponicum (Mett.) Bedd.

Polypodiodes paramoena Ching & Y. X. Lin 如友水龙骨 (存疑)

Polypodiodes pseudolachnopus S. G. Lu 假毛柄水龙骨 = Goniophlebium lachnopus (Wall. ex Hook.) T. Moore

Polypodiodes raishaensis (Rosenst.) S. G. Lu 大叶水龙骨 (存疑)

Polypodiodes subamoena (C. B. Clarke) Ching 假友水龙骨 = Goniophlebium subamoenum (C. B. Clarke) Bedd.

Polypodiodes wattii (Bedd.) Ching 光茎水龙骨 = Goniophlebium wattii (Bedd.) Panigrahi & Sarn. Singh

Polypodioideae 水龙骨亚科

Polypodium L. 水龙骨属　多足蕨属

Polypodium sibiricum Sipliv. 东北水龙骨　东北多足蕨

Polypodium virginianum L. 东北多足蕨 = Polypodium sibiricum Sipliv.

Polypodium vulgare L. 欧亚水龙骨　欧亚多足蕨

Polystichum Roth 耳蕨属

Polystichum acanthophyllum (Franch.) Christ 刺叶耳蕨

Polystichum aculeatum (L.) Roth ex Mert. 欧洲耳蕨

Polystichum acutidens Christ 尖齿耳蕨

Polystichum acutipinnulum Ching & K. H. Shing 尖头耳蕨

Polystichum adungense Ching & Fraser-Jenk. ex H. S. Kung & Li Bing Zhang 阿当耳蕨

Polystichum alcicorne (Baker) Diels 角状耳蕨
Polystichum altum Ching ex Li Bing Zhang & H. S. Kung 高大耳蕨
Polystichum articulatipilosum H. G. Zhou & Hua Li 节毛耳蕨
Polystichum assurgentipinnum W. M. Chu & B. Y. Zhang 上斜刀羽耳蕨
Polystichum atkinsonii Bedd. 小狭叶芽胞耳蕨
Polystichum attenuatum Tagawa & K. Iwats. 长羽芽胞耳蕨
Polystichum attenuatum var. *subattenuatum* (Ching & W. M. Chu) W. M. Chu & Z. R. He 长叶芽胞耳蕨 = Polystichum attenuatum Tagawa & K. Iwats.
Polystichum auriculum Ching 滇东南耳蕨
Polystichum bakerianum (Atkins. ex C. B. Clarke) Diels 薄叶耳蕨
Polystichum balansae Christ 巴郎耳蕨　镰羽贯众
Polystichum baoxingense Ching & H. S. Kung 宝兴耳蕨
Polystichum basipinnatum (Baker) Diels 基羽鞭叶耳蕨　单叶鞭叶蕨
Polystichum biaristatum (Blume) T. Moore 二尖耳蕨
Polystichum bifidum Ching 钳形耳蕨
Polystichum bigemmatum Ching ex L. L. Xiang 双胞耳蕨
Polystichum bissectum C. Chr. 川渝耳蕨
Polystichum bomiense Ching & S. K. Wu 波密耳蕨
Polystichum brachypterum (Kuntze) Ching 喜马拉雅耳蕨 = Polystichum garhwalicum N. C. Nair & Nag
Polystichum braunii (Spenn.) Fée. 布朗耳蕨
Polystichum capillipes (Baker) Diels 基芽耳蕨
Polystichum caruifolium (Baker) Diels 峨眉耳蕨
Polystichum castaneum (C. B. Clarke) B. K. Nayar & S. Kaur 栗鳞耳蕨
Polystichum cavernicola Li Bing Zhang & H. He 洞生耳蕨
Polystichum chingiae Ching 滇耳蕨
Polystichum christii Ching 拟角状耳蕨
Polystichum chunii Ching 陈氏耳蕨
Polystichum conjunctum (Ching) Li Bing Zhang 卵状鞭叶耳蕨　卵状鞭叶蕨
Polystichum consimile Ching 涪陵耳蕨
Polystichum costularisorum Ching ex W. M. Chu & Z. R. He 轴果耳蕨
Polystichum craspedosorum (Maxim.) Diels 华北耳蕨　鞭叶耳蕨
Polystichum crassinervium Ching ex W. M. Chu & Z. R. He 粗脉耳蕨
Polystichum crinigerum (C. Chr.) Ching 毛发耳蕨
Polystichum cuneatiforme W. M. Chu & Z. R. He 楔基耳蕨
Polystichum cyclolobum C. Chr. 圆片耳蕨
Polystichum daguanense Ching ex L. L. Xiang 大关耳蕨
Polystichum daguanense var. *huashanicolum* W. M. Chu & Z. R. He 花山耳蕨 = Polystichum huashani-

cola (W. M. Chu & Z. R. He) Li Bing Zhang

Polystichum dangii P. S. Wang 成忠耳蕨

Polystichum deflexum Ching ex W. M. Chu 反折耳蕨

Polystichum delavayi (Christ) Ching ex Li Bing Zhang & H. S. Kung 洱源耳蕨

Polystichum deltodon (Baker) Diels 对生耳蕨

Polystichum deltodon var. *cultripinnum* W. M. Chu & Z. R. He 刀羽耳蕨 = Polystichum deltodon (Baker) Diels

Polystichum deltodon var. *henryi* Christ 钝齿耳蕨 = Polystichum mengziense Li Bing Zhang

Polystichum dielsii Christ 圆顶耳蕨

Polystichum diffundens H. S. Kung & Li Bing Zhang 铺散耳蕨

Polystichum discretum (D. Don) J. Sm. 分离耳蕨

Polystichum disjunctum Ching ex W. M. Chu & Z. R. He 疏羽耳蕨

Polystichum duthiei (C. Hope) C. Chr. 杜氏耳蕨

Polystichum elevatovenusum Ching ex W. M. Chu & Z. R. He 凸脉耳蕨

Polystichum erosum Ching & K. H. Shing 蚀盖耳蕨

Polystichum exauriforme H. S. Kung & Li Bing Zhang 缺耳耳蕨

Polystichum excellens Ching 尖顶耳蕨

Polystichum excelsius Ching & Z. Y. Liu 杰出耳蕨

Polystichum falcatilobum Ching ex W. M. Chu & Z. R. He 长镰羽耳蕨

Polystichum fengshanense Li Bing Zhang & H. He 凤山耳蕨

Polystichum fimbriatum Christ 流苏耳蕨　瓦鳞耳蕨

Polystichum formosanum Rosenst. 台湾耳蕨

Polystichum fraxinellum (Christ) Diels 柳叶耳蕨　柳叶蕨

Polystichum frigidicola H. S. Kung & Li Bing Zhang 寒生耳蕨

Polystichum fugongense Ching & W. M. Chu ex H. S. Kung & Li Bing Zhang 福贡耳蕨

Polystichum garhwalicum N. C. Nair & Nag 喜马拉雅耳蕨

Polystichum glaciale Christ 玉龙蕨　玉龙耳蕨

Polystichum gongboense Ching & S. K. Wu 工布耳蕨

Polystichum grandifrons C. Chr. 大叶耳蕨

Polystichum guangxiense W. M. Chu & H. G. Zhou 广西耳蕨

Polystichum gymnocarpium Ching ex W. M. Chu & Z. R. He 闽浙耳蕨　无盖耳蕨

Polystichum habaense Ching & H. S. Kung 哈巴耳蕨

Polystichum hainanicola Li Bing Zhang 海南耳蕨

Polystichum hancockii (Hance) Diels 小戟叶耳蕨

Polystichum hecatopterum Diels 芒刺耳蕨

Polystichum herbaceum Ching & Z. Y. Liu 草叶耳蕨

Polystichum hookerianum (C. Presl) C. Chr. 虎克耳蕨　尖羽贯众

Polystichum houchangense Ching ex P. S. Wang 猴场耳蕨
Polystichum huae H. S. Kung & Li Bing Zhang 川西耳蕨
Polystichum huashanicola (W. M. Chu & Z. R. He) Li Bing Zhang 花山耳蕨
Polystichum ichangense Christ 宜昌耳蕨
Polystichum inaense (Tagawa) Tagawa 小耳蕨 = Polystichum capillipes (Baker) Diels
Polystichum incisopinnulum H. S. Kung & Li Bing Zhang 深裂耳蕨
Polystichum integrilimbum Ching & H. S. Wu 贡山耳蕨
Polystichum integrilobum (Ching ex Y. T. Hsieh) W. M. Chu ex H. S. Kung & Li Bing Zhang 钝裂耳蕨
Polystichum jinfoshanense Ching & Z. Y. Liu 金佛山耳蕨
Polystichum jiucaipingense P. S. Wang & Q. Luo 韭菜坪耳蕨
Polystichum jiulaodongense W. M. Chu & Z. R. He 九老洞耳蕨
Polystichum jizhushanense Ching 鸡足山耳蕨 = Polystichum yunnanense Christ
Polystichum kangdingense H. S. Kung & Li Bing Zhang ex Li Bing Zhang 康定耳蕨
Polystichum kiusiuense Tagawa 九州耳蕨 = Polystichum grandifrons C. Chr.
Polystichum kungianum H. He & Li Bing Zhang 宪需耳蕨
Polystichum kwangtungense Ching 广东耳蕨
Polystichum lachenense (Hook.) Bedd. 拉钦耳蕨
Polystichum lanceolatum (Baker) Diels 亮叶耳蕨
Polystichum langchungense Ching ex H. S. Kung 浪穹耳蕨
Polystichum latilepis Ching & H. S. Kung 宽鳞耳蕨
Polystichum lentum (D. Don) T. Moore 柔软耳蕨
Polystichum lepidocaulon (Hook.) J. Sm. 鞭叶耳蕨　鞭叶蕨
Polystichum leveillei C. Chr. 莱氏耳蕨　武陵山耳蕨
Polystichum liboense P. S. Wang & X. Y. Wang 荔波耳蕨
Polystichum liui Ching 正宇耳蕨
Polystichum lonchitis (L.) Roth 矛状耳蕨
Polystichum longiaristatum Ching 长芒耳蕨
Polystichum longidens Ching & S. K. Wu 长齿耳蕨
Polystichum longipaleatum Christ 长鳞耳蕨
Polystichum longipes Ching & S. K. Wu 长柄耳蕨 = Polystichum lentum (D. Don) T. Moore
Polystichum longipinnulum N. C. Nair 长羽耳蕨
Polystichum longispinosum Ching ex Li Bing Zhang & H. S. Kung 长刺耳蕨
Polystichum longissimum Ching & Z. Y. Liu 长叶耳蕨
Polystichum loratum H. He & Li Bing Zhang 线叶耳蕨
Polystichum makinoi (Tagawa) Tagawa 黑鳞耳蕨
Polystichum manmeiense (Christ) Nakaike 镰叶耳蕨
Polystichum martinii Christ 黔中耳蕨

Polystichum mayebarae Tagawa 前原耳蕨

Polystichum medogense Ching & S. K. Wu 墨脱耳蕨 = Polystichum lentum (D. Don) T. Moore

Polystichum mehrae Fraser-Jenk. & Khullar 印西耳蕨

Polystichum mehrae f. *latifundus* H. S. Kung & Li Bing Zhang 阔基耳蕨 = Polystichum mehrae Fraser-Jenk. & Khullar

Polystichum meiguense Ching & H. S. Kung 美姑耳蕨

Polystichum melanostipes Ching & H. S. Kung 乌柄耳蕨

Polystichum mengziense Li Bing Zhang 蒙自耳蕨

Polystichum minimum (Y. T. Hsieh) Li Bing Zhang 斜基柳叶耳蕨　斜基柳叶蕨

Polystichum minutissimum Li Bing Zhang & H. He 微小耳蕨

Polystichum mollissimum Ching 毛叶耳蕨

Polystichum mollissimum var. *laciniatum* H. S. Kung & Li Bing Zhang 条裂耳蕨 = Polystichum mollissimum Ching

Polystichum morii Hayata 玉山耳蕨 = Polystichum atkinsonii Bedd.

Polystichum moupinense (Franch.) Bedd. 穆坪耳蕨

Polystichum mucronifolium (Blume) C. Presl 南亚耳蕨

Polystichum muscicola Ching ex W. M. Chu & Z. R. He 伴藓耳蕨

Polystichum nanchurnicum Ching 南川耳蕨

Polystichum nayongense P. S. Wang & X. Y. Wang 纳雍耳蕨

Polystichum neoliui D. S. Jiang 新正宇耳蕨

Polystichum neolobatum Nakai 革叶耳蕨

Polystichum nepalense (Spreng.) C. Chr. 尼泊尔耳蕨

Polystichum nigrum Ching & H. S. Kung 黛鳞耳蕨

Polystichum ningshenense Ching & Y. P. Hsu 宁陕耳蕨

Polystichum normale Ching ex P. S. Wang & Li Bing Zhang 渝黔耳蕨

Polystichum nudisorum Ching 裸果耳蕨

Polystichum oblanceolatum H. He & Li Bing Zhang 倒披针耳蕨

Polystichum obliquum (D. Don) T. Moore 斜羽耳蕨

Polystichum oblongum Ching ex W. M. Chu & Z. R. He 镇康耳蕨

Polystichum oligocarpum Ching ex H. S. Kung & Li Bing Zhang 疏果耳蕨

Polystichum omeiense C. Chr. 峨眉耳蕨 = Polystichum caruifolium (Baker) Diels

Polystichum oreodoxa Ching ex H. S. Kung & Li Bing Zhang 假半育耳蕨

Polystichum orientalitibeticum Ching 藏东耳蕨

Polystichum otomasui Sa. Kurata 南碧耳蕨

Polystichum otophorum (Franch.) Bedd. 高山耳蕨

Polystichum ovatopaleaceum (Kodama) Sa. Kurata 卵鳞耳蕨

Polystichum paradeltodon L. L. Xiang 新对生耳蕨

Polystichum paramoupinense Ching 拟穆坪耳蕨
Polystichum parvifoliolatum W. M. Chu 小羽耳蕨
Polystichum parvipinnulum Tagawa 尖叶耳蕨
Polystichum peishanii Li Bing Zhang & H. He 培善耳蕨
Polystichum perpusillum Li Bing Zhang & H. He 极小耳蕨
Polystichum pianmaense W. M. Chu 片马耳蕨
Polystichum piceopaleaceum Tagawa 乌鳞耳蕨
Polystichum polyblepharum (Roem. ex Kunze) C. Presl 棕鳞耳蕨
Polystichum prescottianum (Wall. ex Mett.) T. Moore 芒刺高山耳蕨　芒刺耳蕨
Polystichum prionolepis Hayata 锯鳞耳蕨
Polystichum pseudoacutidens Ching ex W. M. Chu & Z. R. He 文笔峰耳蕨
Polystichum pseudocastaneum Ching & S. K. Wu 拟栗鳞耳蕨
Polystichum pseudodeltodon Tagawa 拟对生耳蕨
Polystichum pseudolanceolatum Ching ex P. S. Wang 假亮叶耳蕨
Polystichum pseudomakinoi Tagawa 假黑鳞耳蕨
Polystichum pseudorhomboideum H. S. Kung & Li Bing Zhang 菱羽耳蕨 = Polystichum rhomboideum Ching
Polystichum pseudosetosum Ching & Z. Y. Liu 假线鳞耳蕨
Polystichum pseudoxiphophyllum Ching ex H. S. Kung 洪雅耳蕨
Polystichum punctiferum C. Chr. 中缅耳蕨
Polystichum puteicola Li Bing Zhang 吞天井耳蕨
Polystichum putuoense Li Bing Zhang 普陀鞭叶耳蕨
Polystichum pycnopterum (Christ) Ching ex W. M. Chu & Z. R. He 密果耳蕨
Polystichum qamdoense Ching & S. K. Wu 昌都耳蕨
Polystichum retrosopaleaceum (Kodama) Tagawa 倒鳞耳蕨
Polystichum revolutum P. S. Wang 外卷耳蕨
Polystichum rhombiforme Ching & S. K. Wu 斜方刺叶耳蕨
Polystichum rhomboideum Ching 菱羽耳蕨
Polystichum rigens Tagawa 阔鳞耳蕨
Polystichum robustum Ching ex Li Bing Zhang & H. S. Kung 粗壮耳蕨
Polystichum rufopaleaceum Ching ex Li Bing Zhang & H. S. Kung 红鳞耳蕨
Polystichum rupicola Ching ex W. M. Chu 岩生耳蕨
Polystichum salwinense Ching & H. S. Kung 怒江耳蕨
Polystichum saxicola Ching ex H. S. Kung & Li Bing Zhang 石生耳蕨
Polystichum scariosum (Roxb.) C. V. Morton 灰绿耳蕨
Polystichum semifertile (C. B. Clarke) Ching 半育耳蕨
Polystichum setillosum Ching 刚毛耳蕨

Polystichum shandongense J. X. Li & Y. Wei 山东耳蕨

Polystichum shensiense Christ 陕西耳蕨

Polystichum shimurae Sa. Kurata ex Seriz. 边果耳蕨

Polystichum simile (Ching ex Y. T. Hsieh) Li Bing Zhang 相似柳叶耳蕨

Polystichum simplicipinnum Hayata 单羽耳蕨 = Polystichum hancockii (Hance) Diels

Polystichum sinense (Christ) Christ 中华耳蕨

Polystichum sinense var. *lobatum* H. S. Kung & Li Bing Zhang 裂叶耳蕨

Polystichum sinotsus-simense Ching & Z. Y. Liu 中华对马耳蕨

Polystichum sozanense Ching ex H. S. Kung & Li Bing Zhang 草山耳蕨

Polystichum speluncicola Li Bing Zhang & H. He 岩穴耳蕨

Polystichum squarrosum (D. Don) Fée 密鳞耳蕨

Polystichum stenophyllum Christ 狭叶芽胞耳蕨

Polystichum stenophyllum var. *conaense* (Ching & S. K. Wu) W. M. Chu & Z. R. He 错那耳蕨 = Polystichum stenophyllum Christ

Polystichum stimulans (Kunze ex Mett.) Bedd. 猫儿刺耳蕨

Polystichum subacutidens Ching ex L. L. Xiang 多羽耳蕨

Polystichum subdeltodon Ching 粗齿耳蕨

Polystichum subfimbriatum W. M. Chu & Z. R. He 拟流苏耳蕨

Polystichum submarginale (Baker) Ching ex P. S. Wang 近边耳蕨

Polystichum submite (Christ) Diels 秦岭耳蕨

Polystichum subulatum Ching ex Li Bing Zhang 钻鳞耳蕨

Polystichum tacticopterum (Kunze) T. Moore 南亚耳蕨 = Polystichum mucronifolium (Blume) C. Presl

Polystichum taizhongense H. S. Kung 台中耳蕨

Polystichum tangmaiense H. S. Kung & Tateishi 通麦耳蕨

Polystichum tenuius (Ching) Li Bing Zhang 离脉柳叶耳蕨　离脉柳叶蕨

Polystichum thomsonii (J. D. Hook.) Bedd. 尾叶耳蕨

Polystichum tiankengicola Li Bing Zhang, Q. Luo & P. S. Wang 天坑耳蕨

Polystichum tibeticum Ching 西藏耳蕨

Polystichum tonkinense (Christ) W. M. Chu & Z. R. He 中越耳蕨

Polystichum trapezoideum (Ching & K. H. Shing ex K. H. Shing) Li Bing Zhang 梯羽耳蕨　斜方贯众

Polystichum tripteron (Kunze) C. Presl 戟叶耳蕨

Polystichum tsus-simense (Hook.) J. Sm. 对马耳蕨

Polystichum tsus-simense var. *parvipinnulum* W. M. Chu 小羽对马耳蕨 = Polystichum tsus-simense (Hook.) J. Sm.

Polystichum uniseriale (Ching ex K. H. Shing) Li Bing Zhang 单行耳蕨

Polystichum wattii (Bedd.) C. Chr. 细裂耳蕨

Polystichum weimingii Li Bing Zhang & H. He 维明耳蕨

Polystichum wulingshanense S. F. Wu 武陵山耳蕨
Polystichum xichouense (S. K. Wu & Mitsuta) Li Bing Zhang 西畴柳叶耳蕨　西畴柳叶蕨
Polystichum xiphophyllum (Baker) Diels 剑叶耳蕨
Polystichum yaanense L. Zhang & Li Bing Zhang 雅安耳蕨
Polystichum yadongense Ching & S. K. Wu 亚东耳蕨
Polystichum yigongense Ching & S. K. Wu 易贡耳蕨
Polystichum yuanum Ching 倒叶耳蕨
Polystichum yunnanense Christ 云南耳蕨
Polystichum zayuense W. M. Chu & Z. R. He 察隅耳蕨
Polystichum × **rupestris** P. S. Wang & Li Bing Zhang 石生柳叶耳蕨

Pronephrium C. Presl 新月蕨属 = Cyclosorus Link 毛蕨属
Pronephrium cuspidatum (Blume) Holttum 顶芽新月蕨 = Cyclosorus cuspidatus (Blume) Copel.
Pronephrium gracile Ching ex Y. X. Lin 小叶新月蕨 (存疑)
Pronephrium gymnopteridifrons (Hayata) Holttum 新月蕨 = Cyclosorus gymnopteridifrons (Hayata) C. M. Kuo
Pronephrium hekouense Ching ex Y. X. Lin 河口新月蕨 = Cyclosorus gymnopteridifrons (Hayata) C. M. Kuo
Pronephrium hirsutum Ching ex Y. X. Lin 针毛新月蕨 (存疑)
Pronephrium insularis (K. Iwats.) Holttum 岛生新月蕨 = Cyclosorus × insularis (K. Iwats.) C. M. Kuo
Pronephrium lakhimpurense (Rosenst.) Holttum 红色新月蕨 = Cyclosorus lakhimpurensis (Rosenst.) Copel.
Pronephrium longipetiolatum (K. Iwats.) Holttum 长柄新月蕨 = Cyclosorus longipetiolatus (K. Iwats.) C. M. Kuo
Pronephrium macrophyllum Ching ex Y. X. Lin 硕羽新月蕨 = Cyclosorus gymnopteridifrons (Hayata) C. M. Kuo
Pronephrium medogense Y. X. Lin 墨脱新月蕨 = Cyclosorus lakhimpurensis (Rosenst.) Copel.
Pronephrium megacuspe (Baker) Holttum 微红新月蕨 = Cyclosorus megacuspis (Baker) Tardieu & C. Chr.
Pronephrium nudatum (Roxb.) Holttum 大羽新月蕨 = Cyclosorus nudatus (Roxb.) B. K. Nayar & S. Kaur
Pronephrium parishii (Bedd.) Holttum 羽叶新月蕨 = Cyclosorus parishii (Bedd.) Tardieu
Pronephrium penangianum (Hook.) Holttum 披针新月蕨 = Cyclosorus penangianus (Hook.) Copel.
Pronephrium setosum Y. X. Lin 刚毛新月蕨 (存疑)
Pronephrium simplex (Hook.) Holttum 单叶新月蕨 = Cyclosorus simplex (Hook.) Copel.
Pronephrium triphyllum (Sw.) Holttum 三羽新月蕨 = Cyclosorus triphyllus (Sw.) Tardieu
Pronephrium triphyllum var. *parishii* (Bedd.) C. M. Kuo 羽叶新月蕨 = Cyclosorus parishii (Bedd.) Tar-

dieu

Pronephrium yunguiense Ching ex Y. X. Lin 云贵新月蕨 = Cyclosorus nudatus (Roxb.) B. K. Nayar & S. Kaur

Prosaptia C. Presl. 穴子蕨属

Prosaptia barathrophylla (Baker) M. G. Price 海南穴子蕨

Prosaptia celebica (Blume) Tagawa & K. Iwats. 南亚穴子蕨

Prosaptia contigua (G. Forst.) C. Presl. 缘生穴子蕨

Prosaptia intermedia (Ching) Tagawa 中间穴子蕨

Prosaptia khasyana auct. non (Hook.) C. Chr. & Tardieu 穴子蕨 = Prosaptia barathrophylla (Baker) M. G. Price

Prosaptia nutans (Blume) Mett. 俯垂穴子蕨

Prosaptia obliquata (Blume) Mett. 密毛穴子蕨　琼崖穴子蕨

Prosaptia urceolaris (Hayata) Copel. 台湾穴子蕨

Protowoodsia Ching 膀胱蕨属 = Woodsia R. Br. 岩蕨属

Protowoodsia manchuriensis (Hook.) Ching 膀胱蕨 = Woodsia manchuriensis Hook.

Pseudocyclosorus Ching 假毛蕨属 = Cyclosorus Link 毛蕨属

Pseudocyclosorus angustipinnus Ching ex Y. X. Lin 狭羽假毛蕨 = Cyclosorus esquirolii (Christ) C. M. Kuo

Pseudocyclosorus canus (Baker) Holttum & Jeff W. Grimes 长根假毛蕨 = Cyclosorus canus (Baker) *S. Linds.*

Pseudocyclosorus caudipinnus (Ching) Ching 尾羽假毛蕨 = Cyclosorus caudipinnus (Ching) Panigrahi

Pseudocyclosorus cavaleriei (H. Lév.) Y. X. Lin 青岩假毛蕨 (存疑)

Pseudocyclosorus ciliatus (Wall. ex Benth.) Ching 溪边假毛蕨 = Cyclosorus ciliatus (Wall. ex Benth.) Panigrahi

Pseudocyclosorus damingshanensis Ching ex Y. X. Lin 大明山假毛蕨 = Cyclosorus subochthodes (Ching) L. J. He & X. C. Zhang

Pseudocyclosorus dehuaensis Y. X. Lin 德化假毛蕨 = Cyclosorus falcilobus (Hook.) Panigrahi

Pseudocyclosorus duclouxii (Christ) Ching 苍山假毛蕨 = Cyclosorus esquirolii (Christ) C. M. Kuo

Pseudocyclosorus dulongjiangensis W. M. Chu 独龙江假毛蕨 = Cyclosorus gongshanensis (Y. X. Lin) Zhong Y. Li

Pseudocyclosorus emeiensis Ching ex Y. X. Lin 峨眉假毛蕨 = Cyclosorus subochthodes (Ching) L. J. He & X. C. Zhang

Pseudocyclosorus esquirolii (Christ) Ching 西南假毛蕨 = Cyclosorus esquirolii (Christ) C. M. Kuo

Pseudocyclosorus falcilobus (Hook.) Ching 镰片假毛蕨 = Cyclosorus falcilobus (Hook.) Panigrahi

Pseudocyclosorus fugongensis Y. X. Lin 福贡假毛蕨 = Cyclosorus canus (Baker) S. Linds.
Pseudocyclosorus furcatovenulosus Y. X. Lin 叉脉假毛蕨 = Cyclosorus esquirolii (Christ) C. M. Kuo
Pseudocyclosorus gongshanensis Y. X. Lin 贡山假毛蕨 = Cyclosorus gongshanensis (Y. X. Lin) Zhong Y. Li
Pseudocyclosorus guangxianensis Ching ex Y. X. Lin 灌县假毛蕨 (存疑)
Pseudocyclosorus guangxiensis Y. X. Lin 广西假毛蕨 = Cyclosorus falcilobus (Hook.) Panigrahi
Pseudocyclosorus jijiangensis Ching ex Y. X. Lin 綦江假毛蕨 = Cyclosorus esquirolii (Christ) C. M. Kuo
Pseudocyclosorus latilobus (Ching) Ching 阔片假毛蕨 (存疑)
Pseudocyclosorus linearis Ching & K. H. Shing ex Y. X. Lin 线羽假毛蕨 = Cyclosorus esquirolii (Christ) C. M. Kuo
Pseudocyclosorus lushanensis Ching ex Y. X. Lin 庐山假毛蕨 = Cyclosorus falcilobus (Hook.) Panigrahi
Pseudocyclosorus lushuiensis Y. X. Lin 泸水假毛蕨 = Cyclosorus canus (Baker) S. Linds.
Pseudocyclosorus obliquus Ching ex Y. X. Lin 斜展假毛蕨 = Cyclosorus subochthodes (Ching) L. J. He & X. C. Zhang
Pseudocyclosorus paraochthodes Ching ex K. H. Shing & J. F. Cheng 武宁假毛蕨 (存疑)
Pseudocyclosorus pectinatus Ching & K. H. Shing 篦齿假毛蕨 = Cyclosorus esquirolii (Christ) C. M. Kuo
Pseudocyclosorus pseudofalcilobus W. M. Chu 似镰假毛蕨 = Cyclosorus pseudofalcilobus (W. M. Chu) Zhong Y. Li
Pseudocyclosorus pseudorepens Ching ex K. H. Shing 毛脉假毛蕨 = Cyclosorus canus (Baker) S. Linds.
Pseudocyclosorus qingchengensis Y. X. Lin 青城假毛蕨 = Cyclosorus esquirolii (Christ) C. M. Kuo
Pseudocyclosorus shuangbaiensis Ching ex Y. X. Lin 双柏假毛蕨 = Cyclosorus canus (Baker) S. Linds.
Pseudocyclosorus stramineus Ching ex Y. X. Lin 禾秆假毛蕨 = Cyclosorus esquirolii (Christ) C. M. Kuo
Pseudocyclosorus subfalcilobus Ching ex K. H. Shing 光脉假毛蕨 = Cyclosorus pseudofalcilobus (W. M. Chu) Zhong Y. Li
Pseudocyclosorus submarginalis Ching ex Y. X. Lin 边囊假毛蕨 = Cyclosorus esquirolii (Christ) C. M. Kuo
Pseudocyclosorus subochthodes (Ching) Ching 普通假毛蕨 = Cyclosorus subochthodes (Ching) L. J. He & X. C. Zhang
Pseudocyclosorus torrentis Ching ex Y. X. Lin 急梳假毛蕨 = Cyclosorus tylodes (Kunze) Panigrahi
Pseudocyclosorus tsoi Ching 景烈假毛蕨 (存疑)
Pseudocyclosorus tuberculifer (C. Chr.) Ching 瘤羽假毛蕨 = Cyclosorus tylodes (Kunze) Panigrahi
Pseudocyclosorus tylodes (Kunze) Ching 假毛蕨 = Cyclosorus tylodes (Kunze) Panigrahi
Pseudocyclosorus xinpingensis Ching ex Y. X. Lin 新平假毛蕨 = Cyclosorus canus (Baker) S. Linds.
Pseudocyclosorus zayuensis Ching & S. K. Wu 察隅假毛蕨 = Cyclosorus canus (Baker) S. Linds.

Pseudocystopteris Ching 假冷蕨属 = Athyrium Roth 蹄盖蕨属
Pseudocystopteris atkinsonii (Bedd.) Ching 大叶假冷蕨 = Athyrium atkinsonii Bedd.

Pseudocystopteris atuntzeensis Ching 阿墩子假冷蕨 = Athyrium atuntzeense (Ching) Z. R. Wang & Z. R. He
Pseudocystopteris davidii (Franch.) Z. R. Wang 大卫假冷蕨 = Athyrium davidii (Franch.) Christ
Pseudocystopteris repens Ching 长根假冷蕨 = Athyrium repens (Ching) Fraser-Jenk.
Pseudocystopteris schizochlamys Ching 睫毛盖假冷蕨 = Athyrium schizochlamys (Ching) K. Iwats.
Pseudocystopteris spinulosa (Maxim.) Ching 假冷蕨 = Athyrium spinulosum (Maxim.) Milde
Pseudocystopteris subtriangularis (Hook.) Ching 三角叶假冷蕨 = Athyrium subtriangulare (Hook.) Bedd.

Pseudodrynaria (C. Chr.) C. Chr. 崖姜蕨属 = Aglaomorpha Schott 连珠蕨属
Pseudodrynaria coronans (Wall. ex Mett.) Ching 崖姜 = Aglaomorpha coronans (Wall. ex Mett.) Copel. 崖姜

Pseudolycopodiella Holub 拟小石松属 = Lycopodiella Holub 小石松属
Pseudolycopodiella caroliniana (L.) Holub 卡罗利拟小石松 = Lycopodiella caroliniana (L.) Pic. Serm.

Pseudophegopteris Ching 紫柄蕨属
Pseudophegopteris aurita (Hook.) Ching 耳状紫柄蕨
Pseudophegopteris brevipes Ching 短柄紫柄蕨
Pseudophegopteris hirtirachis (C. Chr.) Holttum 密毛紫柄蕨
Pseudophegopteris levingei (C. B. Clarke) Ching 星毛紫柄蕨
Pseudophegopteris microstegia (Hook.) Ching 禾秆紫柄蕨
Pseudophegopteris pyrrhorhachis (Kunze) Ching 紫柄蕨
Pseudophegopteris pyrrhorhachis var. **glabrata** (C. B. Clarke) Holttum 光叶紫柄蕨
Pseudophegopteris rectangularis (Zoll.) Holttum 对生紫柄蕨
Pseudophegopteris subaurita (Tagawa) Ching 光囊紫柄蕨
Pseudophegopteris tibetana Ching & S. K. Wu 西藏紫柄蕨
Pseudophegopteris yigongensis Ching 易贡紫柄蕨
Pseudophegopteris yunkweiensis (Ching) Ching 云贵紫柄蕨
Pseudophegopteris zayuensis Ching & S. K. Wu 察隅紫柄蕨

Psilotaceae 松叶蕨科

Psilotum Sw. 松叶蕨属
Psilotum nudum (L.) Beauv. 松叶蕨

Pteridaceae 凤尾蕨科

Pteridoideae 凤尾蕨亚科

Pteridiaceae 蕨科 = Dennstaedtiaceae 碗蕨科

Pteridium Gled. ex Scop. 蕨属

Pteridium aquilinum var. *latiusculum* (Desv.) Underw. ex Heller 蕨 = Pteridium aquilinum subsp. japonicum (Nakai) Á. Löve & D. Löve

Pteridium aquilinum subsp. **japonicum** (Nakai) Á. Löve & D. Löve 蕨

Pteridium aquilinum subsp. **wightianum** (J. Agardh) W. C. Shieh 毛轴蕨

Pteridium esculentum (G. Forst.) Cokayne 食蕨 = Pteridium aquilinum (L.) Kuhn subsp. wightianum (J. Agardh) W. C. Shieh

Pteridium falcatum Ching 镰羽蕨 = Pteridium aquilinum (L.) Kuhn subsp. wightianum (J. Agardh) W. C. Shieh

Pteridium lineare Ching 长羽蕨 = Pteridium aquilinum (L.) Kuhn subsp. wightianum (J. Agardh) W. C. Shieh

Pteridium revolutum (Blume) Nakai 毛轴蕨 = Pteridium aquilinum (L.) Kuhn subsp. wightianum (J. Agardh) W. C. Shieh

Pteridium revolutum var. *muricatulum* Ching & S. H. Wu 糙轴蕨 = Pteridium aquilinum (L.) Kuhn subsp. wightianum (J. Agardh) W. C. Shieh

Pteridium yunnanense Ching & S. H. Wu 云南蕨 = Pteridium aquilinum (L.) Kuhn subsp. wightianum (J. Agardh) W. C. Shieh

Pteridrys C. Chr. & Ching 牙蕨属

Pteridrys australis Ching 毛轴牙蕨

Pteridrys cnemidaria (Christ) C. Chr. & Ching 薄叶牙蕨

Pteridrys lofouensis (Christ) C. Chr. & Ching 云贵牙蕨

Pteridrys nigra Ching & Chu H. Wang 黑叶牙蕨 = Pteridrys australis Ching

Pteris L. 凤尾蕨属

Pteris actiniopteroides Christ 猪鬣凤尾蕨

Pteris amoena Blume 红秆凤尾蕨

Pteris angustipinna Tagawa 细叶凤尾蕨

Pteris angustipinnula Ching & S. H. Wu 线裂凤尾蕨

Pteris arisanensis Tagawa 线羽凤尾蕨

Pteris aspericaulis Wall. ex J. Agardh 紫轴凤尾蕨

Pteris aspericaulis var. **cuspigera** Ching 高原凤尾蕨

Pteris aspericaulis var. **subindivisa** (C. B. Clarke) Ching ex S. H. Wu 高山凤尾蕨

Pteris aspericaulis var. **tricolor** (Linden) T. Moore ex J. Lowe 三色凤尾蕨

Pteris austrosinica (Ching) Ching 华南凤尾蕨

Pteris baksaensis Ching 白沙凤尾蕨

Pteris bella Tagawa 栗轴凤尾蕨
Pteris biaurita L. 狭眼凤尾蕨
Pteris blumeana C. Agardh (存疑)
Pteris bomiensis Ching & S. K. Wu 波密凤尾蕨 = Pteris fauriei Hieron.
Pteris cadieri Christ 条纹凤尾蕨
Pteris cadieri var. **hainanensis** (Ching) S. H. Wu 海南凤尾蕨
Pteris caiyangheensis L. L. Deng 菜阳河凤尾蕨
Pteris changjiangensis X. L. Zheng & F. W. Xing 昌江凤尾蕨
Pteris confertinervia Ching 密脉凤尾蕨
Pteris crassiuscula Ching & Chu H. Wang 厚叶凤尾蕨
Pteris cretica L. 欧洲凤尾蕨
Pteris cretica var. **laeta** (Wall. ex Ettingsh.) C. Chr. & Tardieu 粗糙凤尾蕨
Pteris cretica var. *nervosa* (Thunb.) Ching & S. H. Wu 凤尾蕨 = Pteris cretica L.
Pteris cryptogrammoides Ching 珠叶凤尾蕨
Pteris dactylina Hook. 指叶凤尾蕨
Pteris dangiana X. Y. Wang & P. S. Wang 成忠凤尾蕨 = Pteris cretica L.
Pteris decrescens Christ 多羽凤尾蕨
Pteris decrescens var. **parviloba** (Christ) C. Chr. & Tardieu 大明凤尾蕨
Pteris deltodon Baker 岩凤尾蕨
Pteris dispar Kunze 刺齿半边旗
Pteris dissitifolia Baker 疏羽半边旗
Pteris ensiformis Burm. *f.* 剑叶凤尾蕨
Pteris ensiformis var. **furcans** Ching 叉羽凤尾蕨
Pteris ensiformis var. **merrilli** (C. Chr. ex Ching) S. H. Wu 少羽凤尾蕨
Pteris ensiformis var. **victoriae** Baker 白羽凤尾蕨
Pteris esquirolii Christ 阔叶凤尾蕨
Pteris esquirolii var. **muricatula** (Ching) Ching & S. H. Wu 刺柄凤尾蕨
Pteris excelsa Gaud. 溪边凤尾蕨 = Pteris terminalis Wall. ex J. Agardh
Pteris excelsa var. *inaequalis* (Baker) S. H. Wu 变异凤尾蕨 = Pteris inaequalis Baker
Pteris fauriei Hieron. 傅氏凤尾蕨
Pteris fauriei var. **chinensis** Ching & S. H. Wu 百越凤尾蕨
Pteris finotii Christ 疏裂凤尾蕨
Pteris formosana Baker 美丽凤尾蕨
Pteris gallinopes Ching 鸡爪凤尾蕨
Pteris grevilleana Wall. ex J. Agardh 林下凤尾蕨
Pteris grevilleana var. **ornata** Alderw. 白斑凤尾蕨
Pteris guangdongensis Ching 广东凤尾蕨

Pteris guizhouensis Ching 贵州凤尾蕨 = Pteris fauriei Hieron.

Pteris hekouensis Ching 毛叶凤尾蕨 = Pteris longipinnula var. hirtula C. Chr.

Pteris henryi Christ 狭叶凤尾蕨

Pteris heteromorpha Fée 长尾凤尾蕨

Pteris hirsutissima Ching 微毛凤尾蕨

Pteris hui Ching 胡氏凤尾蕨

Pteris hunanensis C. M. Zhang (存疑)

Pteris inaequalis Baker 中华凤尾蕨

Pteris insignis Mett. ex Kuhn 全缘凤尾蕨

Pteris intromissa Christ (存疑)

Pteris kidoi Sa. Kurata 城户凤尾蕨

Pteris kiuschiuensis Hieron. 平羽凤尾蕨

Pteris kiuschiuensis var. **centrochinensis** Ching & S. H. Wu 华中凤尾蕨

Pteris liboensis P. S. Wang 荔波凤尾蕨

Pteris linearis auct. non Poir. 线羽凤尾蕨 = Pteris arisanensis Tagawa

Pteris longipes D. Don 三轴凤尾蕨

Pteris longipinna Hayata 长叶凤尾蕨

Pteris longipinnula Wall. ex J. Agardh 翠绿凤尾蕨

Pteris longipinnula var. **hirtula** C. Chr. 毛叶凤尾蕨

Pteris maclurei Ching 两广凤尾蕨

Pteris maclurioides Ching 岭南凤尾蕨

Pteris majestica Ching 硕大凤尾蕨

Pteris malipoensis Ching 大羽半边旗

Pteris medogensis Ching & S. K. Wu 墨脱凤尾蕨 = Pteris fauriei Hieron.

Pteris menglaensis Ching 勐腊凤尾蕨

Pteris monghaiensis Ching 勐海凤尾蕨 = Pteris subquinata Wall. ex J. Agardh

Pteris morii Masam. 琼南凤尾蕨

Pteris multifida Poir. 井栏边草

Pteris nanlingensis R. H. Miao 南岭凤尾蕨

Pteris nipponica W. C. Shieh 日本凤尾蕨

Pteris obtusiloba Ching & S. H. Wu 江西凤尾蕨

Pteris occidentalisinica Ching 华西凤尾蕨

Pteris olivacea Ching 长羽凤尾蕨

Pteris oshimensis Hieron. 斜羽凤尾蕨

Pteris oshimensis var. **paraemeiensis** Ching 尾头凤尾蕨

Pteris paucipinnula X. Y. Wang & P. S. Wang 稀羽凤尾蕨

Pteris plumbea Christ 栗柄凤尾蕨

Pteris pseudopellucida Ching 单叶凤尾蕨
Pteris puberula Ching 柔毛凤尾蕨
Pteris quadristipitis X. Y. Wang & P. S. Wang 方柄凤尾蕨
Pteris quinquefoliata (Copel.) Ching 五叶凤尾蕨
Pteris rufopilosa Ching & Y. X. Lin 红毛凤尾蕨 (存疑)
Pteris ryukyuensis Tagawa 琉球凤尾蕨
Pteris sanduensis X. Y. Wang & P. S. Wang 三都凤尾蕨 = Pteris deltodon Baker
Pteris scabririgens Fraser-Jenk. 糙坚凤尾蕨
Pteris scabristipes Tagawa 红柄凤尾蕨
Pteris semipinnata L. 半边旗
Pteris setulosocostulata Hayata 有刺凤尾蕨
Pteris shimenensis C. M. Zhang (存疑)
Pteris shimianensis H. S. Kung 石棉凤尾蕨 = Pteris aspericaulis var. cuspigera Ching
Pteris sichuanensis H. S. Kung 四川凤尾蕨 = Pteris cretica L.
Pteris sinensis Ching 中华凤尾蕨 = Pteris inaequalis Baker
Pteris splendida Ching 隆林凤尾蕨
Pteris splendida var. **longlinensis** Ching & S. H. Wu 细羽凤尾蕨
Pteris stenophylla Wall. ex. Hook. & Grev. 狭羽凤尾蕨
Pteris subquinata Wall. ex J. Agardh 勐海凤尾蕨
Pteris subsimplex Ching 单叶凤尾蕨 = Pteris pseudopellucida Ching
Pteris taiwanensis Ching 台湾凤尾蕨
Pteris terminalis Wall. ex J. Agardh 溪边凤尾蕨
Pteris tibetica Ching 西藏凤尾蕨 = Pteris aspericaulis Wall. ex J. Agardh
Pteris tripartita Sw. 三叉凤尾蕨
Pteris undulatipinna Ching 波叶凤尾蕨
Pteris venusta Kunze 爪哇凤尾蕨
Pteris viridissima Ching 绿轴凤尾蕨
Pteris vittata L. 蜈蚣草
Pteris vittata f. *cristata* Ching 鸡冠凤尾蕨 = Pteris vittata L.
Pteris wallichiana J. Agardh 西南凤尾蕨
Pteris wallichiana var. **obtusa** S. H. Wu 圆头凤尾蕨
Pteris wallichiana var. **yunnanensis** (Christ) Ching & S. H. Wu 云南凤尾蕨
Pteris wangiana Ching 栗轴凤尾蕨 = Pteris bella Tagawa
Pteris xiaoyingiae H. He & Li Bing Zhang 筱英凤尾蕨
Pteris xichouensis W. M. Chu & Z. R. He 西畴凤尾蕨 = Pteris cretica L.

Ptilopteris Hance 岩穴蕨属 = Monachosorum Kunze 稀子蕨属

Ptilopteris maximowiczii Hance 岩穴蕨 = Monachosorum maximowiczii (Baker) Hayata

Ptisana Murdock 合囊蕨属
Ptisana pellucida (C. Presl) Murdock 合囊蕨

Pyrrosia Mirbel 石韦属
Pyrrosia adnascens (Sw.) Ching 贴生石韦
Pyrrosia adnascens f. *calcicola* K. H. Shing 钙生石韦 = Pyrrosia adnascens (Sw.) Ching
Pyrrosia angustissima (Giesenh. ex Diels) Tagawa & K. Iwats. 石蕨
Pyrrosia assimilis (Baker) Ching 相异石韦　相似石韦
Pyrrosia bonii (Christ ex Giesenh.) Ching 波氏石韦
Pyrrosia boothii (Hook.) Ching 布施石韦
Pyrrosia calvata (Baker) Ching 光石韦
Pyrrosia caudifrons Ching 尾叶石韦 = Pyrrosia lingua (Thunb.) Farw.
Pyrrosia costata (Wall. ex C. Presl) Tagawa & K. Iwats. 下延石韦
Pyrrosia davidii (Giesenh. ex Diels) Ching 华北石韦
Pyrrosia drakeana (Franch.) Ching 毡毛石韦
Pyrrosia eberhardtii (Christ) Ching 琼崖石韦
Pyrrosia ensata Ching ex K. H. Shing 剑叶石韦
Pyrrosia fengiana Ching 冯氏石韦 = Pyrrosia boothii (Hook.) Ching
Pyrrosia flocculosa (D. Don) Ching 卷毛石韦
Pyrrosia fuohaiensis Ching & K. H. Shing 佛海石韦 = Pyrrosia heteractis (Mett. ex Kuhn) Ching
Pyrrosia gralla (Giesenh.) Ching 西南石韦 = Pyrrosia davidii (Giesenh. ex Diels) Ching
Pyrrosia hastata (Houtt.) Ching 戟叶石韦
Pyrrosia heteractis (Mett. ex Kuhn) Ching 纸质石韦
Pyrrosia laevis (J. Sm. ex Bedd.) Ching 平滑石韦
Pyrrosia lanceolata (L.) Farw. 披针叶石韦
Pyrrosia linearifolia (Hook.) Ching 线叶石韦
Pyrrosia lingua (Thunb.) Farw. 石韦
Pyrrosia longifolia (Burm. *f.*) C. V. Morton 南洋石韦
Pyrrosia mannii (Giesenh.) Ching 蔓氏石韦
Pyrrosia nuda (Giesenh.) Ching 裸叶石韦
Pyrrosia nudicaulis Ching 裸茎石韦 = Pyrrosia davidii (Giesenh. ex Diels) Ching
Pyrrosia nummulariifolia (Sw.) Ching 钱币石韦
Pyrrosia oblonga Ching 长圆石韦 = Pyrrosia eberhardtii (Christ) Ching
Pyrrosia petiolosa (Christ) Ching 有柄石韦
Pyrrosia piloselloides (L.) M. G. Price 抱树石韦　抱树莲

Pyrrosia polydactylos (Hance) Ching 槭叶石韦
Pyrrosia porosa (C. Presl) Hovenkamp 柔软石韦
Pyrrosia porosa var. *mollissima* (Ching) K. H. Shing 平绒石韦 = Pyrrosia porosa (C. Presl) Hovenkamp
Pyrrosia princeps (Mett.) C. V. Morton 显脉石韦 = Pyrrosia costata (Wall. ex C. Presl) Tagawa & K. Iwats.
Pyrrosia pseudodrakeana K. H. Shing 拟毡毛石韦 = Pyrrosia drakeana (Franch.) Ching
Pyrrosia sheareri (Baker) Ching 庐山石韦
Pyrrosia shennongensis K. H. Shing 神农石韦 = Pyrrosia bonii (Christ ex Giesenh.) Ching
Pyrrosia similis Ching 相似石韦
Pyrrosia stenophylla (Bedd.) Ching 狭叶石韦
Pyrrosia stigmosa (Sw.) Ching 柱状石韦
Pyrrosia subfurfuracea (Hook.) Ching 绒毛石韦
Pyrrosia subtruncata Ching 截基石韦 = Pyrrosia bonii (Christ ex Giesenh.) Ching
Pyrrosia tonkinensis (Giesenh.) Ching 中越石韦
Pyrrosia transmorrisonensis (Hayata) Ching 玉山石韦 = Pyrrosia davidii (Giesenh. ex Diels) Ching

Q

Quercifilix Copel. 地耳蕨属 = Tectaria Cav. 叉蕨属
Quercifilix zeylanica (Houtt.) Copel. 地耳蕨 = Tectaria zeilanica (Houtt.) Sledge

R

Radiogrammitis Parris 辐禾蕨属
Radiogrammitis alepidota (M. G. Price) Parris 无鳞辐禾蕨
Radiogrammitis moorei Parris & Ralf Knapp 牟氏辐禾蕨
Radiogrammitis setigera (Blume) Parris 刚毛辐禾蕨　大禾叶蕨
Radiogrammitis taiwanensis Parris & Ralf Knapp 台湾辐禾蕨　拟禾叶蕨

Rhachidosoraceae 轴果蕨科

Rhachidosorus Ching 轴果蕨属
Rhachidosorus blotianus Ching 脆叶轴果蕨
Rhachidosorus consimilis Ching 喜钙轴果蕨
Rhachidosorus mesosorus (Makino) Ching 轴果蕨
Rhachidosorus pulcher (Tagawa) Ching 台湾轴果蕨
Rhachidosorus truncatus Ching 云贵轴果蕨

S

Salviniaceae 槐叶蘋科

Salvinia Ség. 槐叶蘋属
Salvinia molesta D. S. Mitchell 人厌槐叶蘋 (引种栽培)
Salvinia natans (L.) All. 槐叶蘋

Saxiglossum Ching 石蕨属 = Pyrrosia Mirbel 石韦属
Saxiglossum angustissimum (Giesenh. ex Diels) Ching 石蕨 = Pyrrosia angustissima (Giesenh. ex Diels) Tagawa & K. Iwats.

Sceptridium Lyon 阴地蕨属 = Botrychium Sw. 阴地蕨属
Sceptridium daucifolium (Wall. ex Hook. & Grev.) Y. X. Lin 薄叶阴地蕨 = Botrychium daucifolium Wall. ex Hook. & Grev.
Sceptridium japonicum (Prantl) Y. X. Lin 华东阴地蕨 = Botrychium japonicum (Prantl) Sw.
Sceptridium robustum (Rupr.) Y. X. Lin 粗壮阴地蕨 = Botrychium robustum (Rupr.) Underw.
Sceptridium ternatum (Thunb.) Y. X. Lin 阴地蕨 = Botrychium ternatum (Thunb.) Sw.

Schellolepis (J. Sm.) J. Sm. 棱脉蕨属 = Goniophlebium (Blume) C. Presl 棱脉蕨属
Schellolepis persicifolia (Desv.) Pic. Serm. 棱脉蕨 = Goniophlebium persicifolium (Desv.) Bedd. 棱脉蕨
Schellolepis subauriculata (Blume) J. Sm. 穴果棱脉蕨 = Goniophlebium subauriculatum (Blume) C. Presl

Schizaeaceae 莎草蕨科

Schizaea Sm. 莎草蕨属
Schizaea biroi Richter 分枝莎草蕨 = Schizaea dichotoma (L.) Sm.
Schizaea dichotoma (L.) Sm. 分枝莎草蕨
Schizaea digitata (L.) Sw. 莎草蕨

Schizoloma Gaudich. 双唇蕨属 = Lindsaea Dry. 鳞始蕨属
Schizoloma ensifolium (Sw.) J. Sm. 双唇蕨 = Lindsaea ensifolia Sw.
Schizoloma heteropyllum (Dry.) J. Sm. 异叶双唇蕨 = Lindsaea heterophylla Dryand.
Schizoloma intertextum Ching 卵叶双唇蕨 = Lindsaea orbiculata (Lam.) Mett. ex Kuhn

Scleroglossum Alderw. 革舌蕨属
Scleroglossum pusillum (Blume) Alderw. 革舌蕨 = Scleroglossum sulcatum (Kuhn) Alderw.

Scleroglossum sulcatum (Kuhn) Alderw. 革舌蕨

Selaginellaceae 卷柏科

Selaginella P. Beauv. 卷柏属
Selaginella albociliata P. S. Wang 白毛卷柏
Selaginella albocincta Ching 白边卷柏
Selaginella amblyphylla Alston 钝叶卷柏
Selaginella biformis A. Braun ex Kuhn 二形卷柏
Selaginella bisulcata Spring 双沟卷柏
Selaginella bodinieri Hieron. 大叶卷柏
Selaginella boninensis Baker 小笠原卷柏
Selaginella braunii Baker 布朗卷柏
Selaginella chaetoloma Alston 毛边卷柏
Selaginella chingii Alston 秦氏卷柏 = Selaginella bodinieri Hieron.
Selaginella chrysocaulos (Hook. & Grev.) Spring 块茎卷柏
Selaginella ciliaris (Retz.) Spring 缘毛卷柏
Selaginella commutata Alderw. 长芒卷柏
Selaginella daozhenensis Li Bing Zhang, Q. W. Sun & Jun H. Zhao = Selaginella labordei Hieron. ex Christ
Selaginella davidii Franch. 蔓出卷柏　蔓生卷柏
Selaginella decipiens Warb. 拟大叶卷柏
Selaginella delicatula (Desv. ex Poir.) Alston 薄叶卷柏
Selaginella devolii H. M. Chang, P. F. Lu & W. L. Chiou 棣氏卷柏
Selaginella doederleinii Hieron. 深绿卷柏
Selaginella drepanophylla Alston 镰叶卷柏
Selaginella effusa Alston 疏松卷柏
Selaginella effuse var. dulongjiangensis W. M. Chu 独龙江卷柏 (存疑)
Selaginella frondosa auct. non Warb. = Selaginella superba Alston
Selaginella guihaia X. C. Zhang 桂海卷柏 (sp. nov. ,ined.)
Selaginella hainanensis X. C. Zhang & Noot. 琼海卷柏
Selaginella helferi Warb. 攀缘卷柏
Selaginella helvetica (L.) Link 小卷柏
Selaginella hengduanshanicola W. M. Chu 横断山卷柏
Selaginella heterostachys Baker 异穗卷柏
Selaginella indica (Milde) R. M. Tryon 印度卷柏
Selaginella involvens (Sw.) Spring 兖州卷柏
Selaginella jugorum Hand. -Mazz. 睫毛卷柏 (存疑)

Selaginella kouytcheensis H. Lév. 贵州卷柏
Selaginella kraussiana (Kunze) A. Braun 小翠云 (引种栽培)
Selaginella kurzii Baker 缅甸卷柏
Selaginella labordei Hieron. ex Christ 细叶卷柏
Selaginella laxistrobila K. H. Shing 松穗卷柏
Selaginella leptophylla Baker 膜叶卷柏
Selaginella limbata Alston 具边卷柏　耳基卷柏
Selaginella longistrobilina P. S. Wang, X. Y. Wang & Li Bing Zhang 长穗卷柏 (存疑)
Selaginella lutchuensis Koidz. 琉球卷柏
Selaginella mairei H. Lév. 狭叶卷柏
Selaginellamegaphylla Baker 宽叶卷柏　长叶卷柏
Selaginella minutifolia Spring 小叶卷柏
Selaginella moellendorffii Hieron. 江南卷柏
Selaginella monospora Spring 单子卷柏
Selaginella monospora var. ciliolata W. M. Chu 短纤毛卷 柏 (存疑)
Selaginella nipponica Franch. & Sav. 伏地卷柏
Selaginella nummularifolia Ching 钱叶卷柏
Selaginella ornata (Hook. & Grev.) Spring 微齿钝叶卷柏　微齿卷柏
Selaginella pallidissima Spring 平卷柏
Selaginella pennata (D. Don) Spring 拟双沟卷柏
Selaginella picta A. Braun ex Baker 黑顶卷柏
Selaginella prostrata (H. S. Kung) Li Bing Zhang 地卷柏
Selaginella pseudonipponica Tagawa 拟伏地卷柏
Selaginella pseudopaleifera Hand. -Mazz. 毛枝攀援卷柏
Selaginella pubescens (Wall. ex Hook. & Grev.) Spring 二歧卷柏
Selaginella pulvinata (Hook. & Grev.) Maxim 垫状卷柏
Selaginella remotifolia Spring 疏叶卷柏
Selaginella repanda (Desv. ex Poir.) Spring 高雄卷柏
Selaginella rolandi-principis Alston 海南卷柏
Selaginella rossii (Baker) Warb. 鹿角卷柏
Selaginella rubella W. M. Chu 浅红茎卷柏 = Selaginella pallidissima Spring
Selaginella sanguinolenta (L.) Spring 红枝卷柏
Selaginella scabrifolia Ching & Chu H. Wang 糙叶卷柏
Selaginella shakotanensis (Franch. ex Takeda) Miyabe & Kudo 东北亚卷柏
Selaginella siamensis Hieron. 泰国卷柏
Selaginella sibirica (Milde) Hieron. 西伯利亚卷柏
Selaginella sinensis (Desv.) Spring 中华卷柏

Selaginella somae Hayata

Selaginella spinulosovena G. Q. Gou & P. S. Wang 刺脉卷柏 (存疑)

Selaginella stauntoniana Spring 旱生卷柏

Selaginella superba Alston 粗茎卷柏

Selaginella tama-montana Seriz. 高山卷柏

Selaginella tamariscina (P. Beauv.) Spring 卷柏

Selaginella tibetica Ching & S. K. Wu 西藏卷柏 (存疑)

Selaginella trachyphylla A. Br. ex Hieron. 粗叶卷柏

Selaginella trichoclada Alston 毛枝卷柏

Selaginella trichophylla K. H. Shing 毛叶卷柏

Selaginella uncinata (Desv. ex Poir.) Spring 翠云草

Selaginella vaginata Spring 鞘舌卷柏

Selaginella vardei H. Lév. 细瘦卷柏

Selaginella wallichii (Hook. & Grev.) Spring 瓦氏卷柏

Selaginella willdenowii (Desv. ex Poir.) Baker 藤卷柏

Selaginella xipholepis Baker 剑叶卷柏

Selenodesmium (Prantl) Copel. 长筒蕨属

Selenodesmium cupressoides (Desv.) Copel. 直长筒蕨

Selenodesmium obscurum (Blume) Copel. 线片长筒蕨 = Selenodesmium cupressoides (Desv.) Copel.

Selenodesmium recurvum Ching & Chiu 弯长筒蕨

Selenodesmium siamense (Christ) Ching & Chu H. Wang 广西长筒蕨 = Abrodictyum obscurum var. siamense (Christ) K. Iwats.

Selliguea Bory 修蕨属

Selliguea albidoglauca (C. Chr.) S. G. Lu, Hovenkamp & M. G. Gilbert 弯弓假瘤蕨

Selliguea albipes (C. Chr. & Ching) S. G. Lu, Hovenkamp & M. G. Gilbert 灰鳞假瘤蕨

Selliguea chenopus (Christ) S. G. Lu, Hovenkamp & M. G. Gilbert 鹅绒假瘤蕨

Selliguea chrysotricha (C. Chr.) Fraser-Jenk. 白茎假瘤蕨

Selliguea conjuncta (Ching) S. G. Lu, Hovenkamp & M. G. Gilbert 交连假瘤蕨

Selliguea conmixta (Ching) S. G. Lu, Hovenkamp & M. G. Gilbert 钝羽假瘤蕨

Selliguea connexa (Ching) S. G. Lu, Hovenkamp & M. G. Gilbert 耿马假瘤蕨

Selliguea crenatopinnata (C. B. Clarke) S. G. Lu, Hovenkamp & M. G. Gilbert 紫柄假瘤蕨

Selliguea cruciformis (Ching) Fraser-Jenk. 十字假瘤蕨

Selliguea dactylina (Christ) S. G. Lu, Hovenkamp & M. G. Gilbert 指叶假瘤蕨

Selliguea dareiformis (Hook.) X. C. Zhang & L. J. He 雨蕨

Selliguea daweishanensis (S. G. Lu) S. G. Lu, Hove nk. & M. G. Gilbert 大围山假瘤蕨

Selliguea digitata (Ching) S. G. Lu, Hovenkamp & M. G. Gilbert 掌叶假瘤蕨 = Selliguea dactylina (Christ) S. G. Lu, Hovenkamp & M. G. Gilbert

Selliguea ebenipes (Hook.) S. Linds. 黑鳞假瘤蕨

Selliguea ebenipes var. **oakesii** (C. B. Clarke) S. G. Lu, Hovenkamp & M. G. Gilbert 毛轴黑鳞假瘤蕨

Selliguea echinospora (Tagawa) Fraser-Jenk. 大叶玉山假瘤蕨

Selliguea engleri (Luerss.) Fraser-Jenk. 恩氏假瘤蕨

Selliguea erythrocarpa (Mett. ex Kuhn) X. C. Zhang & L. J. He 锡金假瘤蕨

Selliguea feei Bory 修蕨 (存疑)

Selliguea glaucopsis (Franch.) S. G. Lu, Hovenkamp & M. G. Gilbert 刺齿假瘤蕨

Selliguea griffithiana (Hook.) Fraser-Jenk. 大果假瘤蕨

Selliguea hainanensis (Ching) S. G. Lu, Hovenkamp & M. G. Gilbert 海南假瘤蕨

Selliguea hastata (Thunb.) Fraser-Jenk. 金鸡脚假瘤蕨

Selliguea hirtella (Ching) S. G. Lu, Hovenkamp & M. G. Gilbert 昆明假瘤蕨

Selliguea incisocrenata (Ching ex W. M. Chu & S. G. Lu) S. G. Lu, Hovenkamp & M. G. Gilbert 圆齿假瘤蕨

Selliguea kingpingensis (Ching) S. G. Lu, Hovenkamp & M. G. Gilbert 金平假瘤蕨

Selliguea likiangensis (Ching) S. G. Lu, Hovenkamp & M. G. Gilbert 丽江假瘤蕨

Selliguea majoensis (C. Chr.) Fraser-Jenk. 宽底假瘤蕨

Selliguea malacodon (Hook.) S. G. Lu, Hovenkamp & M. G. Gilbert 芒刺假瘤蕨

Selliguea nigropaleacea (Ching) S. G. Lu, Hovenkamp & M. G. Gilbert 乌鳞假瘤蕨

Selliguea nigrovenia (Christ) S. G. Lu, Hovenkamp & M. G. Gilbert 毛叶假瘤蕨

Selliguea oblongifolia (S. K. Wu) S. G. Lu, Hovenkamp & M. G. Gilbert 长圆假瘤蕨

Selliguea obtusa (Ching) S. G. Lu, Hovenkamp & M. G. Gilbert 圆顶假瘤蕨

Selliguea omeiensis (Ching) S. G. Lu, Hovenkamp & M. G. Gilbert 峨嵋假瘤蕨

Selliguea oxyloba (Wall. ex Kunze) Fraser-Jenk. 尖裂假瘤蕨

Selliguea pellucidifolia (Hayata) S. G. Lu, Hovenkamp & M. G. Gilbert 透明叶假瘤蕨

Selliguea pianmaensis (W. M. Chu) S. G. Lu, Hovenkamp & M. G. Gilbert 片马假瘤蕨

Selliguea quasidivaricata (Hayata) H. Ohashi & K. Ohashi 展羽假瘤蕨

Selliguea rhynchophylla (Hook.) Fraser-Jenk. 喙叶假瘤蕨

Selliguea roseomarginata (Ching) S. G. Lu, Hovenkamp & M. G. Gilbert 紫边假瘤蕨

Selliguea senanensis (Maxim.) S. G. Lu, Hovenkamp & M. G. Gilbert 陕西假瘤蕨

Selliguea stewartii (Bedd.) S. G. Lu, Hovenkamp & M. G. Gilbert 尾尖假瘤蕨

Selliguea stracheyi (Ching) S. G. Lu, Hovenkamp & M. G. Gilbert 斜下假瘤蕨

Selliguea taeniata (Sw.) Parris 镰羽假瘤蕨

Selliguea taiwanensis (Tagawa) H. Ohashi & K. Ohashi 台湾假瘤蕨

Selliguea tenuipes (Ching) S. G. Lu, Hovenkamp & M. G. Gilbert 细柄假瘤蕨

Selliguea tibetana (Ching & S. K. Wu) S. G. Lu, Hovenkamp & M. G. Gilbert 西藏假瘤蕨

Selliguea trilobus (Houtt.) M. G. Price 三指假瘤蕨
Selliguea trisecta (Baker) Fraser-Jenk. 三出假瘤蕨
Selliguea wuliangshanense (W. M. Chu) S. G. Lu, Hovenkamp & M. G. Gilbert 无量山假瘤蕨
Selliguea yakushimensis (Makino) Fraser-Jenk. 屋久假瘤蕨

Sinephropteris Mickel 水鳖蕨属 = Asplenium L. 铁角蕨属
Sinephropteris delavayi (Franch.) Mickel 水鳖蕨 = Asplenium delavayi (Franch.) Copel.

Sinopteridaceae 中国蕨科 = Pteridaceae 凤尾蕨科

Sinopteris C. Chr. & Ching 中国蕨属 = Aleuritopteris Fée 粉背蕨属
Sinopteris albofusca (Baker) Ching 小叶中国蕨 = Aleuritopteris albofusca (Baker) Pic. Serm.
Sinopteris grevilleoides (Christ.) C. Chr. & Ching 中国蕨 = Aleuritopteris grevilleoides (Christ) G. M. Zhang ex X. C. Zhang

Sorolepidium Christ emend. Ching 玉龙蕨属 = Polystichum Roth 耳蕨属
Sorolepidium glaciale Christ 玉龙蕨 = Polystichum glaciale Christ
Sorolepidium ovale Y. T. Hsieh 卵羽玉龙蕨 = Polystichum glaciale Christ

Sphaeropteris Bernh. 白桫椤属
Sphaeropteris brunoniana (Wall. ex Hook.) R. M. Tryon 白桫椤
Sphaeropteris contaminans (Hook.) Copel. 刺白桫椤
Sphaeropteris lepifera (J. Sm. ex Hook.) R. M. Tryon 笔筒树

Sphenomeris Maxon 乌蕨属 = Odontosoria Fée 乌蕨属
Sphenomeris biflora (Kaulf.) Tagawa 阔片乌蕨 = Odontosoria biflora (Kaulf.) C. Chr.
Sphenomeris chinensis (L.) Maxon 乌蕨 = Odontosoria chinensis (L.) J. Sm.

Stegnogramma Blume 溪边蕨属
Stegnogramma asplenioides (C. Chr.) J. Sm. ex Ching 浅裂溪边蕨 (存疑)
Stegnogramma cyrtomioides (C. Chr.) Ching 贯众叶溪边蕨
Stegnogramma dictyoclinoides Ching 屏边溪边蕨
Stegnogramma diplazioides Ching ex Y. X. Lin 缙云溪边蕨
Stegnogramma griffithii (T. Moore) K. Iwats. 圣蕨
Stegnogramma himalaica (Ching) K. Iwats. 喜马拉雅伏茯蕨
Stegnogramma jinfoshanensis Ching & Z. Y. Liu 金佛山溪边蕨 = Stegnogramma tottoides (H. Itô) K. Iwats.
Stegnogramma latipinna Ching ex Y. X. Lin 阔羽溪边蕨 = Stegnogramma asplenioides (C. Chr.) J. Sm.

ex Ching

Stegnogramma mingchegensis (Ching) X. C. Zhang & L. J. He 闽浙溪边蕨

Stegnogramma mollissima (Kunze) Fraser-Jenk. 毛叶茯蕨

Stegnogramma sagittifolia (Ching) L. J. He & X. C. Zhang 戟叶圣蕨

Stegnogramma scallanii (Christ) K. Iwats. 峨眉茯蕨

Stegnogramma sinensis (Ching & W. M. Chu) L. J. He & X. C. Zhang 边果蕨

Stegnogramma tottoides (H. Itô) K. Iwats. 小叶茯蕨

Stegnogramma wilfordii (Hook.) Seriz. 羽裂圣蕨

Stegnogramma xingwenensis Ching ex Y. X. Lin 兴文溪边蕨 (存疑)

Stenochlaenaceae 光叶藤蕨科 = Blechnaceae 乌毛蕨科

Stenochlaena J. Sm. 光叶藤蕨属

Stenochlaena hainanensis Ching & P. S. Chiu 海南光叶藤蕨 = Stenochlaena palustris (Burm. *f.*) Bedd.

Stenochlaena palustris (Burm. *f.*) Bedd. 光叶藤蕨

Stenoloma Fée 乌蕨属 = Odontosoria Fée 乌蕨属

Stenoloma biflorum (Kaulf.) Ching 阔片乌蕨 = Odontosoria biflora (Kaulf.) C. Chr.

Stenoloma chusanum Ching 乌蕨 = Odontosoria chinensis (L.) J. Sm.

Stenoloma eberhardtii (Christ) Ching 线片乌蕨 = Lindsaea eberhardtii (Christ) K. U. Kramer

Sticherus C. Presl 假芒萁属

Sticherus laevigatus C. Presl 假芒萁 = Sticherus truncatus (Will.) Nakai

Sticherus truncatus (Will.) Nakai 假芒萁

Struthiopteris Scopoli 荚囊蕨属 = Blechnum L. 乌毛蕨属

Struthiopteris eburnea (Christ) Ching 荚囊蕨 = Blechnum eburneum Christ

Struthiopteris eburnea var. *obtusa* (Tagawa) Tagawa 天长罗蔓蕨 = Blechnum eburneum Christ

Struthiopteris hancockii (Hance) Tagawa 宽叶荚囊蕨 = Blechnum hancockii Hance

T

Taenitis Willd. 竹叶蕨属

Taenitis blechnoides (Willd.) Sw. 竹叶蕨

Tapeinidium (C. Presl) C. Chr. 达边蕨属

Tapeinidium pinnatum (Cav.) C. Chr. 达边蕨

Tapeinidium pinnatum var. **biserratum** (Blume) W. C. Shieh 二羽达边蕨

Tectariaceae 叉蕨科　三叉蕨科

Tectaria Cav. 叉蕨属　三叉蕨属

Tectaria acrocarpa (Ching) Christenh. 顶囊轴脉蕨

Tectaria chinensis (Ching & Chu H. Wang) Christenh. 中华轴脉蕨

Tectaria coadunata (J. Sm.) C. Chr. 大齿叉蕨　大齿三叉蕨

Tectaria consimilis Ching & Chu H. Wang 棕柄叉蕨 = Tectaria coadunata (J. Sm.) C. Chr.

Tectaria decurrens (C. Presl) Copel. 下延叉蕨　下延三叉蕨

Tectaria decurrenti-alata Ching & Chu H. Wang 翅柄叉蕨 = Tectaria vasta (Blume) Copel.

Tectaria devexa (Kunze) Copel. 毛叶轴脉蕨

Tectaria dissecta (G. Forst.) Lellinger 薄叶轴脉蕨

Tectaria dubia (C. B. Clarke & Baker) Ching 大叶叉蕨　大叶三叉蕨

Tectaria ebenina (C. Chr.) Ching 黑柄叉蕨　黑柄三叉蕨

Tectaria fauriei Tagawa 芽胞叉蕨　芽胞三叉蕨

Tectaria fengii Ching & Chu H. Wang 阔羽叉蕨 = Tectaria fauriei Tagawa

Tectaria fuscipes (Wall. ex Bedd.) C. Chr. 黑鳞轴脉蕨

Tectaria griffithii (Baker) C. Chr. 鳞柄叉蕨　鳞柄三叉蕨

Tectaria grossedentata Ching & Chu H. Wang 粗齿叉蕨　粗齿三叉蕨

Tectaria hainanensis Ching & Chu H. Wang 海南叉蕨 = Tectaria fauriei Tagawa

Tectaria harlandii (Hook.) C. M. Kuo 沙皮蕨

Tectaria hekouensis Ching & Chu H. Wang 河口叉蕨 = Tectaria quinquefida (Baker) Ching

Tectaria herpetocaulos Holttum 思茅叉蕨　思茅三叉蕨

Tectaria impressa (Fée) Holttum 疣状叉蕨　疣状三叉蕨

Tectaria ingens (Atk. ex C. B. Clarke) Holttum 西藏轴脉蕨

Tectaria kusukusensis (Hayata) Lellinger 台湾轴脉蕨

Tectaria kweichowensis Ching & Chu H. Wang 贵州叉蕨 = Tectaria rockii C. Chr.

Tectaria leptophylla (C. H. Wright) Ching 剑叶叉蕨　剑叶三叉蕨

Tectaria luchunensis S. K. Wu 绿春叉蕨　绿春三叉蕨

Tectaria media Ching 中形叉蕨　中形三叉蕨

Tectaria morsei (Baker) P. J. Edwards ex S. Y. Dong 掌状叉蕨　掌状三叉蕨

Tectaria phaeocaulis (Rosenst.) C. Chr. 条裂叉蕨　条裂三叉蕨

Tectaria polymorpha (Wall. ex Hook.) Copel. 多形叉蕨　多形三叉蕨

Tectaria polymorpha var. *subcuneata* Ching & Chu H. Wang 狭基叉蕨 = Tectaria herpetocaulos Holttum

Tectaria quinquefida (Baker) Ching 五裂叉蕨　五裂三叉蕨

Tectaria remotipinna Ching & Chu H. Wang 疏羽叉蕨　疏羽三叉蕨

Tectaria rockii C. Chr. 洛克叉蕨　洛克三叉蕨

Tectaria sagenioides (Mett.) Christenh. 轴脉蕨

Tectaria setulosa (Baker) Holttum 棕毛轴脉蕨

Tectaria simaoensis Ching & Chu H. Wang 思茅叉蕨 = Tectaria herpetocaulos Holttum

Tectaria simonsii (Baker) Ching 燕尾叉蕨　燕尾三叉蕨

Tectaria simulans Ching 中间叉蕨 = Tectaria decurrens (C. Presl) Copel.

Tectaria stenosemioides (Christ) C. Chr. & Tardieu 桂越叉蕨　桂越三叉蕨

Tectaria subpedata auct. non (Harr.) Ching 掌状叉蕨　掌状三叉蕨 = Tectaria morsei (Baker) P. J. Edwards ex S. Y. Dong

Tectaria subsageniacea (Christ) Christenh. 无盖轴脉蕨

Tectaria subtriphylla (Hook. & Arn.) Copel. 三叉蕨

Tectaria variabilis Tardieu & Ching 多变叉蕨　多变三叉蕨

Tectaria variolosa (Wall. ex Hook.) C. Chr. 疣状叉蕨 = Tectaria impressa (Fée) Holttum

Tectaria vasta (Blume) Copel. 翅柄叉蕨　翅柄三叉蕨

Tectaria yunnanensis (Baker) Ching 云南叉蕨　云南三叉蕨

Tectaria zeilanica (Houtt.) Sledge 地耳蕨

Teratophyllum Mett. ex Kuhn 符藤蕨属

Teratophyllum hainanense S. Y. Dong & X. C. Zhang 海南符藤蕨

Thelypteridaceae 金星蕨科

Thelypteris Schmidel 沼泽蕨属

Thelypteris fairbankii (Bedd.) Y. X. Lin, K. Iwats. & M. G. Gilbert 鳞片沼泽蕨

Thelypteris palustris Schott 沼泽蕨

Thelypteris palustris var. **pubescens** (G. Lawson) Fernald 毛叶沼泽蕨

Thelypteris squamulosa (Schlecht.) Ching 鳞片沼泽蕨 = Thelypteris fairbankii (Bedd.) Y. X. Lin, K. Iwats. & M. G. Gilbert

Themelium (T. Moore) Parris 蒿蕨属

Themelium blechnifrons (Hayata) Parris 蒿蕨

Themelium tenuisectum (Blume) Parris 细叶蒿蕨

Tomophyllum (E. Fourn.) Parris 虎尾蒿蕨属

Tomophyllum donianum (Spreng.) Fraser-Jenk. & Parris 虎尾蒿蕨

Tricholepidium Ching 毛鳞蕨属

Tricholepidium angustifolium Ching 狭叶毛鳞蕨 = Tricholepidium normale (D. Don) Ching

Tricholepidium angustifolium var. *falcato-lineare* Ching 镰状毛鳞蕨 = Tricholepidium normale (D. Don) Ching

Tricholepidium angustifolium var. *lanceolatum* (Ching & S. K. Wu) Y. X. Lin 披针毛鳞蕨 = Tricholepidium normale (D. Don) Ching
Tricholepidium maculosum Ching 斑点毛鳞蕨 = Tricholepidium normale (D. Don) Ching
Tricholepidium maculosum var. *subnormale* (Alderw.) Ching 似毛鳞蕨 = Tricholepidium normale (D. Don) Ching

Tricholepidium normale (D. Don) Ching 毛鳞蕨
Tricholepidium pteropodium Ching 翅柄毛鳞蕨 = Tricholepidium normale (D. Don) Ching
Tricholepidium tibeticum Ching & S. K. Wu 西藏毛鳞蕨 = Tricholepidium normale (D. Don) Ching
Tricholepidium venosum Ching 显脉毛鳞蕨 = Tricholepidium normale (D. Don) Ching

Trichoneuron Ching 毛脉蕨属
Trichoneuron microlepioides Ching 毛脉蕨

Trogostolon Copel. 毛根蕨属 = Davallia Sm. 骨碎补属
Trogostolon yunnanensis Ching 毛根蕨 = Davallia trichomanoides Blume

V

Vaginularia Fée 针叶蕨属 = Monogramma Commerson ex Schkuhr 一条线蕨属
Vaginularia trichoidea Fée 针叶蕨 = Monogramma trichoidea (Fée) Hook.
Vandenboschia Copel. 瓶蕨属 = Crepidomanes C. Presl 假脉蕨属
Vandenboschia assimilis Ching & P. S. Chiu 喇叭瓶蕨 = Vandenboschia cystoseiroides (Christ ex Tardieu & C. Chr.) Ching
Vandenboschia auriculata (Blume) Copel. 瓶蕨
Vandenboschia birmanica (Bedd.) Ching 管苞瓶蕨 = Vandenboschia striata (D. Don) Ebihara
Vandenboschia cystoseiroides (Christ ex Tardieu & C. Chr.) Ching 墨兰瓶蕨
Vandenboschia fargesii (Christ) Ching 城口瓶蕨
Vandenboschia hainanensis Ching & P. S. Chiu 海南瓶蕨 = Vandenboschia auriculata (Blume) Copel.
Vandenboschia kalamocarpa (Hayata) Ebihara 管苞瓶蕨
Vandenboschia lofoushanensis Ching 罗浮山瓶蕨
Vandenboschia maxima (Blume) Copel. 大叶瓶蕨
Vandenboschia naseana (Christ) Ching 漏斗瓶蕨 = Vandenboschia striata (D. Don) Ebihara
Vandenboschia orientalis (C. Chr.) Ching 华东瓶蕨 = Vandenboschia striata (D. Don) Ebihara
Vandenboschia radicans (Sw.) Copel. 南海瓶蕨 = Vandenboschia striata (D. Don) Ebihara
Vandenboschia schmidtiana (Zenker ex Taschner) Copel. 宽叶瓶蕨 = Crepidomanes schmidianum (Zenker ex Taschner) K. Iwats.
Vandenboschia striata (D. Don) Ebihara 南海瓶蕨

Vandenboschia subclathrata K. Iwats. 琉球瓶蕨 (存疑)

Vittariaceae 书带蕨科 = Pteridaceae 风尾蕨科

Vittarioideae 书带蕨亚科

Vittaria Sm. 书带蕨属 = Haplopteris C. Presl 书带蕨属

Vittaria amboinensis Fée 剑叶书带蕨 = Haplopteris amboinensis (Fée) X. C. Zhang

Vittaria anguste-elongata Hayata 姬书带蕨 = Haplopteris anguste-elongata (Hayata) E. H. Crane

Vittaria doniana Mett. ex Hieron. 带状书带蕨 = Haplopteris doniana (Mett. ex Hieron.) E. H. Crane

Vittaria elongata Sw. 唇边书带蕨 = Haplopteris elongata (Sw.) E. H. Crane

Vittaria flexuosa Fée 书带蕨 = Haplopteris flexuosa (Fée) E. H. Crane

Vittaria fudzinoi Makino 平肋书带蕨 = Haplopteris fudzinoi (Makino) E. H. Crane

Vittaria hainanensis C. Chr. ex Ching 海南书带蕨 = Haplopteris hainanensis (C. Chr. ex Ching) E. H. Crane

Vittaria himalayensis Ching 喜马拉雅书带蕨 = Haplopteris himalayensis (Ching) E. H. Crane

Vittaria linearifolia Ching 线叶书带蕨 = Haplopteris linearifolia (Ching) X. C. Zhang

Vittaria mediosora Hayata 中囊书带蕨 = Haplopteris mediosora (Hayata) X. C. Zhang

Vittaria plurisulcata Ching 曲鳞书带蕨 = Haplopteris plurisulcata (Ching) X. C. Zhang

Vittaria sikkimensis Kuhn 锡金书带蕨 = Haplopteris sikkimensis (Kuhn) E. H. Crane

Vittaria taeniophylla Copel. 广叶书带蕨 = Haplopteris taeniophylla (Copel.) E. H. Crane

W

Woodsiaceae 岩蕨科

Woodsia R. Br. 岩蕨属

Woodsia alpina (Boltan) Gray 西疆岩蕨

Woodsia andersonii (Bedd.) Christ 蜘蛛岩蕨

Woodsia cinnamomea Christ 赤色岩蕨

Woodsia cycloloba Hand. -Mazz. 栗柄岩蕨

Woodsia elongate Hook. 长叶滇蕨

Woodsia frondosa Christ 疏裂岩蕨 = Woodsia macrochlaena Mett. ex Kuhn

Woodsia glabella R. Br. ex Richardson 光岩蕨

Woodsia guizhouensis P. S. Wang, Q. Luo & Li Bing Zhang 贵州岩蕨 (存疑) = Woodsia rosthorniana Diels?

Woodsia hancockii Baker 华北岩蕨

Woodsia ilvensis (L.) R. Br. 岩蕨

Woodsia indusiosa Christ 滇蕨

Woodsia intermedia Tagawa 东亚岩蕨

Woodsia kangdingensis H. S. Kung, Li Bing Zhang & X. S. Guo 康定岩蕨

Woodsia lanosa Hook. 毛盖岩蕨

Woodsia macrochlaena Mett. ex Kuhn 大囊岩蕨
Woodsia macrospora C. Chr. & Maxon 甘南岩蕨
Woodsia manchuriensis Hook. 膀胱蕨
Woodsia oblonga Ching & S. H. Wu 妙峰岩蕨
Woodsia okamotoi Tagawa 冈本氏岩蕨
Woodsia pilosa Ching 嵩县岩蕨
Woodsia polystichoides D. C. Eaton 耳羽岩蕨
Woodsia rosthorniana Diels 密毛岩蕨
Woodsia shennongensis D. S. Jiang & D. M. Chen 神农岩蕨 (存疑)
Woodsia shensiensis Ching 陕西岩蕨
Woodsia sinica Ching 山西岩蕨
Woodsia subcordata Turcz. 等基岩蕨

Woodwardia Sm. 狗脊属
Woodwardia japonica (L. f.) Sm. 狗脊
Woodwardia magnifica Ching & P. S. Chiu 滇南狗脊
Woodwardia orientalis Sw. 东方狗脊
Woodwardia orientalis var. *formosana* Rosenst. 台湾狗脊蕨 = Woodwardia orientalis Sw.
Woodwardia prolifera Hook. & Arn. 珠芽狗脊 = Woodwardia orientalis Sw.
Woodwardia unigemmata (Makino) Nakai 顶芽狗脊

X

Xiphopterella Parris 剑羽蕨属
Xiphopterella devolii S. J. Moore 剑羽蕨

新组合和新名称

Cyclosorus gongshanensis (Y. X. Lin) Zhong Y. Li, **nom. nov.** 贡山假毛 ——*Pseudocyclosorus gongshanensis* Y. X. Lin in Fl. Reipubl. Popularis Sin. 4(1): 328. 1999. ——*Pseudocyclosorus dulongjiangensis* W. M. Chu in Acta Bot. Yunnan. , Suppl. 5: 44. 1992, non Cyclosorus gongshanensis W. M. Chu

Cyclosorus pseudofalcilobus (W. M. Chu) Zhong Y. Li, **comb. nov.** 拟镰片假毛蕨 ——*Pseudocyclosorus pseudofalcilobus* W. M. Chu in Acta Bot. Yunnan. , Suppl. 5: 46: 1992.

Cyclosorus rufostramineus (Christ) Zhong Y. Li, **comb. nov.** 粉红方秆蕨 ——*Aspidium rufostramineum* Christ in Bull. Soc. Bot. France 52 (Mém. 1): 36. 1905. ——*Glaphyropteridopsis rufostraminea* (Christ) Ching in Acta Phytotax. Sin. 8: 321. 1963.

Parathelypteris adscendens (Ching) X. C. Zhang & L. J. He, **comb. nov.** 微毛凸轴蕨 ——*Thelypteris adscendens* Ching in Bull. Fan Mem. Inst. Biol. Bot. 6: 332. 1936. ——*Metathelypteris adscendens* (Ching) Ching in Acta Phytotax. Sin. 8: 306. 1963.

Parathelypteris deltoideofrons (Ching ex W. M. Chu & S. G. Lu) X. C. Zhang & L. J. He, **comb. nov.** 三角叶凸轴蕨 ——*Metathelypteris deltoideofrons* Ching ex W. M. Chu & S. G. Lu in Fl. Yunnan. 20: 720. 2006.

Parathelypteris flaccida (Blume) X. C. Zhang & L. J. He, **comb. nov.** 薄叶凸轴蕨 ——*Aspidium flaccidum* Blume, Enum. Pl. Jav. 161. 1828. —— *Thelypteris flaccida* (Blume) Ching in Bull. Fan Mem. Inst. Biol. Bot. 6: 336. 1936. ——*Metathelypteris flaccida* (Blume) Ching in Acta Phytotax. Sin. 8: 306. 1963.

Parathelypteris glandulifera (Ching ex K. H. Shing) X. C. Zhang & L. J. He, **comb. nov.** 有腺凸轴蕨——*Metathelypteris glandulifera* Ching ex K. H. Shing in Fl. Reipubl. Popularis Sin. 4(1): 322. 1999

Parathelypteris glandulosa (H. G. Zhou & Hua Li) X. C. Zhang & L. J. He, **comb. nov.** 具腺凸轴蕨——*Metathelypteris glandulosa* H. G. Zhou & Hua Li in Acta Bot. Yunnan. 14(1): 34. 1992.

Parathelypteris gracilescens (Blume) X. C. Zhang & L. J. He, **comb. nov.** 凸轴蕨 —— *Aspidium gracilescens* Blume, Enum. Pl. Jav. 155. 1828. ——*Metathelypteris gracilescens* (Blume) Ching in Acta Phytotax. Sin. 8: 305. 1963.

Parathelypteris hattorii (H. Itô) X. C. Zhang & L. J. He, **comb. nov.** 林下凸轴蕨——*Dryopteris hattorii* H. Itô in Bot. Mag. (Tokyo) 99: 359. 1935. ——*Metathelypteris hattorii* (H. Itô) Ching in Acta Phytotax. Sin. 8: 306. 1963.

Parathelypteris laxa (Franch. & Sav.) X. C. Zhang & L. J. He, **comb. nov.** 疏羽凸轴蕨 ——*Aspidium laxum* Franch. & Sav. in Enum. Pl. Jap. 2: 237. 1876. ——*Metathelypteris laxa* (Franch. & Sav.) Ching in Acta Phytotax. Sin. 8: 306. 1963.

Parathelypteris petiolulata (Ching ex K. H. Shing) X. C. Zhang & L. J. He, **comb. nov.** 有柄凸轴蕨——*Metathelypteris petiolulata* Ching ex K. H. Shing in Fl. Reipubl. Popularis Sin. 4(1): 321. 1999.

Parathelypteris singalanensis (Baker) X. C. Zhang & L. J. He, **comb. nov.** 鲜绿凸轴蕨 ——*Nephrodium singalanense* Baker in J. Bot. 18: 22. 1880. ——*Metathelypteris singalanensis* (Baker) Ching in Acta Phytotax. Sin. 8: 306. 1963.

Parathelypteris uraiensis (Rosenst.) X. C. Zhang & L. J. He, **comb. nov.** 乌来凸轴蕨——*Dryopteris uraiensis* Rosenst. in Hedwigia 56: 341. 1915. ——*Metathelypteris uraiensis* (Rosenst.) Ching in Acta Phytotax. Sin. 8: 306. 1963.

Parathelypteris uraiensis var. **tibetica** (Ching & S. K. Wu) X. C. Zhang & L. J. He, **comb. nov.** 西藏凸轴蕨——*Metathelypteris tibetica* Ching & S. K. Wu in Fl. Xizang. 1: 166. 1983. ——*Metathelypteris uraiensis* var. *tibetica* (Ching & S. K. Wu) K. H. Shing in Fl. Reipubl. Popularis Sin. 4(1): 67. 1999.

Parathelypteris wuyishanica (Ching) X. C. Zhang & L. J. He, **comb. nov.** 武夷山凸轴蕨——*Metathelypteris wuyishanica* Ching in Wuyi Sci. J. 1: 5. 1981.

Selliguea dareiformis (Hook.) X. C. Zhang & L. J. He, **comb. nov.** 雨蕨 —— *Polypodium dareiforme* Hook. , Sec. Cent. Ferns, t. 24. 1860. —— *Gymnogrammitis dareiformis* (Hook.) Ching ex Tardieu & C. Chr. , Notul. Syst. (Paris) 6: 2. 1937.

Selliguea erythrocarpa (Mett. ex Kuhn) X. C. Zhang & L. J. He, **comb. nov.** 锡金假瘤蕨 ——*Polypodium erythrocarpum* Mett. ex Kuhn, Linnaea 36: 135. 1869. ——*Pichisermollia erythrocarpa* (Mett. ex Kuhn) Fraser-Jenk. , Taxon. Revis. Indian Subcontinental Pteridophytes 51. 2008. ——*Pichisermollodes erythrocarpa* (Mett. ex Kuhn) Fraser - Jenk. , Indian Fern J. 26(1 - 2): 122. 2010 [2009] . ——*Himalayopteris erythrocarpa* (Mett. ex Kuhn) W. Shao & S. G. Lu, Novon 21(1): 91. 2011.

Stegnogramma mingchegensis (Ching) X. C. Zhang & L. J. He, **comb. nov.** 闽浙溪边蕨——*Dictyocline mingchegensis* Ching in Acta Phytotax. Sin. 8(4): 334. 1963.

参考文献

Ching R C. On natural classification of the family ‘Polypodiaceae’[J]. Sunyatsenia,1940,5: 201 – 268.

Kramer K U,Green P S. Pteridophytes and gymnosperms. In: Kubitzki K, ed. The families and Genera of Vascular Plants[M]. Berlin: Springer – Verlag. 1990.

Smith A R, Pryer K M, Schuettpelz E. , Korall P. , Schneider H. & Wolff P G. Aclassification for extant ferns[J]. Taxon,2006,55: 705 – 731.

Christenhusz M J M, Zhang X C & Schneider H. A linear sequence of extant families and genera of lycophytes and ferns[J]. Phytotaxa,2011,19: 7 – 54.

Editorial Committee of Flora of China. Flora of China 2 – 3[M]. Science Press (Beijing) & Missouri Botanical Garden Press (St. Louis), 2013.

中国植物志编辑委员会. 中国植物志(2 – 6)[M]. 北京: 科学出版社,1959 – 2004.

秦仁昌. 中国蕨类植物科属的系统排列和历史来源[J]. 植物分类学报,,1978,16(3):1 – 19; 16(4): 16 – 37.

邢公侠. 蕨类名词及名称[M]. 北京:科学出版社,1982.

云南植物志编辑委员会. 云南植物志(20 – 21)[M]. 北京: 科学出版社,2005 – 2006.

张宪春. 中国石松类和蕨类植物[M]. 北京: 北京大学出版社,2012.

张宪春, 卫然, 刘红梅,等. 中国石松类和蕨类的系统发育与分类系统[J]. 植物学报,2013,48(2): 119 – 137.

附录

中国蕨类植物科属分类系统(秦仁昌,1978)

1. **Huperziaceae** 石杉科
   - *Huperzia* 石杉属
   - *Phlegmariurus* 马尾杉属
2. **Lycopodiaceae** 石松科
   - *Diphasiastrum* 扁枝石松属
   - *Lycopodiastrum* 藤石松属
   - *Lycopodiella* 小石松属
   - *Lycopodium* 石松属
   - *Palhinhaea* 灯笼草属
3. **Selaginellaceae** 卷柏科
   - *Selaginella* 卷柏属
4. **Isoëtaceae** 水韭科
   - *Isoëtes* 水韭属
5. **Equisetaceae** 木贼科
   - *Equisetum* 问荆属
   - *Hippochaete* 木贼属
6. **Psilotaceae** 松叶蕨科
   - *Psilotum* 松叶蕨属
7. **Helminthostachyaceae** 七指蕨科
   - *Helminthostachys* 七指蕨属
8. **Botrychiaceae** 阴地蕨科
   - *Botrychium* 小阴地蕨属
   - *Botrypus* 假阴地蕨属
   - *Sceptridium* 阴地蕨属
9. **Ophioglossaceae** 瓶尔小草科
   - *Ophioderma* 带状瓶尔小草属
   - *Ophioglossum* 瓶尔小草属
10. **Marattiaceae** 合囊蕨科
    - *Marattia* 合囊蕨属
11. **Angiopteridaceae** 观音座莲科
    - *Angiopteris* 观音座莲属
    - *Archangiopteris* 原始观音座莲属
12. **Christenseniaceae** 天星蕨科
    - *Christensenia* 天星蕨属
13. **Osmundaceae** 紫萁科
    - *Osmunda* 紫萁属
14. **Plagiogyriaceae** 瘤足蕨科
    - *Plagiogyria* 瘤足蕨属
15. **Gleicheniaceae** 里白科
    - *Dicranopteris* 芒萁属
    - *Diplopterygium* 里白属
    - *Sticherus* 假芒萁属
16. **Schizaceae** 莎草蕨科
    - *Schizaea* 莎草蕨属
17. **Lygodiaceae** 海金沙科
    - *Lygodium* 海金沙属
18. **Hymenophyllaceae** 膜蕨科
    - *Abrodictyum* 长片蕨属
    - *Callistopteris* 毛杆蕨属
    - *Cephalomanes* 厚叶蕨属
    - *Crepidomanes* 假脉蕨属
    - *Crepidopteris* 厚边蕨属
    - *Gonocormus* 团扇蕨属
    - *Hymenophyllum* 膜蕨属
    - *Mecodium* 蕗蕨属
    - *Meringium* 厚壁蕨属
    - *Microgonium* 单叶假脉蕨属
    - *Microtrichomanes* 细口团扇蕨属
    - *Nesopteris* 球杆毛蕨属
    - *Pleuromanes* 毛叶蕨属

Selenodesmium 长筒蕨属
Trichomanes 瓶蕨属

19. **Dicksoniaceae** 蚌壳蕨科
Cibotium 金毛狗属

20. **Cyatheaceae** 桫椤科
Alsophila 桫椤属
Gymnosphaera 黑桫椤属
Sphaeropteris 白桫椤属

21. **Monachosoraceae** 稀子蕨科
Monachosorum 稀子蕨属
Ptilopteris 岩穴蕨属

22. **Dennstaedtiaceae** 碗蕨科
Dennstaedtia 碗蕨属
Emodiopteris 烟斗蕨属
Microlepia 鳞盖蕨属

23. **Lindsaeaceae** 鳞始蕨科
Lindsaea 陵齿蕨属
Stenoloma 乌蕨属
Tapeinidium 达边蕨属

24. **Taenitidaceae** 竹叶蕨科
Taenitis 竹叶蕨属

25. **Hypolepidaceae** 姬蕨科
Hypolepis 姬蕨属

26. **Pteridiaceae** 蕨科
Paesia 曲轴蕨属
Pteridium 蕨属

27. **Pteridaceae** 凤尾蕨科
Histiopteris 栗蕨属
Pteris 凤尾蕨属

28. **Acrostichaceae** 卤蕨科
Acrostichum 卤蕨属

29. **Stenochlaenaceae** 光叶藤蕨科
Stenochlaena 光叶藤蕨属

30. **Sinopteridaceae** 中国蕨科
Aleuritopteris 粉背蕨属
Cheilosoria 碎米蕨属
Cryptogramma 珠蕨属
Doryopteris 黑心蕨属
Notholaena 隐囊蕨属
Onychium 金粉蕨属
Pellaea 旱蕨属
Sinopteris 中国蕨属

31. **Adiantaceae** 铁线蕨科
Adiantum 铁线蕨属

32. **Parkeriaceae** 水蕨科
Ceratopteris 水蕨属

33. **Hemionitidaceae** 裸子蕨科
Anogramma 翠蕨属
Coniogramme 凤丫蕨属
Gymnopteris 金毛裸蕨属
Hemionitis 泽泻蕨属
Pityrogramma 粉叶蕨属

34. **Antrophyaceae** 车前蕨科
Antrophyum 车前蕨属

35. **Vittariaceae** 书带蕨科
Monogramma 一条线蕨属
Vaginularia 针叶蕨属
Vittaria 书带蕨属

36. **Athyriaceae** 蹄盖蕨科
Acystopteris 亮毛蕨属
Allantodia 短肠蕨属
Anisocampium 安蕨属
Athyriopsis 假蹄盖蕨属
Athyrium 蹄盖蕨属
Callipteris 菜蕨属
Cornopteris 角蕨属
Cystoathyrium 光叶蕨属
Cystopteris 冷蕨属
Dictyodroma 网蕨属
Diplaziopsis 肠蕨属
Diplazium 双盖蕨属
Dryoathyrium 介蕨属
Gymnocarpium 羽节蕨属
Kuniwatzukia 拟鳞毛蕨属

Lunathyrium 蛾眉蕨属
Monomelangium 毛子蕨属
Neoathyrium 新蹄盖蕨属
Pseudocystopteris 假冷蕨属
Rhachidosorus 轴果蕨属
Triblemma 假双盖蕨属

37. **Hypodematiaceae** 肿足蕨科
Hypodematium 肿足蕨属

38. **Thelypteridaceae** 金星蕨科
Ampelopteris 星毛蕨属
Amphineuron 大金星蕨属
Craspedosorus 边果蕨属
Cyclogramma 钩毛蕨属
Cyclosorus 毛蕨属
Dictyocline 圣蕨属
Glaphyropteridopsis 方秆蕨属
Lastrea 假鳞毛蕨属
Leptogramma 茯蕨属
Macrothelypteris 针毛蕨属
Mesopteris 龙津蕨属
Metathelypteris 凸轴蕨属
Parathelypteris 金星蕨属
Phegopteris 卵果蕨属
Pronephrium 新月蕨属
Pseudocyclosorus 假毛蕨属
Pseudophegopteris 紫柄蕨属
Stegnogramma 溪边蕨属
Thelypteris 沼泽蕨属
Trichoneuron 毛脉蕨属

39. **Aspleniaceae** 铁角蕨科
Asplenium 铁角蕨属
Boniniella 细辛蕨属
Camptosorus 过山蕨属
Ceterach 药蕨属
Ceterachopsis 苍山蕨属
Neottopteris 巢蕨属
Sinephropteris 水鳖蕨属

40. **Pleurosoriopsidaceae** 睫毛蕨科
Pleurosoriopsis 睫毛蕨属

41. **Onocleaceae** 球子蕨科
Onoclea 球子蕨属
Matteuccia 荚果蕨属

42. **Woodsiaceae** 岩蕨科
Cheilanthopsis 滇蕨属
Protowoodsia 膀胱蕨属
Woodsia 岩蕨属

43. **Blechnaceae** 乌毛蕨科
Blechnidium 乌木蕨属
Blechnum 乌毛蕨属
Brainea 苏铁蕨属
Chieniopteris 崇澍蕨属
Diploblechnum 扫把蕨属
Struthiopteris 荚囊蕨属
Woodwardia 狗脊属

44. **Peranemaceae** 柄盖蕨科
Acrophorus 鱼鳞蕨属
Diacalpe 红腺蕨属
Peranema 柄盖蕨属

45. **Dryopteridaceae** 鳞毛蕨科
Acrorumohra 假复叶耳蕨属
Arachniodes 复叶耳蕨属
Cyclopeltis 拟贯众属
Cyrtogonellum 柳叶蕨属
Cyrtomidictyum 鞭叶蕨属
Cyrtomium 贯众属
Dryopteris 鳞毛蕨属
Leptorumohra 毛枝蕨属
Lithostegia 石盖蕨属
Nothoperanema 肉刺蕨属
Phanerophlebiopsis 黔蕨属
Polystichum 耳蕨属
Sorolepidium 玉龙蕨属

46. **Aspidiaceae** 三叉蕨科
Ctenitis 肋毛蕨属

Ctenitopsis 轴脉蕨属
Hemigramma 沙皮蕨属
Lastreopsis 节毛蕨属
Pleocnemia 黄腺羽蕨属
Pteridrys 牙蕨属
Quercifilix 地耳蕨属
Tectaria 三叉蕨属

47. **Bolbitidaceae** 实蕨科
Bolbitis 实蕨属
Egenolfia 刺蕨属

48. **Lomariopsidaceae** 藤蕨科
Lomargramma 网藤蕨属
Lomariopsis 蕨属

49. **Elaphoglossaceae** 舌蕨科
Elaphoglossum 舌蕨属

50. **Nephrolepidaceae** 肾蕨科
Arthropteris 爬树蕨属
Nephrolepis 肾蕨属

51. **Oleandraceae** 蓧蕨科
Oleandra 蓧蕨属

52. **Davalliaceae** 骨碎补科
Araiostegia 小膜盖蕨属
Davallia 骨碎补属
Humata 阴石蕨属
Leucostegia 大膜盖蕨属
Paradavallodes 假钻毛蕨属

53. **Gymnogrammitidaceae** 雨蕨科
Gymnogrammitis 雨蕨属

54. **Dipteridaceae** 双扇蕨科
Dipteris 双扇蕨属

55. **Cheiropleuriaceae** 燕尾蕨科
Cheiropleuria 燕尾蕨属

56. **Polypodiaceae** 水龙骨科
Arthromeris 节肢蕨属
Belvisia 尖嘴蕨属
Christopteris 戟蕨属
Colysis 线蕨属
Dendroglossa 树舌蕨属
Drymoglossum 抱树莲属
Drymotaenium 丝带蕨属
Lemmaphyllum 伏石蕨属
Lepidogrammitis 骨牌蕨属
Lepidomicrosorium 鳞果星蕨属
Lepisorus 瓦韦属
Leptochilus 薄唇蕨属
Metapolypodium 篦齿蕨属
Microsorum 星蕨属
Neocheiropteris 扇蕨属
Neolepisorus 盾蕨属
Paraleptochilus 似薄唇蕨属
Phymatopteris 假瘤蕨属
Phymatosorus 瘤蕨属
Platygyia 宽带蕨属
Polypodiastrum 拟水龙骨属
Polypodiodes 水龙骨属
Polypodium 多足蕨属
Pyrrosia 石韦属
Saxiglossum 石蕨属
Schellolepis 棱脉蕨属
Selliguea 䕡蕨属
Tricholepidium 毛鳞蕨属

57. **Drynariaceae** 槲蕨科
Aglaomorpha 连珠蕨属
Drynaria 槲蕨属
Photinopteris 顶育蕨属
Pseudodrynaria 崖姜蕨属

58. **Platyceriaceae** 鹿角蕨科
Platycerium 鹿角蕨属

59. **Grammitaceae** 禾叶蕨科
Acrosorus 鼓蕨属
Calymmodon 荷包蕨属
Ctenopteris 蒿蕨属
Grammitis 禾叶蕨属
Micropolypodium 锯蕨属

Prosaptia 穴子蕨属

Scleroglossum 革舌蕨属

60. **Loxogrammaceae** 剑蕨科

Loxogramma 剑蕨属

61. **Marsileaceae** 蘋科

Marsilea 蘋属

62. **Salviniaceae** 槐叶蘋科

Salvinia 槐叶蘋属

63. **Azollaceae** 满江红科

Azolla 满江红属

《中国植物志》(1959～2004)蕨类卷册记载的科和秦仁昌系统(1978)对照表

秦仁昌 1978 年系统的科	科拉丁名	《中国植物志》记载的科和卷(册)
卤蕨科	Acrostichaceae	卤蕨科 3(1)
铁线蕨科	Adiantaceae	铁线蕨科 3(1)
观音座莲科	Angiopteridaceae	观音座莲科 2
车前蕨科	Antrophyriaceae	车前蕨科 3(2)
铁角蕨科	Aspleniaceae	铁角蕨科 4(2)
蹄盖蕨科	Athyriaceae	蹄盖蕨科 3(2)
满江红科	Azollaceae	满江红科 6(2)
乌毛蕨科	Blechnaceae	乌毛蕨科 4(2)
实蕨科	Bolbitidaceae	实蕨科 6(1)
阴地蕨科	Botrychiaceae	阴地蕨科 2
燕尾蕨科	Cheiropleuriaceae	燕尾蕨科 6(2)
天星蕨科	Christenseniaceae	天星蕨科 2
桫椤科	Cyatheaceae	桫椤科 6(3)
骨碎补科	Davalliaceae	骨碎补科 2，6(1)
碗蕨科	Dennstaedtiaceae	碗蕨科 2
蚌壳蕨科	Dicksoniaceae	蚌壳蕨科 2
双扇蕨科	Dipteridaceae	双扇蕨科 6(2)
槲蕨科	Drynariaceae	槲蕨科 6(2)
鳞毛蕨科	Dryopteridaceae	鳞毛蕨科 5(1)，5(2)
舌蕨科	Elaphoglossaceae	舌蕨科 6(1)
木贼科	Equisetaceae	木贼科 6(3)

（续）

秦仁昌 1978 年系统的科	科拉丁名	《中国植物志》记载的科和卷(册)
里白科	Gleicheniaceae	里白科 2
禾叶蕨科	Grammitidaceae	禾叶蕨科 6(2)
雨蕨科	Gymnogrammitidaceae	雨蕨科 2，6(1)
七指蕨科	Helminthostachyaceae	七指蕨科 2
裸子蕨科	Hemionitidaceae	裸子蕨科 3(1)
石杉科	Huperziaceae	石杉科 6(3)
膜蕨科	Hymenophyllaceae	膜蕨科 2
肿足蕨科	Hypodematiaceae	肿足蕨科 4(1)
姬蕨科	Hypolepidaceae	碗蕨科 2
水韭科	Isoëtaceae	水韭科 6(3)
鳞始蕨科	Lindsaeaceae	陵齿蕨科 2
藤蕨科	Lomariopsidaceae	藤蕨科 2，6(1)
剑蕨科	Loxogrammaceae	剑蕨科 6(2)
石松科	Lycopodiaceae	石松科 6(3)
海金沙科	Lygodiaceae	海金沙科 2
合囊蕨科	Marattiaceae	合囊蕨科 6(3)
蘋科	Marsileaceae	苹科 6(2)
稀子蕨科	Monachosoraceae	稀子蕨科 2
肾蕨科	Nephrolepidaceae	肾蕨科 2，6(1)
蓧蕨科	Oleandraceae	蓧蕨科 2，6(1)
球子蕨科	Onocleaceae	球子蕨科 4(2)
瓶尔小草科	Ophioglossaceae	瓶尔小草科 2
紫萁科	Osmundaceae	紫萁科 2
水蕨科	Parkeriaceae	水蕨科 3(1)
柄盖蕨科	Peranemaceae	球盖蕨科 4(2)
瘤足蕨科	Plagiogyriaceae	瘤足蕨科 2
鹿角蕨科	Platyceriacea	鹿角蕨科 6(2)
睫毛蕨科	Pleurosoriopsidaceae	睫毛蕨科 4(2)

（续）

秦仁昌 1978 年系统的科	科拉丁名	《中国植物志》记载的科和卷(册)
水龙骨科	Polypodiaceae	水龙骨科 6(2)
松叶蕨科	Psilotaceae	松叶蕨科 2
凤尾蕨科	Pteridaceae	凤尾蕨科 3(1)
蕨科	Pteridiaceae	蕨科 3(1)
槐叶蘋科	Salviniaceae	槐叶苹科 6(2)
莎草蕨科	Schizaeaceae	莎草蕨科 2
卷柏科	Selaginellaceae	卷柏科 6(2)
中国蕨科	Sinopteridaceae	中国蕨科 3(1)
光叶藤蕨科	Stenochlaenaceae	光叶藤蕨科 3(1)
竹叶蕨科	Taenitidaceae	陵齿蕨科 2
三叉蕨科	Tectariaceae	叉蕨科 6(1)
金星蕨科	Thelypteridaceae	金星蕨科 4(1)
书带蕨科	Vittariaceae	书带蕨科 3(1)
岩蕨科	Woodsiaceae	岩蕨科 4(2)

世界蕨类植物科系统(Kramer,1990)

Fern Allies

1. Psilotaceae
2. Isoetaceae
3. Lycopdiaceae
4. Selaginellaceae
5. Equisetaceae

Ferns

6. Aspleniaceae
7. Azollaceae
8. Blechnaceae
9. Cheiropleuriaceae
10. Cyatheaceae
11. Davalliaceae
12. Dennstaedtiaceae
13. Dicksoniaceae
14. Dipteridaceae
15. Dryopterdacea
16. Gleicheniaceae
17. Grammitidaceae
18. Hymenophyllaceae
19. Hymenophyllopsidaceae
20. Lomariopsidaceae
21. Lophosoriaceae
22. Loxomataceae
23. Marattiaceae
24. Marsileaceae
25. Matoniaceae
26. Metaxyaceae
27. Monachosoraceae
28. Nephrolepidaceae
29. Oleandraceae
30. Ophioglossaceae
31. Osmundaceae
32. Plagiogyriaceae
33. Polypodiaceae
34. Pteridaceae
35. Salviniaceae
36. Schizaeaceae
37. Thelypteridaceae
38. Vittariaceae

世界蕨类植物科系统(Smith et al.,2006)

1. Ophioglossaceae 瓶尔小草科
2. Psilotaceae 松叶蕨科
3. Equisetaceae 木贼科
4. Marattiaceae 合囊蕨科
5. Osmundaceae 紫萁科
6. Hymenophyllaceae 膜蕨科
7. Gleicheniaceae 里白科
8. Dipteridaceae 双扇蕨科
9. Matoniaceae 马通蕨科 (中国不产)
10. Lygodiaceae 海金沙科
11. Anemiaceae 密穗蕨科 (中国不产)
12. Schizaeaceae 莎草蕨科
13. Marsileaceae 蘋科
14. Salviniaceae 槐叶蘋科
15. Thyrsopteridaceae 伞序蕨科 (中国不产)
16. Loxomataceae 偏环蕨科 (中国不产)
17. Culcitaceae 垫囊蕨科 (中国不产)
18. Plagiogyriaceae 瘤足蕨科
19. Cibotiaceae 金毛狗科
20. Dicksoniaceae 蚌壳蕨科 (中国不产)
21. Cyatheaceae 桫椤科
22. Metaxyaceae 蚌沙蕨科 (中国不产)
23. Lindsaeaceae 鳞始蕨科
24. Saccolomataceae 袋囊蕨科 (中国不产)
25. Dennstaedtiaceae 碗蕨科
26. Pteridaceae 凤尾蕨科
27. Aspleniaceae 铁角蕨科
28. Woodsiaceae 岩蕨科
29. Thelypteridaceae 金星蕨科
30. Blechnaceae 乌毛蕨科
31. Onocleaceae 球子蕨科
32. Dryopteridaceae 鳞毛蕨科
33. Lomariopsidaceae 藤蕨科
34. Tectariaceae 三叉蕨科
35. Oleandraceae 蓧蕨科
36. Davalliaceae 骨碎补科
37. Polypodiaceae 水龙骨科

世界石松类和蕨类植物科系统 (Christenhusz et al.,2011)

石松类 Lycophytes

1. Lycopodiaceae 石松科
2. Selaginellaceae 卷柏科
3. Isoëtaceae 水韭科

蕨类 Ferns

4. Equisetaceae 木贼科
5. Ophioglossaceae 瓶尔小草科
6. Psilotaceae 松叶蕨科
7. Marattiaceae 合囊蕨科
8. Osmundaceae 紫萁科
9. Hymenophyllaceae 膜蕨科
10. Gleicheniaceae 里白科
11. Dipteridaceae 双扇蕨科
12. Matoniaceae 马通蕨科 (中国不产)
13. Lygodiaceae 海金沙科
14. Schizaeaceae 莎草蕨科
15. Anemiaceae 密穗蕨科 (中国不产)
16. Marsileaceae 蘋科
17. Salviniaceae 槐叶蘋科
18. Thyrsopteridaceae 伞序蕨科 (中国不产)
19. Loxsomataceae 偏环蕨科 (中国不产)
20. Culcitaceae 垫囊蕨科 (中国不产)
21. Plagiogyriaceae 瘤足蕨科
22. Cibotiaceae 金毛狗科
23. Cyatheaceae 桫椤科
24. Dicksoniaceae 蚌壳蕨科 (中国不产)
25. Metaxyaceae 蚌沙蕨科 (中国不产)
26. Lonchitidaceae 矛叶蕨科 (中国不产)
27. Saccolomataceae 袋囊蕨科 (中国不产)
28. Cystodiaceae 孢囊蕨科 (中国不产)
29. Lindsaeaceae 鳞始蕨科
30. Dennstaedtiaceae 碗蕨科
31. Pteridaceae 凤尾蕨科
    - 31a. Cryptogrammoideae 珠蕨亚科
    - 31b. Ceratopteridoideae 水蕨亚科
    - 31c. Pteridoideae 凤尾蕨亚科
    - 31d. Cheilanthoideae 碎米蕨亚科
    - 31e. Vittarioideae 书带蕨亚科
32. Cystopteridaceae 冷蕨科
33. Aspleniaceae 铁角蕨科
34. Diplaziopsidaceae 肠蕨科
35. Thelypteridaceae 金星蕨科
36. Woodsiaceae 岩蕨科
37. Rhachidosoraceae 轴果蕨科
38. Onocleaceae 球子蕨科
39. Blechnaceae 乌毛蕨科
40. Athyriaceae 蹄盖蕨科
41. Hypodematiaceae 肿足蕨科
42. Dryopteridaceae 鳞毛蕨科
    - 42a. Dryopteridoideae 鳞毛蕨亚科
    - 42b. Elaphoglossoideae 舌蕨亚科
43. Lomariopsidaceae 藤蕨科
44. Nephrolepidaceae 肾蕨科

45. Tectariaceae 三叉蕨科
46. Oleandraceae 蓧蕨科
47. Davalliaceae 骨碎补科
48. Polypodiaceae 水龙骨科
    48a. Loxogrammoideae 剑蕨亚科
    48b. Drynarioideae 槲蕨亚科
    48c. Platycerioideae 鹿角蕨亚科
    48d. Microsorioideae 星蕨亚科
    48e. Polypodioideae 水龙骨亚科

中国石松类和蕨类植物的科属分类系统(张宪春,2012)

石松类 Lycophytes

1. 石松科 Lycopodiaceae P. Beauv. ex Mirb.

(1) 石杉属 Huperzia Bernh.

(2) 小石松属 Lycopodiella Holub

(3) 石松属 Lycopodium L.

2. 水韭科 Isoëtaceae Reichenb.

(4) 水韭属 Isoëtes L.

3. 卷柏科 Selaginellaceae Willk.

(5) 卷柏属 Selaginella P. Beauv.

蕨类 Ferns

1. 木贼科 Equisetaceae Michx. ex DC.

(6) 木贼属 Equisetum L.

2. 瓶尔小草科 Ophioglossaceae Martinov

(7) 阴地蕨属 Botrychium Sw.

(8) 七指蕨属 Helminthostachys Kaulf.

(9) 瓶尔小草属 Ophioglossum L.

3. 松叶蕨科 Psilotaceae J. W. Griff. & Henfr.

(10) 松叶蕨属 Psilotum Sw.

4. 合囊蕨科 Marattiaceae Kaulf.

(11) 粒囊蕨属 Ptisana Murdock.

(12) 天星蕨属 Christensenia Maxon

(13) 观音座莲属 Angiopteris Hoffm.

5. 紫萁科 Osmundaceae Martinov

(14) 桂皮紫萁属 Osmundastrum (C. Presl) C. Presl

(15) 紫萁属 Osmunda L.

6. 膜蕨科 Hymenophyllaceae Mart.

(16) 膜蕨属 Hymenophyllum Sm.

(17) 厚叶蕨属 Cephalomanes C. Presl

(18) 长片蕨属 Abrodictyum C. Presl

(19) 毛杆蕨属 Callistopteris Copel.

(20) 毛边蕨属 Didymoglossum Desv.

(21) 瓶蕨属 Vandenboschia Copel.

(22) 假脉蕨属 Crepidomanes C. Presl

7. 里白科 Gleicheniaceae C. Presl

(23) 里白属 Diplopterygium (Diels) Nakai

(24) 芒萁属 Dicranopteris Bernh.

(25) 假芒萁属 Sticherus C. Presl

8. 双扇蕨科 Dipteridaceae Seward ex E. Dale

(26) 燕尾蕨属 Cheiropleuria C. Presl

(27) 双扇蕨属 Dipteris Reinw.

9. 海金沙科 Lygodiaceae M. Roem.

(28) 海金沙属 Lygodium Sw.

10. 莎草蕨科 Schizaeaceae Kaulf.

(29) 莎草蕨属 Schizaea Sm.

11. 蘋科 Marsileaceae Mirb.

(30) 蘋属 Marsilea L.

12. 槐叶蘋科 Salviniaceae Martinov

(31) 满江红属 Azolla Lam.

(32) 槐叶蘋属 Salvinia Ség.

13. 瘤足蕨科 Plagiogyriaceae Bower

(33) 瘤足蕨属 Plagiogyria (Kunze) Mett.

14. 金毛狗科 Cibotiaceae Korall

(34) 金毛狗属 Cibotium Kaulf.

15. 桫椤科 Cyatheaceae Kaulf.

(35) 桫椤属 Alsophila R. Br.

(36) 黑桫椤属 Gymnosphaera Blume

(37) 白桫椤属 Sphaeropteris Bernh.

16. 鳞始蕨科 Lindsaeaceae C. Presl ex M. R. Schomb.

(38) 乌蕨属 Odontosoria Fée

(39) 达边蕨属 Tapeinidium (C. Presl) C. Chr.

(40) 香鳞始蕨属 Osmolindsaea (K. U. Kramer) Lehtonen & Christenh.

(41) 鳞始蕨属 Lindsaea Dryander ex Sm.

17. 碗蕨科 Dennstaedtiaceae Lotsy

(42) 稀子蕨属 Monachosorum Kunze

(43) 蕨属 Pteridium Gled. ex Scop.

(44) 姬蕨属 Hypolepis Bernh.

(45) 曲轴蕨属 Paesia St. -Hil.

(46) 栗蕨属 Histiopteris (J. Agardh) J. Sm.

(47) 碗蕨属 Dennstaedtia Bernh.

(48) 鳞盖蕨属 Microlepia C. Presl

18. 凤尾蕨科 Pteridaceae E. D. M. Kirchn.

18a. 珠蕨亚科 Cryptogrammoideae S. Linds.

(49) 凤了蕨属 Coniogramme Fée

(50) 珠蕨属 Cryptogramma R. Br.

18b. 水蕨亚科 Ceratopteridoideae (J. Sm.) R. M. Tryon

(51) 卤蕨属 Acrostichum L.

(52) 水蕨属 Ceratopteris Brongn.

18c. 凤尾蕨亚科 Pteridoideae C. Chr. ex Crabbe, Jermy & Mickel

(53) 翠蕨属 Anogramma Link

(54) 蜡囊蕨属 Cerosora (Baker) Domin

(55) 金粉蕨属 Onychium Kaulf.

(56) 粉叶蕨属 Pityrogramma Link

(57) 凤尾蕨属 Pteris L.

(58) 竹叶蕨属 Taenitis Willd. ex Schkuhr

18d. 碎米蕨亚科 Cheilanthoideae W. C. Shieh

(59) 粉背蕨属 Aleuritopteris Fée

(60) 戟叶黑心蕨属 Calciphilopteris Yesilyurt & H. Schneid.

(61) 碎米蕨属 Cheilanthes Sw.

(62) 黑心蕨属 Doryopteris J. Sm.

(63) 泽泻蕨属 Hemionitis L.

(64) 隐囊蕨属 Notholaena R. Br.

(65) 金毛裸蕨属 Paragymnopteris K. H. Shing

(66) 旱蕨属 Pellaea Link

18e. 书带蕨亚科 Vittarioideae (C. Presl) Crabbe, Jermy & Mickel

(67) 铁线蕨属 Adiantum L.

(68) 车前蕨属 Antrophyum Kaulf.

(69) 书带蕨属 Haplopteris C. Presl

(70) 一条线蕨属 Monogramma Comm. ex Schkuhr

19. 冷蕨科 Cystopteridaceae Schmakov

(71) 羽节蕨属 Gymnocarpium Newman

(72) 光叶蕨属 Cystoathyrium Ching

(73) 亮毛蕨属 Acystopteris Nakai

(74) 冷蕨属 Cystopteris Bernh.

20. 铁角蕨科 Aspleniaceae Newman

(75) 膜叶铁角蕨属 Hymenasplenium Hayata

(76) 铁角蕨属 Asplenium L.

21. 肠蕨科 Diplaziopsidaceae X. C. Zhang & Christenh.

(77) 肠蕨属 Diplaziopsis C. Chr.

22. 轴果蕨科 Rhachidosoraceae X. C. Zhang

(78) 轴果蕨属 Rhachidosorus Ching

23. 金星蕨科 Thelypteridaceae Pic. Serm.

(79) 针毛蕨属 Macrothelypteris (H. Itô) Ching

(80) 卵果蕨属 Phegopteris (C. Presl) Fée

(81) 紫柄蕨属 Pseudophegopteris Ching

(82) 沼泽蕨属 Thelypteris Schmid.

(83) 栗柄金星蕨属 Coryphopteris Holttum

(84) 凸轴蕨属 Metathelypteris (H. Itô) Ching

(85) 金星蕨属 Parathelypteris (H. Itô) Ching
(86) 假鳞毛蕨属 Oreopteris Holub
(87) 钩毛蕨属 Cyclogramma Tagawa
(88) 溪边蕨属 Stegnogramma Blume
(89) 毛蕨属 Cyclosorus Link

24. 岩蕨科 Woodsiaceae Herter
(90) 滇蕨属 Cheilanthopsis Hieron.
(91) 岩蕨属 Woodsia R. Br.

25. 蹄盖蕨科 Athyriaceae Alston
(92) 安蕨属 Anisocampium C. Presl
(93) 蹄盖蕨属 Athyrium Roth
(94) 角蕨属 Cornopteris Nakai
(95) 对囊蕨属 Deparia Hook. & Grev.
(96) 双盖蕨属 Diplazium Sw.

26. 球子蕨科 Onocleaceae Pic. Serm.
(97) 球子蕨属 Onoclea L.
(98) 荚果蕨属 Matteuccia Tod.
(99) 东方荚果蕨属 Pentarhizidium Hayata

27. 乌毛蕨科 Blechnaceae Newman
(100) 光叶藤蕨属 Stenochlaena J. Sm.
(101) 狗脊属 Woodwardia Sm.
(102) 苏铁蕨属 Brainea J. Sm.
(103) 乌毛蕨属 Blechnum L.

28. 肿足蕨科 Hypodematiaceae Ching
(104) 肿足蕨属 Hypodematium Kunze
(105) 大膜盖蕨属 Leucostegia C. Presl

29. 鳞毛蕨科 Dryopteridaceae Herter
29a. 鳞毛蕨亚科 Dryopteridoideae B. K. Nayar
(106) 肋毛蕨属 Ctenitis (C. Chr.) C. Chr.
(107) 耳蕨属 Polystichum Roth
(108) 贯众属 Cyrtomium C. Presl
(109) 鞭叶蕨属 Cyrtomidictyum Ching
(110) 柳叶蕨属 Cyrtogonellum Ching
(111) 石盖蕨属 Lithostegia Ching
(112) 复叶耳蕨属 Arachniodes Blume
(113) 黔蕨属 Phanerophlebiopsis Ching
(114) 毛枝蕨属 Leptorumohra (H. Itô) H. Itô
(115) 鳞毛蕨属 Dryopteris Adanson
(116) 轴鳞蕨 Dryopsis Holttum & P. J. Edwards
(117) 假复叶耳蕨属 Acrorumohra (H. Itô) H. Itô
(118) 柄盖蕨属 Peranema D. Don
(119) 红腺蕨属 Diacalpe Blume
(120) 鱼鳞蕨属 Acrophorus C. Presl
29b. 舌蕨亚科 Elaphoglossoideae (Pic. Serm.) Crabbe, Jermy & Mickel
(121) 实蕨属 Bolbitis Schott
(122) 舌蕨属 Elaphoglossum Schott ex J. Sm.
(123) 节毛蕨属 Lastreopsis Ching
(124) 网藤蕨属 Lomagramma J. Sm.
(125) 黄腺羽蕨属 Pleocnemia C. Presl
(126) 符藤蕨属 Teratophyllum Mett. ex Kuhn

30. 藤蕨科 Lomariopsidaceae Alston
(127) 拟贯众属 Cyclopeltis J. Sm.
(128) 藤蕨属 Lomariopsis Fée

31. 肾蕨科 Nephrolepidaceae Pic. Serm.
(129) 肾蕨属 Nephrolepis Schott

32. 三叉蕨科 Tectariaceae Panigrahi
(130) 爬树蕨属 Arthropteris J. Sm.
(131) 牙蕨属 Pteridrys C. Chr. & Ching
(132) 三叉蕨属 Tectaria Cav.

33. 蓧蕨科 Oleandraceae Ching ex Pic. Serm.
(133) 蓧蕨属 Oleandra Cav.

34. 骨碎补科 Davalliaceae M. R. Schomb.
(134) 骨碎补属 Davallia Sm.

35. 水龙骨科 Polypodiaceae J. Presl & C. Presl
35a. 剑蕨亚科 Loxogrammoideae H. Schneid.
(135) 剑蕨属 Loxogramme (Blume) C. Presl
35b. 槲蕨亚科 Drynarioideae Crabbe, Jermy

& Mickel
(136) 连珠蕨属 Aglaomorpha Schott
(137) 节肢蕨属 Arthromeris (T. Moore) J. Sm.
(138) 戟蕨属 Christiopteris Copel.
(139) 槲蕨属 Drynaria (Bory) J. Sm.
(140) 雨蕨属 Gymnogrammitis Griffith
(141) 假瘤蕨属 Phymatopteris Pic. Serm.
(142) 修蕨属 Selliguea Bory

35c. 鹿角蕨亚科 Platycerioideae B. K. Nayar

(143) 鹿角蕨属 Platycerium Desv.
(144) 石韦属 Pyrrosia Mirbel

35d. 星蕨亚科 Microsoroideae B. K. Nayar

(145) 棱脉蕨属 Goniophlebium (Blume) C. Presl
(146) 有翅星蕨属 Kaulinia Nayar
(147) 伏石蕨属 Lemmaphyllum C. Presl
(148) 鳞果星蕨属 Lepidomicrosorium Ching & K. H. Shing
(149) 瓦韦属 Lepisorus (J. Sm.) Ching
(150) 薄唇蕨属 Leptochilus Kaulf.
(151) 星蕨属 Microsorum Link
(152) 扇蕨属 Neocheiropteris Christ
(153) 盾蕨属 Neolepisorus Ching
(154) 瘤蕨属 Phymatosorus Pic. Serm.
(155) 毛鳞蕨属 Tricholepidium Ching

35e. 水龙骨亚科 Polypodioideae B. K. Nayar

(156) 睫毛蕨属 Pleurosoriopsis Fomin
(157) 多足蕨属 Polypodium L.
(158) 鼓蕨属 Acrosorus Copel.
(159) 荷包蕨属 Calymmodon C. Presl
(160) 蒿蕨属 Ctenopteris Blume ex Kunze
(161) 禾叶蕨属 Grammitis Sw.
(162) 锯蕨属 Micropolypodium Hayata
(163) 穴子蕨属 Prosaptia C. Presl
(164) 革舌蕨属 Scleroglossum Alderw.
(165) 虎尾蒿蕨属 Tomophyllum (E. Fourn.) Parris

中国石松类和蕨类植物分类系统 (张宪春等,2013)

石松类 Lycophytes

纲:有胚植物纲 Embryopsida

亚纲: I. 石松亚纲 Lycopodiidae

目: A. 石松目 Lycopodiales

1. 石 松 科 Lycopodiaceae P. Beauv. ex Mirb.

Huperziaceae Rothm.

(1) 石杉属 Huperzia Bernh.

Phlegmariurus = Huperzia

(2) 小石松属 Lycopodiella Holub

Palhinhaea = Lycopodiella

(3) 石松属 Lycopodium L.

Diphasiastrum = Lycopodium

Lycopodiastrum = Lycopodium

目: B. 水韭目 Isoëtales

2. 水韭科 Isoëtaceae Reichenb.

(4) 水韭属 Isoëtes L.

目: C. 卷柏目 Selaginellales

3. 卷柏科 Selaginellaceae Willk.

(5) 卷柏属 Selaginella P. Beauv.

蕨类 Ferns

纲:有胚植物纲 Embryopsida

亚纲: II. 木贼亚纲 Equisetidae

目: D. 木贼目 Equisetales

4. 木贼科 Equisetaceae Michx. ex DC.

(6) 木贼属 Equisetum L.

Hippochaete = Equisetum

亚纲: III. 瓶尔小草亚纲 Ophioglossidae

目: E. 瓶尔小草目 Ophioglossales

5. 瓶尔小草科 Ophioglossaceae Martinov

Botrychiaceae

Helminthostachyaceae

(7) 阴地蕨属 Botrychium Sw.

Botrypus = Botrychium

Sceptridium = Botrychium

(8) 七指蕨属 Helminthostachys Kaulf.

(9) 瓶尔小草属 Ophioglossum L.

Ophioderma = Ophioglossum

目: F. 松叶蕨目 Psilotales

6. 松叶蕨科 Psilotaceae J. W. Griff. & Henfr.

(10) 松叶蕨属 Psilotum Sw.

亚纲: IV. 合囊蕨亚纲 Marattiidae

目: G. 合囊蕨目 Marattiales

7. 合囊蕨科 Marattiaceae Kaulf.

Angiopteridaceae

Christenseniaceae

(11) 观音座莲属 Angiopteris Hoffm.

Archangiopteris = Angiopteris

(12) 天星蕨属 Christensenia Maxon

(13) 粒囊蕨属 Ptisana Murdock.

亚纲: V. 水龙骨亚纲 Polypodiidae

目: H. 紫萁目 Osmundales

8. 紫萁科 Osmundaceae Martinov

(14) 桂皮紫萁属 Osmundastrum (C. Presl) C. Presl

(15) 紫萁属 Osmunda L.

目: I. 膜蕨目 **Hymenophyllales**

9. 膜蕨科 Hymenophyllaceae Mart.

(16) 长片蕨属 Abrodictyum C. Presl

Selenodesmium = Abrodictyum

(17) 毛杆蕨属 Callistopteris Copel.

(18) 膜蕨属 Hymenophyllum Sm.

Mecodium = Hymenophyllum

Meringium = Hymenophyllum

Microtrichomanes = Hymenophyllum

Pleuromanes = Hymenophyllum

(19) 厚叶蕨属 Cephalomanes C. Presl

(20) 假脉蕨属 Crepidomanes C. Presl

Crepidopteris = Crepidomanes

Gonocormus = Crepidomanes

Nesopteris = Crepidomanes

(21) 毛边蕨属 Didymoglossum Desv.

Microgonium = Didymoglossum

(22) 瓶蕨属 Vandenboschia Copel.

Trichomanes, p. p. = Vandenboschia

目: J. 里白目 **Gleicheniales**

10. 里白科 Gleicheniaceae C. Presl

(23) 里白属 Diplopterygium (Diels) Nakai

(24) 芒萁属 Dicranopteris Bernh.

(25) 假芒萁属 Sticherus C. Presl

11. 双扇蕨科 Dipteridaceae Seward ex E. Dale

Cheiropleuriaceae

(26) 燕尾蕨属 Cheiropleuria C. Presl

(27) 双扇蕨属 Dipteris Reinw.

目: K. 莎草蕨目 **Schizaeales**

12. 海金沙科 Lygodiaceae M. Roem.

(28) 海金沙属 Lygodium Sw.

13. 莎草蕨科 Schizaeaceae Kaulf.

(29) 莎草蕨属 Schizaea Sm.

目: L. 槐叶蘋目 **Salviniales**

14. 蘋科 Marsileaceae Mirb.

(30) 蘋属 Marsilea L.

15. 槐叶蘋科 Salviniaceae Martinov

(31) 满江红属 Azolla Lam.

(32) 槐叶蘋属 Salvinia Ség.

目: M. 桫椤目 **Cyatheales**

16. 瘤足蕨科 Plagiogyriaceae Bower

(33) 瘤足蕨属 Plagiogyria (Kunze) Mett.

17. 金毛狗科 Cibotiaceae Korall

(34) 金毛狗属 Cibotium Kaulf.

18. 桫椤科 Cyatheaceae Kaulf.

(35) 桫椤属 Alsophila R. Br.

(36) 黑桫椤属 Gymnosphaera Blume

(37) 白桫椤属 Sphaeropteris Bernh.

目: N. 水龙骨目 **Polypodiales**

19. 鳞始蕨科 Lindsaeaceae C. Presl ex M. R. Schomb.

(38) 鳞始蕨属 Lindsaea Dryander ex Sm.

(39) 乌蕨属 Odontosoria Fée

Sphenomeris, p. p. = Odontosoria

(40) 香鳞始蕨属 Osmolindsaea (K. U. Kramer) Lehtonen & Christenh.

(41) 达边蕨属 Tapeinidium (C. Presl) C. Chr.

20. 碗蕨科 Dennstaedtiaceae Lotsy

Hypolepidaceae

Monachosoraceae

Pteridiaceae

(42) 碗蕨属 Dennstaedtia Bernh.

Emodiopteris = Dennstaedtia

(43) 栗蕨属 Histiopteris (J. Agardh) J. Sm.

(44) 姬蕨属 Hypolepis Bernh.

(45) 鳞盖蕨属 Microlepia C. Presl

(46) 稀子蕨属 Monachosorum Kunze

Ptilopteris = Monachosorum

(47) 曲轴蕨属 Paesia St. -Hil.

(48) 蕨属 Pteridium Gled. ex Scop.

21. 凤尾蕨科 Pteridaceae E. D. M. Kirchn.

Parkeriaceae

Adiantaceae

Acrostichaceae

Sinopteridaceae

Vittariaceae

Hemionitidaceae

Taenitidaceae

Antrophyaceae

21a. 珠蕨亚科 Cryptogrammoideae S. Linds.

(49) 凤了蕨属 Coniogramme Fée (‘凤丫蕨属’)

(50) 珠蕨属 Cryptogramma R. Br.

21b. 水蕨亚科 Ceratopteridoideae (J. Sm.) R. M. Tryon

(51) 卤蕨属 Acrostichum L.

(52) 水蕨属 Ceratopteris Brongn.

21c. 凤尾蕨亚科 Pteridoideae C. Chr. ex Crabbe, Jermy & Mickel

(53) 翠蕨属 Anogramma Link

(54) 蜡囊蕨属 Cerosora (Baker) Domin

(55) 金粉蕨属 Onychium Kaulf.

(56) 粉叶蕨属 Pityrogramma Link

(57) 凤尾蕨属 Pteris L.

(58) 竹叶蕨属 Taenitis Willd. ex Schkuhr

21d. 碎米蕨亚科 Cheilanthoideae W. C. Shieh

(59) 粉背蕨属 Aleuritopteris Fée

Leptolepidium = Aleuritopteris

Sinopteris = Aleuritopteris

(60) 戟叶黑心蕨属 Calciphilopteris Yesilyurt & H. Schneid.

(61) 碎米蕨属 Cheilanthes Sw. (?)

Cheilosoria = Cheilanthes

Notholaena, p. p. = Cheilanthes

(62) 黑心蕨属 Doryopteris J. Sm.

(63) 泽泻蕨属 Hemionitis L. ,

Parahemionitis = Hemionitis

(64) 金毛裸蕨属 (拟金毛裸蕨属) Paragymnopteris K. H. Shing

Gymnopteris, p. p. = Paragymnopteris

(65) 旱蕨属 Pellaea Link

21e. 书带蕨亚科 Vittarioideae (C. Presl) Crabbe, Jermy & Mickel

(66) 铁线蕨属 Adiantum L.

(67) 车前蕨属 Antrophyum Kaulf.

(68) 书带蕨属 Haplopteris C. Presl

Vittaria, p. p. = Haplopteris

(69) 一条线蕨属 Monogramma Comm. ex Schkuhr

Vaginularia = Monogramma

22. 冷蕨科 Cystopteridaceae Schmakov

(70) 亮毛蕨属 Acystopteris Nakai

(71) 光叶蕨属 Cystoathyrium Ching

(72) 冷蕨属 Cystopteris Bernh.

(73) 羽节蕨属 Gymnocarpium Newman

23. 轴果蕨科 Rhachidosoraceae X. C. Zhang

(74) 轴果蕨属 Rhachidosorus Ching

24. 肠蕨科 Diplaziopsidaceae X. C. Zhang & Christenh.

(75) 肠蕨属 Diplaziopsis C. Chr.

25. 铁角蕨科 Aspleniaceae Newman

(76) 铁角蕨属 Asplenium L.

Boniniella = Asplenium

Camptosorus = Asplenium

Ceterach = Asplenium

Ceterachopsis = Asplenium

Neottopteris = Asplenium

Phyllitis = Asplenium

Sinephropteris = Asplenium

(77) 膜叶铁角蕨属 Hymenasplenium Hayata

26. 金星蕨科 Thelypteridaceae Ching ex Pic. Serm.

(78) 钩毛蕨属 Cyclogramma Tagawa

(79) 毛蕨属 Cyclosorus Link

Ampelopteris = Cyclosorus

Amphineuron = Cyclosorus

Christella = Cyclosorus

Glaphropteridopsis = Cyclosorus

Mesopteris = Cyclosorus

Pronephrium = Cyclosorus

Pseudocyclosorus = Cyclosorus

(80) 针毛蕨属 Macrothelypteris (H. Itô) Ching

(81) 假鳞毛蕨属 Oreopteris Holub

Lastrea = Oreopteris

(82) 卵果蕨属 Phegopteris (C. Presl) Fée

(83) 紫柄蕨属 Pseudophegopteris Ching

(84) 金星蕨属 Parathelypteris (H. Itô) Ching

Coryphopteris = Parathelypteris

Metathelypteris = Parathelypteris

(85) 溪边蕨属 Stegnogramma Blume

Dictyocline = Stegnogramma

(86) 沼泽蕨属 Thelypteris Schmid.

27. 岩蕨科 Woodsiaceae Herter

(87) 岩蕨属 Woodsia R. Br.

Cheilanthopsis = Woodsia

Protowoodsia = Woodsia

28. 蹄盖蕨科 Athyriaceae Alston

(88) 安蕨属 Anisocampium C. Presl

(89) 蹄盖蕨属 Athyrium Roth

Pseudocystopteris = Athyrium

(90) 角蕨属 Cornopteris Nakai

Neoathyrium = Cornopteris

(91) 对囊蕨属 Deparia Hook. & Grev.

Athyriopsis = Deparia

Dictyodroma = Deparia

Dryoathyrium = Deparia

Lunathyrium = Deparia

Triblemma = Deparia

(92) 双盖蕨属 Diplazium Sw.

Allantodia = Diplazium

Callipteris = Diplazium

Monomelangium = Diplazium

29. 乌毛蕨科 Blechnaceae Newman

Stenochlaenaceae

(93) 乌毛蕨属 Blechnum L.

Blechnidium = Blechnum

Diploblechnum = Blechnum

Struthiopteris = Blechnum

(94) 苏铁蕨属 Brainea J. Sm.

(95) 光叶藤蕨属 Stenochlaena J. Sm.

(96) 狗脊属 Woodwardia Sm.

30. 球子蕨科 Onocleaceae Pic. Serm.

(97) 球子蕨属 Onoclea L.

(98) 荚果蕨属 Matteuccia Tod.

(99) 东方荚果蕨属 Pentarhizidium Hayata

31. 肿足蕨科 Hypodematiaceae Ching

(100) 肿足蕨属 Hypodematium Kunze

(101) 大膜盖蕨属 Leucostegia C. Presl

32. 鳞毛蕨科 Dryopteridaceae Herter

Aspidiaceae

Peranemataceae

Elaphoglossaceae

Bolbitidaceae

32a. 鳞毛蕨亚科 Dryopteridoideae B. K. Nayar

(102) 复叶耳蕨属 Arachniodes Blume

Leptorumohra = Arachniodes

Lithostegia = Arachniodes

Phanerophlebiopsis = Arachniodes

(103) 肋毛蕨属 Ctenitis (C. Chr.) C. Chr.

Ataxipteris = Ctenitis

(104) 贯众属 Cyrtomium C. Presl

(105) 鞭叶蕨属 Cyrtomidictyum Ching

(106) 柳叶蕨属 Cyrtogonellum Ching

(107) 轴鳞蕨属 Dryopsis Holttum & P. J. Edwards

(108) 鳞毛蕨属 Dryopteris Adanson

Acrorumohra = Dryopteris

Acrophorus = Dryopteris

Diacalpe = Dryopteris

Nothoperanema = Dryopteris

Peranema = Dryopteris
(109) 耳蕨属 Polystichum Roth
Sorolepidium = Polystichum

32b. 舌蕨亚科 Elaphoglossoideae (Pic. Serm.) Crabbe, Jermy & Mickel
(110) 实蕨属 Bolbitis Schott
(111) 舌蕨属 Elaphoglossum Schott ex J. Sm.
(112) 节毛蕨属 Lastreopsis Ching
Trichoneuron = Lastreopsis
(113) 网藤蕨属 Lomagramma J. Sm.
(114) 黄腺羽蕨属 Pleocnemia C. Presl
(115) 符藤蕨属 Teratophyllum Mett. ex Kuhn

33. 藤蕨科 Lomariopsidaceae Alston
(116) 拟贯众属 Cyclopeltis J. Sm.
(117) 藤蕨属 Lomariopsis Fée

34. 肾蕨科 Nephrolepidaceae Pic. Serm.
(118) 肾蕨属 Nephrolepis Schott

35. 爬树蕨科 Arthropteridaceae H. M. Liu & al.
(119) 爬树蕨属 Arthropteris J. Sm. ex Hook. *f.*

36. 三叉蕨科 Tectariaceae Panigrahi
(120) 牙蕨属 Pteridrys C. Chr. & Ching
(121) 三叉蕨属 Tectaria Cav.
Ctenitopsis = Tectaria
Hemigramma = Tectaria
Quercifilix = Tectaria

37. 蓧蕨科 Oleandraceae Ching ex Pic. Serm.
(122) 蓧蕨属 Oleandra Cav.

38. 骨碎补科 Davalliaceae M. R. Schomb.
(123) 骨碎补属 Davallia Sm.
Araiostegia = Davallia
Araiostegiella = Davallia
Davallodes = Davallia
Humata = Davallia
Wibella = Davallia

39. 水龙骨科 Polypodiaceae J. Presl & C. Presl
Grammitidaceae
Gymnogrammitidaceae
Loxogrammaceae
Drynariaceae
Platyceriaceae
Pleurosoriopsidaceae

39*a*. 剑蕨亚科 *Loxogrammoideae* H. Schneid.
(124) 剑蕨属 Loxogramme (Blume) C. Presl

39b. 槲蕨亚科 Drynarioideae Crabbe, Jermy & Mickel
(125) 连珠蕨属 Aglaomorpha Schott = Drynaria (?)
Photinopteris = Aglaomorpha
Pseudodrynaria = Aglaomorpha
(126) 节肢蕨属 Arthromeris (T. Moore) J. Sm. = Selliguea (?)
(127) 戟蕨属 Christopteris Copel. = Selliguea (?)
(128) 槲蕨属 Drynaria (Bory) J. Sm.
(129) 雨蕨属 Gymnogrammitis Griffith = Selliguea (?)
(130) 假瘤蕨属 Phymatopteris Pic. Serm. = Selliguea
(131) 修蕨属 Selliguea Bory

39c. 鹿角蕨亚科 Platycerioideae B. K. Nayar
(132) 鹿角蕨属 Platycerium Desv.
(133) 石韦属 Pyrrosia Mirbel
Drymoglossum = Pyrrosia
Saxiglossum = Pyrrosia

39d. 星蕨亚科 Microsoroideae B. K. Nayar
Lepisoroideae = Microsoroideae
(134) 棱脉蕨属 Goniophlebium (Blume) C. Presl
Metapolypodium = Goniophlebium
Polypodiastrum = Goniophlebium
Polypodiodes = Goniophlebium

Schellolepis = Goniophlebium

(135) 有翅星蕨属 Kaulinia Nayar

(136) 伏石蕨属 Lemmaphyllum C. Presl

Caobangia = Lemmaphyllum

Lepidogrammitis = Lemmaphyllum

(137) 鳞果星蕨属 Lepidomicrosorium Ching & K. H. Shing

(138) 瓦韦属 Lepisorus (J. Sm.) Ching

Belvisia = Lepisorus

Drymotaenium = Lepisorus

Platygyria = Lepisorus

(139) 薄唇蕨属 Leptochilus Kaulf.

Colysis = Leptochilus

Dendroglossa = Leptochilus

Paraleptochilus = Leptochilus

(140) 星蕨属 Microsorum Link

(141) 扇蕨属 Neocheiropteris Christ

(142) 盾蕨属 Neolepisorus Ching

(143) 瘤蕨属 Phymatosorus Pic. Serm.

(144) 毛鳞蕨属 Tricholepidium Ching

39e. 水龙骨亚科 Polypodioideae B. K. Nayar

(145) 睫毛蕨属 Pleurosoriopsis Fomin

(146) 水龙骨属 Polypodium L. (多足蕨属)

(147) 鼓蕨属 Acrosorus Copel. = Grammitis (?)

(148) 荷包蕨属 Calymmodon C. Presl = Grammitis (?)

(149) 蒿蕨属 Ctenopteris Blume ex Kunze = Grammitis (?)

(150) 禾叶蕨属 Grammitis Sw.

(151) 锯蕨属 Micropolypodium Hayata = Grammitis (?)

(152) 穴子蕨属 Prosaptia C. Presl = Grammitis (?)

(153) 革舌蕨属 Scleroglossum Alderw. = Grammitis (?)

(154) 虎尾蒿蕨属 Tomophyllum (E. Fourn.) Parris = Grammitis (?)

中国石松类和蕨类植物的科属分类系统(张宪春,2015)

石松类 Lycopods

1. 石松科 Lycopodiaceae P. Beauv. ex Mirb.

(1) 石杉属 Huperzia Bernh.

(2) 小石松属 Lycopodiella Holub

(3) 石松属 Lycopodium L.

2. 水韭科 Isoëtaceae Reichenb.

(4) 水韭属 Isoëtes L.

3. 卷柏科 Selaginellaceae Willk.

(5) 卷柏属 Selaginella P. Beauv.

蕨类 Ferns

4. 木贼科 Equisetaceae Michx. ex DC.

(6) 木贼属 Equisetum L.

5. 瓶尔小草科 Ophioglossaceae Martinov

(7) 阴地蕨属 Botrychium Sw.

(8) 七指蕨属 Helminthostachys Kaulf.

(9) 瓶尔小草属 Ophioglossum L.

6. 松叶蕨科 Psilotaceae J. W. Griff. & Henfr.

(10) 松叶蕨属 Psilotum Sw.

7. 合囊蕨科 Marattiaceae Kaulf.

(11) 粒囊蕨属 Ptisana Murdock.

(12) 天星蕨属 Christensenia Maxon

(13) 观音座莲属 Angiopteris Hoffm.

8. 紫萁科 Osmundaceae Martinov

(14) 桂皮紫萁属 Osmundastrum (C. Presl) C. Presl

(15) 紫萁属 Osmunda L.

9. 膜蕨科 Hymenophyllaceae Mart.

(16) 膜蕨属 Hymenophyllum Sm.

(17) 厚叶蕨属 Cephalomanes C. Presl

(18) 长片蕨属 Abrodictyum C. Presl

(19) 毛杆蕨属 Callistopteris Copel.

(20) 毛边蕨属 Didymoglossum Desv.

(21) 瓶蕨属 Vandenboschia Copel.

(22) 假脉蕨属 Crepidomanes C. Presl

10. 里白科 Gleicheniaceae C. Presl

(23) 里白属 Diplopterygium (Diels) Nakai

(24) 芒萁属 Dicranopteris Bernh.

(25) 假芒萁属 Sticherus C. Presl

11. 双扇蕨科 Dipteridaceae Seward ex E. Dale

(26) 燕尾蕨属 Cheiropleuria C. Presl

(27) 双扇蕨属 Dipteris Reinw.

12. 海金沙科 Lygodiaceae M. Roem.

(28) 海金沙属 Lygodium Sw.

13. 莎草蕨科 Schizaeaceae Kaulf.

(29) 莎草蕨属 Schizaea Sm.

14. 蘋科 Marsileaceae Mirb.

(30) 蘋属 Marsilea L.

15. 槐叶蘋科 Salviniaceae Martinov

(31) 满江红属 Azolla Lam.

(32) 槐叶蘋属 Salvinia Ség.

16. 瘤足蕨科 Plagiogyriaceae Bower

(33) 瘤足蕨属 Plagiogyria (Kunze) Mett.

17. 金毛狗科 Cibotiaceae Korall

(34) 金毛狗属 Cibotium Kaulf.

18. 桫椤科 Cyatheaceae Kaulf.

(35) 桫椤属 Alsophila R. Br.

(36) 黑桫椤属 Gymnosphaera Blume

(37) 白桫椤属 Sphaeropteris Bernh.

19. 鳞始蕨科 Lindsaeaceae C. Presl ex M. R. Schomb.

(38) 乌蕨属 Odontosoria Fée

(39) 香鳞始蕨属Osmolindsaea (K. U. Kramer) Lehtonen & Christenh.

(40) 达边蕨属 Tapeinidium (C. Presl) C. Chr.

(41) 鳞始蕨属 Lindsaea Dryand. ex Sm.

20. 凤尾蕨科 Pteridaceae E. D. M. Kirchn.

20a. 珠蕨亚科 Cryptogrammoideae S. Linds.

(42) 凤了蕨属 Coniogramme Fée

(43) 珠蕨属 Cryptogramma R. Br.

20b. 水蕨亚科 Ceratopteridoideae (J. Sm.) R. M. Tryon

(44) 卤蕨属 Acrostichum L.

(45) 水蕨属 Ceratopteris Brongn.

20c. 凤尾蕨亚科 Pteridoideae C. Chr. ex Crabbe, Jermy & Mickel

(46) 金粉蕨属 Onychium Kaulf.

(47) 凤尾蕨属 Pteris L.

(48) 竹叶蕨属 Taenitis Willd. ex Schkuhr

(49) 翠蕨属 Anogramma Link

(50) 蜡囊蕨属 Cerosora (Baker) Domin

(51) 粉叶蕨属 Pityrogramma Link

20d. 碎米蕨亚科 Cheilanthoideae W. C. Shieh

(52) 戟叶黑心蕨属 Calciphilopteris Yesilyurt & H. Schneid.

(53) 金毛裸蕨属 Paragymnopteris K. H. Shing

(54) 钝旱蕨属 Argyrochosma (J. Sm.) Windham

(55) 旱蕨属 Pellaea Link

(56) 隐囊蕨属 Notholaena R. Br.

(57) 粉背蕨属 Aleuritopteris Fée

(58) 黑心蕨属 Doryopteris J. Sm.

(59) 泽泻蕨属 Hemionitis L.

(60) 碎米蕨属 Cheilanthes Sw.

20e. 书带蕨亚科 Vittarioideae (C. Presl) Crabbe, Jermy & Mickel

(61) 铁线蕨属 Adiantum L.

(62) 书带蕨属 Haplopteris C. Presl

(63) 一条线蕨属 Monogramma Comm. ex Schkuhr

(64) 车前蕨属 Antrophyum Kaulf.

21. 碗蕨科 Dennstaedtiaceae Lotsy

(65) 稀子蕨属 Monachosorum Kunze

(66) 蕨属 Pteridium Gled. ex Scop.

(67) 曲轴蕨属 Paesia St. -Hil.

(68) 栗蕨属 Histiopteris (J. Agardh) J. Sm.

(69) 姬蕨属 Hypolepis Bernh.

(70) 碗蕨属 Dennstaedtia Bernh.

(71) 鳞盖蕨属 Microlepia C. Presl

22. 冷蕨科 Cystopteridaceae Schmakov

(72) 羽节蕨属 Gymnocarpium Newman

(73) 亮毛蕨属 Acystopteris Nakai

(74) 冷蕨属 Cystopteris Bernh.

23. 肠蕨科 Diplaziopsidaceae X. C. Zhang & Christenh.

(75) 肠蕨属 Diplaziopsis C. Chr.

24. 铁角蕨科 Aspleniaceae Newman

(76) 膜叶铁角蕨属 Hymenasplenium Hayata

(77) 铁角蕨属 Asplenium L.

25. 轴果蕨科 Rhachidosoraceae X. C. Zhang

(78) 轴果蕨属 Rhachidosorus Ching

26. 金星蕨科 Thelypteridaceae Pic. Serm.

(79) 针毛蕨属 Macrothelypteris (H. Itô) Ching

(80) 卵果蕨属 Phegopteris (C. Presl) Fée

(81) 紫柄蕨属 Pseudophegopteris Ching

(82) 沼泽蕨属 Thelypteris Schmid.

(83) 金星蕨属 Parathelypteris (H. Itô) Ching (incl. 栗柄金星蕨属 Coryphopteris Holttum, 凸轴属 *Metathelypteris* (H. Itô) Ching)

(84) 假鳞毛蕨属 Oreopteris Holub

(85) 钩毛蕨属 Cyclogramma Tagawa

(86) 溪边蕨属 Stegnogramma Blume (incl.

边果蕨属 *Craspedosorus* Ching & W. M. Chu，圣蕨属 *Dictyocline* T. Moore，茯蕨属 *Leptogramma* J. Sm.)

(87) 毛蕨属 Cyclosorus Link (incl. 方秆蕨属 *Glaphyropteridopsis* Ching，龙津蕨属 *Mesopteris* Ching，新月蕨属 *Pronephrium* C. Presl，假毛蕨属 *Pseudocyclosorus* Ching)

27. 岩蕨科 Woodsiaceae Herter

(88) 岩蕨属 Woodsia R. Br. (incl. 滇蕨属 *Cheilanthopsis* Hieron.，膀胱蕨属 *Protowoodsia* Ching)

28. 蹄盖蕨科 Athyriaceae Alston

(89) 对囊蕨属 Deparia Hook. & Grev.

(90) 安蕨属 Anisocampium C. Presl

(91) 角蕨属 Cornopteris Nakai

(92) 蹄盖蕨属 Athyrium Roth

(93) 双盖蕨属 Diplazium Sw.

29. 球子蕨科 Onocleaceae Pic. Serm.

(94) 东方荚果蕨属 Pentarhizidium Hayata

(95) 球子蕨属 Onoclea L.

(96) 荚果蕨属 Matteuccia Tod.

30. 乌毛蕨科 Blechnaceae Newman

(97) 狗脊属 Woodwardia Sm.

(98) 光叶藤蕨属 Stenochlaena J. Sm.

(99) 苏铁蕨属 Brainea J. Sm.

(100) 乌毛蕨属 Blechnum L. (incl. 乌木蕨属 *Blechnidium* T. Moore，扫把蕨属 *Diploblechnum* Hayata)

31. 翼盖蕨科 Didymochlaenaceae Ching ex Li Bing Zhang & Liang Zhang

(101) 翼盖蕨属 Didymochlaena Desv.

32. 肿足蕨科 Hypodematiaceae Ching

(102) 大膜盖蕨属 Leucostegia C. Presl

(103) 肿足蕨属 Hypodematium Kunze

33. 鳞毛蕨科 Dryopteridaceae Herter

33a. 鳞毛蕨亚科 Dryopteridoideae B. K. Nayar

(104) 毛脉蕨属 Trichoneuron Ching

(105) 肋毛蕨属 Ctenitis (C. Chr.) C. Chr. (incl. 三相蕨属 *Ataxipteris* Holttum)

(106) 复叶耳蕨属 Arachniodes Blume(incl. 毛枝蕨属 *Leptorumohra* (H. Itô) H. Itô，石盖蕨属 *Lithostegia* Ching，黔蕨属 *Phanerophlebiopsis* Ching)

(107) 鳞毛蕨属 Dryopteris Adanson (incl. 鱼鳞蕨属 *Acrophorus* C. Presl，假复叶耳蕨属 *Acrorumohra* (H. Itô) H. Itô，红腺蕨属 *Diacalpe* Blume，轴鳞蕨 *Dryopsis* Holttum & P. J. Edwards，肉刺蕨属 *Nothoperanema* (Tagawa) Ching，柄盖蕨属 *Peranema* D. Don

(108) 贯众属 Cyrtomium C. Presl

(109) 耳蕨属 Polystichum Roth(鞭叶蕨属 *Cyrtomidictyum Ching*，柳叶蕨属 *Cyrtogonellum* Ching，贯众属 Cyrtomium C. Presl，p. p.)

33b. 舌蕨亚科 Elaphoglossoideae (Pic. Serm.) Crabbe，Jermy & Mickel

(110) 节毛蕨属 Lastreopsis Ching

(111) 黄腺羽蕨属 Pleocnemia C. Presl

(112) 实蕨属 Bolbitis Schott

(113) 舌蕨属 Elaphoglossum Schott ex J. Sm.

(114) 网藤蕨属 Lomagramma J. Sm.

(115) 符藤蕨属 Teratophyllum Mett. ex Kuhn

34. 藤蕨科 Lomariopsidaceae Alston

(116) 拟贯众属 Cyclopeltis J. Sm.

(117) 藤蕨属 Lomariopsis Fée

35. 肾蕨科 Nephrolepidaceae Pic. Serm.

(118) 肾蕨属 Nephrolepis Schott

36. 爬树蕨科 Arthropteridaceae H. M. Liu，Hovenkamp & H. Schneid

(119) 爬树蕨属 Arthropteris J. Sm. ex Hook. *f.*

37. 叉蕨科 Tectariaceae Panigrahi (三叉蕨科)

(120) 牙蕨属 Pteridrys C. Chr. & Ching

(121) 叉蕨属 Tectaria Cav. (三叉蕨属)

38. 蓧蕨科 Oleandraceae Ching ex Pic.

Serm. (条蕨科)

(122) 篠蕨属 Oleandra Cav. (条蕨属)

39. 骨碎补科 Davalliaceae M. R. Schomb.

(123) 骨碎补属 Davallia Sm. (incl. 小膜盖蕨属 *Araiostegia* Copel. , 钻毛蕨属 *Davallodes* Copel. ,阴石蕨属 *Humata* Cav. , 假钻毛蕨属 *Paradavallodes* Ching)

40. 水龙骨科 Polypodiaceae J. Presl & C. Presl

40a. 剑蕨亚科 Loxogrammoideae H. Schneid.

(124) 剑蕨属 Loxogramme (Blume) C. Presl

40b. 槲蕨亚科 Drynarioideae Crabbe, Jermy & Mickel

(125) 槲蕨属 Drynaria (Bory) J. Sm.

(126) 戟蕨属 Christopteris Copel.

(127) 连珠蕨属 Aglaomorpha Schott

(128) 节肢蕨属 Arthromeris (T. Moore) J. Sm.

(129) 修蕨属 Selliguea Bory (incl. 雨蕨属 *Gymnogrammitis* Griffith, 锡金假瘤蕨属 *Himalayopteris* W. Shao & S. G. Lu, 假瘤蕨属 *Phymatopteris* Pic. Serm.)

40c. 鹿角蕨亚科 Platycerioideae B. K. Nayar

(130) 鹿角蕨属 Platycerium Desv.

(131) 石韦属 Pyrrosia Mirbel

40d. 星蕨亚科 Microsoroideae B. K. Nayar

(132) 棱脉蕨属 Goniophlebium (Blume) C. Presl (incl. 篦齿蕨属 *Metapolypodium* Ching, 水龙骨属 *Polypodiodes* Ching)

(133) 星蕨属 Microsorum Link (incl. 瘤蕨属 *Phymatosorus* Pic. Serm.)

(134) 有翅星蕨属 Kaulinia Nayar

(135) 薄唇蕨属 Leptochilus Kaulf.

(136) 瓦韦属 Lepisorus (J. Sm.) Ching (incl. 尖嘴蕨属 *Belvisia* Mirbel,丝带蕨属 *Drymotaenium* Makino,宽带蕨属 *Platygyria* Ching & S. K. Wu)

(137) 毛鳞蕨属 Tricholepidium Ching

(138) 盾蕨属 Neolepisorus Ching

(139) 鳞果星蕨属 Lepidomicrosorium Ching & K. H. Shing

(140) 扇蕨属 Neocheiropteris Christ

(141) 伏石蕨属 Lemmaphyllum C. Presl (incl. 高平蕨 *Caobangia* A. R. Smith & X. C. Zhang, 骨牌蕨属 *Lepidogrammitis* Ching)

40e. 水龙骨亚科 Polypodioideae B. K. Nayar

(142) 水龙骨属 Polypodium L. (多足蕨属)

(143) 睫毛蕨属 Pleurosoriopsis Fomin

(144) 禾叶蕨属 Grammitis Sw. (incl. 鼓蕨属 *Acrosorus* Copel. , 荷包蕨属 *Calymmodon* C. Presl,金禾蕨属 *Chrysogrammitis* Parris,小蒿蕨属 *Ctenopterella* Parris, 毛禾蕨属 *Dasygrammitis* Parris, 锯蕨属 *Micropolypodium* Hayata,滨禾蕨属 *Oreogrammitis* Copel. , 穴子蕨属 *Prosaptia* C. Presl,辐禾蕨属 *Radiogrammitis* Parris,革舌蕨属 *Scleroglossum* Alderw. , 蒿蕨属 *Themelium* (T. Moore) Parris, 裂禾蕨属 *Tomophyllum* (E. Fourn.) Parris,剑羽蕨属 *Xiphopterella* Parris)

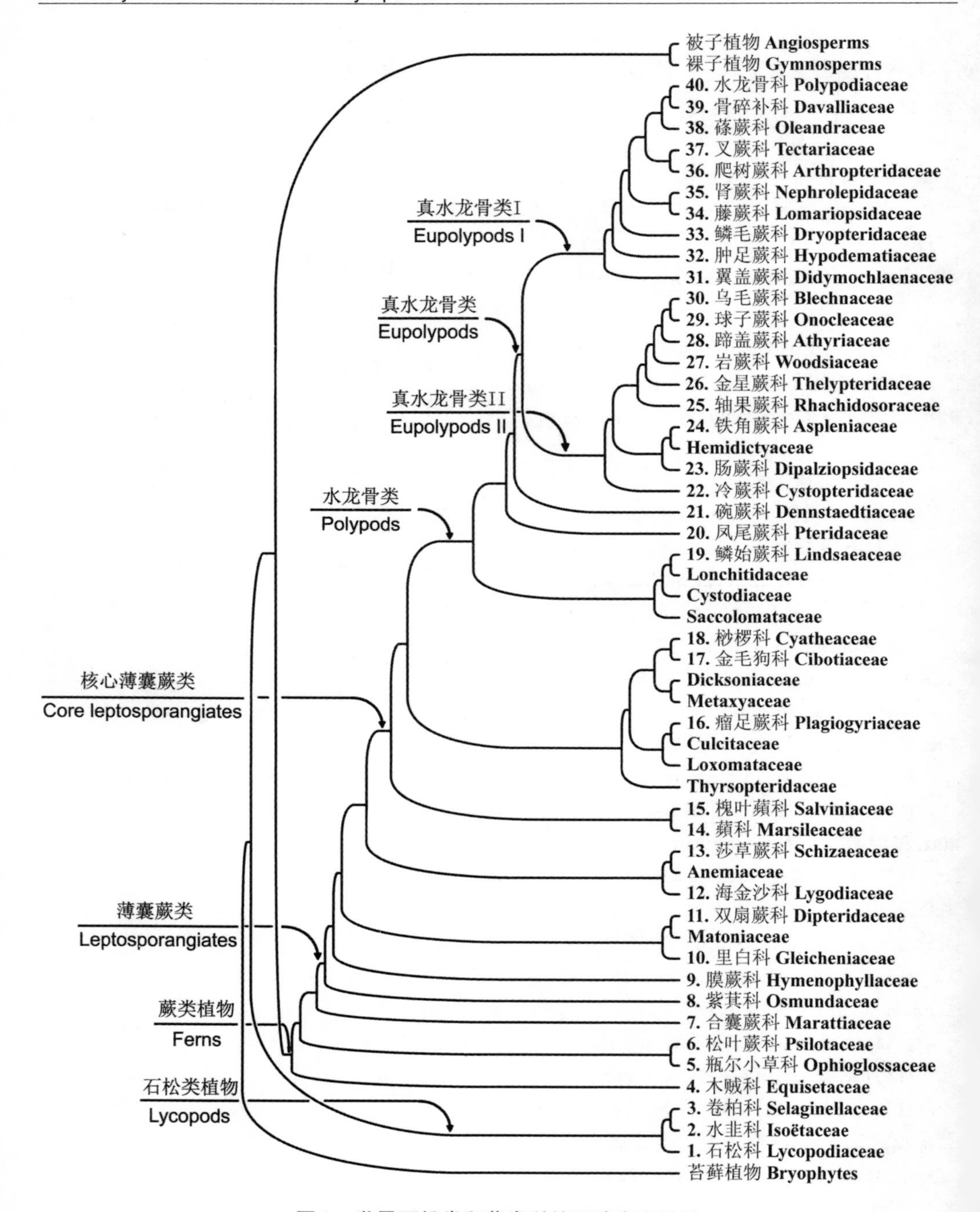

图 1　世界石松类和蕨类科的系统发育关系

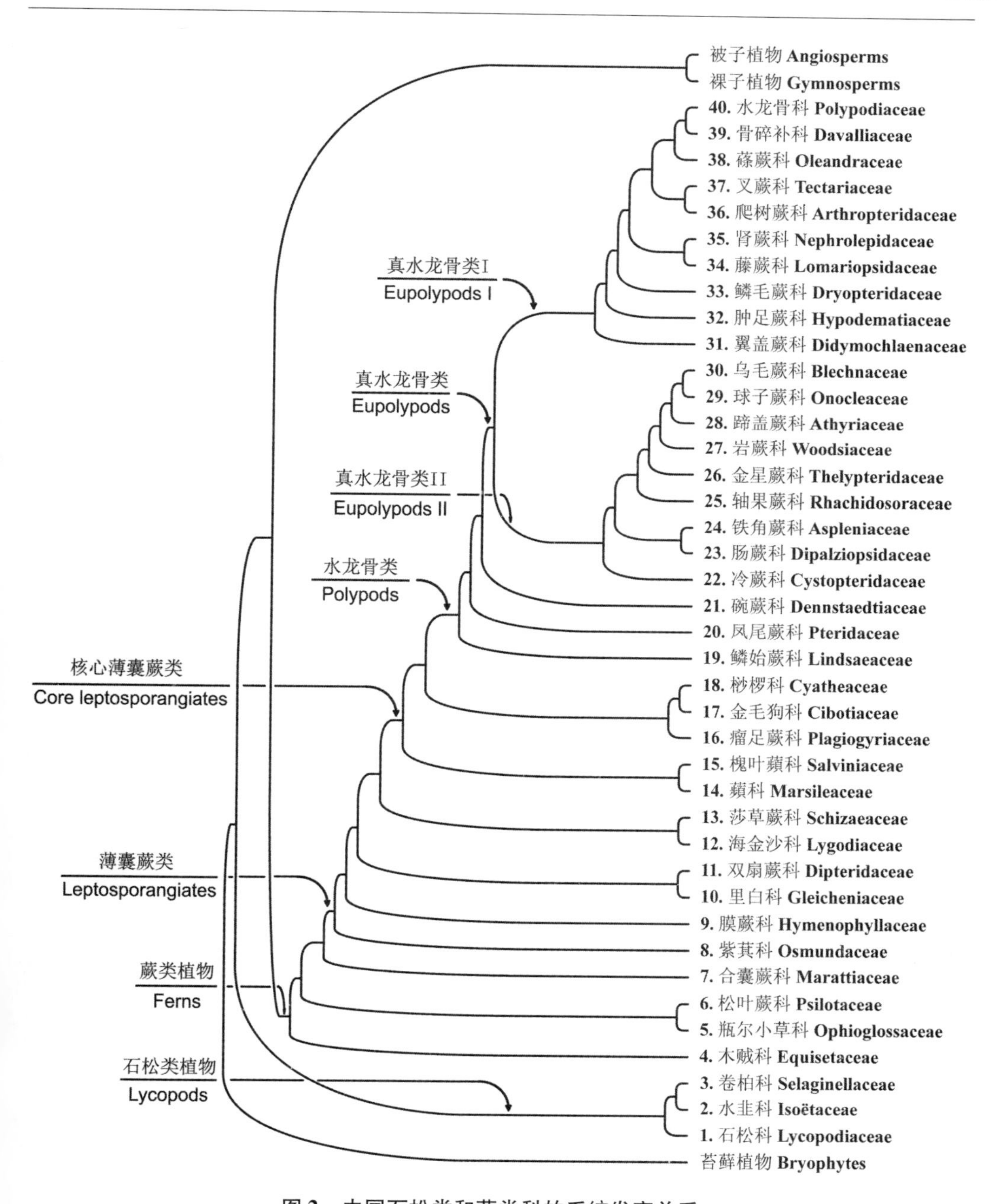

图 2 中国石松类和蕨类科的系统发育关系

索 引

科名索引

属名索引

未接受属名索引

Acrophorus C. Presl 鱼鳞蕨属 = Dryopteris Adanson 鳞毛蕨属
Acrorumohra (H. Itô) H. Itô 假复叶耳蕨属 = Dryopteris Adanson 鳞毛蕨属
Allantodia R. Br. 短肠蕨属 = Diplazium Sw. 双盖蕨属
Ampelopteris Kunze 星毛蕨属 = Cyclosorus Link 毛蕨属
Ataxipteris Holttum 三相蕨属 = Ctenitis (C. Chr.) C. Chr. 肋毛蕨属
Athyriopsis Ching 假蹄盖蕨属 = Deparia Hook. & Grev. 对囊蕨属
Belvisia Mirbel 尖嘴蕨属 = Lepisorus (J. Sm.) Ching 瓦韦属
Blechnidium T. Moore 乌木蕨属 = Blechnum L. 乌毛蕨属
Boniniella Hayata 细辛蕨属 = Hymenasplenium Hayata 膜叶铁角蕨属
Botrypus Michx. 假阴地蕨属 = Botrychum Sw. 阴地蕨属
Callipteris Bory 菜蕨属 = Diplazium Sw. 双盖蕨属
Camptosorus Link 过山蕨属 = Asplenium L. 铁角蕨属
Ceterach Willd. 药蕨属 = Asplenium L. 铁角蕨属
Ceterachopsis (J. Sm.) Ching 苍山蕨属 = Asplenium L. 铁角蕨属
Cheilanthopsis Hieron. 滇蕨属 = Woodsia R. Br. 岩蕨属
Cheilosoria Trev. 碎米蕨属 = Cheilanthes Sw. 碎米蕨属
Chieniopteris Ching 崇澍蕨属 = Woodwardia Sm. 狗脊属
Colysis C. Presl 线蕨属 = Leptochilus Kaulf 薄唇蕨属
Coryphopteris Holttum 光脚金星蕨属 = Parathelypteris (H. Itô) Ching 金星蕨属
Craspedosorus Ching & W. M. Chu 边果蕨属 = Stegnogramma Blume 溪边蕨属
Crepidopteris Copel. 厚边蕨属 = Crepidomanes C. Presl 假脉蕨属,
Ctenopteris Blume ex Kunze 蒿蕨属 = Chrysogrammitis Parris 金禾蕨属, Dasygrammitis Parris 毛禾蕨属, Ctenopterella Parris 小蒿蕨属, Tomophyllum (E. Fourn.) Parris 虎尾蒿蕨属, Themelium (T. Moore) Parris 蒿蕨属
Cyrtogonellum Ching 柳叶蕨属 = Polystichum Roth 耳蕨属
*Cyrtomidictyum*Ching 鞭叶蕨属 = Polystichum Roth 耳蕨属
Cystoathyrium Ching 光叶蕨属 = Cystopteris Bernh. 冷蕨属
Davallodes Copel. 钻毛蕨属 = Paradavallodes Ching 假钻毛蕨属
Diacalpe Blume 红腺蕨属 = Dryopteris Adanson 鳞毛蕨属
Dictyocline T. Moore 圣蕨属 = Stegnogramma Blume 溪边蕨属

Palhinhaea Franco & Vasc. ex Vasc. & Franco. 垂穗石松属 = Lycopodiella Holub 小石松属
Peranema D. Don 柄盖蕨属 = Dryopteris Adanson 鳞毛蕨属
Phanerophlebiopsis Ching 黔蕨属 = Arachniodes Blume 复叶耳蕨属
Phlegmariurus (Hert.) Holub 马尾杉属 = Huperzia Bernh 石杉属
Photinopteris J. Sm. 顶育蕨属 = Anlaomorpha Schott 连珠蕨属
Phyllitis Hill 对开蕨属 = Asplenium L. 铁角蕨属
Phymatopteris Pic. Serm. 假瘤蕨属 = Selliguea Bory 修蕨属
Platygyria Ching & S. K. Wu 宽带蕨属 = Lepisorus (J. Sm.) Ching 瓦韦属
Pleuromanes C. Presl 毛叶蕨属 = Hymenophyllum Sw. 膜蕨属
Polypodiastrum Ching 拟水龙骨属 = Goniophlebium (Blume) C. Presl 棱脉蕨属
Polypodiodes Ching 水龙骨属 = Goniophlebium (Blume) C. Presl 棱脉蕨属
Pronephrium C. Presl 新月蕨属 = Cyclosorus Link 毛蕨属
Protowoodsia Ching 膀胱蕨属 = Woodsia R. Br. 岩蕨属
Pseudocyclosorus Ching 假毛蕨属 = Cyclosorus Link 毛蕨属
Pseudocystopteris Ching 假冷蕨属 = Athyrium Roth 蹄盖蕨属
Pseudodrynaria (C. Chr.) C. Chr. 崖姜蕨属 = Aglaomorpha Schott 连珠蕨属
Pseudolycopodiella Holub 拟小石松属 = Lycopodiella Holub 小石松属
Ptilopteris Hance 岩穴蕨属 = Monachosorum Kunze 稀子蕨属
Quercifilix Copel. 地耳蕨属 = Tectaria Cav. 叉蕨属
Saxiglossum Ching 石蕨属 = Pyrrosia Mirbel 石韦属
Sceptridium Lyon 假阴地蕨属 = Botrychum Sw. 阴地蕨属
Schellolepis (J. Sm.) J. Sm. 棱脉蕨属 = Goniophlebium (Blume) C. Presl 棱脉蕨属
*Schizoloma*Gaudich. 双唇蕨属 = Lindsaea Dry. 鳞始蕨属
Sinephropteris Mickel 水鳖蕨属 = Asplenium L. 铁角蕨属
Sorolepidium Christ 玉龙蕨属 = Polystichum Roth 耳蕨属
Sphenomeris Maxon 乌蕨属 = Odontosoria Fée 乌蕨属
Stenoloma Fée 乌蕨属 = Odontosoria Fée 乌蕨属
Struthiopteris Scopoli 荚囊蕨属 = Blechnum L. 乌毛蕨属
Trogostolon Copel. 毛根蕨属 = Davallia Sm. 骨碎补属
Vaginularia Fée 针叶蕨属 = Monogramma Commerson ex Schkuhr 一条线蕨属
Vandenboschia Copel. 瓶蕨属 = Crepidomanes C. Presl 假脉蕨属
Vittaria Sm. 书带蕨属 = Haplopteris C. Presl 书带蕨属

中文名索引

C

D

E

F

G

K

L

M

N

Q

R

T

X

Y

Z